MONOGRAPHIEN AUS DEM GESAMTGEBIET DER WISSENSCHAFTLICHEN BOTANIK.

Der wissenschaftliche Gedankenaustausch erfordert neben Zeitschriften, die dem Umfang und Inhalt der in ihnen abgedruckten Arbeiten bestimmte Grenzen setzen, auch die Möglichkeit, größere und nötigenfalls reicher illustrierte Abhandlungen von Buchcharakter rasch und gut zu veröffentlichen. Diesem Bedürfnis sucht die Gründung einer Sammlung entgegenzukommen, welche die Unterzeichneten unter dem Titel „Monographien aus dem Gesamtgebiet der wissenschaftlichen Botanik" eröffnen.

Bei der bestehenden Divergenz biologischer Probleme legt die neue Sammlung besonderen Wert darauf, daß in ihren Bänden die ganze Breite der wissenschaftlichen Bestrebungen in der Botanik zum Ausdruck kommt, daß also nicht nur einzelne Forschungsrichtungen, sondern wirklich sämtliche Zweige der botanischen Wissenschaft in ihr vertreten sein sollen. Für die Redaktion werden dabei vor allem zwei Grundsätze maßgebend sein: eine aller dogmatischen Einengung entgegenwirkende Weite der Gesichtspunkte und strengste Anforderungen an Inhalt und Form.

Von vornherein scheiden für die Sammlung Arbeiten aus, die den Charakter von Zeitschriftenaufsätzen tragen, jedoch durch ihren Umfang Schwierigkeiten von seiten der Redaktionen begegnen. Voraussetzung für die Aufnahme in unsere Sammlung ist vielmehr, daß es sich um Arbeiten handelt, die einen größeren Fragenkomplex in einigermaßen abschließender Weise zur Darstellung bringen und so nicht nur für den Spezialforscher wertvoll sind, sondern auch dem Fernerstehenden Einblicke in die Problematik des behandelten Gegenstandes erlauben. Natürlich sind mit der Bezeichnung „Monographien" nicht ausgearbeitete Sammelreferate gemeint, sondern Darstellungen, welche sich auf eigene Forschungen der Autoren gründen.

Die Bände erscheinen selbständig und in zwangloser Folge. Die Bedingungen werden nach jedesmaliger besonderer Vereinbarung mit dem Verlage festgesetzt.

DIE HERAUSGEBER.

MONOGRAPHIEN AUS DEM GESAMTGEBIET DER WISSENSCHAFTLICHEN BOTANIK

HERAUSGEGEBEN VON

W. BENECKE · **A. SEYBOLD** · **H. SIERP** · **W. TROLL**
MÜNSTER I. W.   KÖLN   KÖLN   MÜNCHEN

ZWEITER BAND

DIE PHYSIKALISCHE KOMPONENTE DER PFLANZLICHEN TRANSPIRATION

VON

A. SEYBOLD

BERLIN

VERLAG VON JULIUS SPRINGER

1929

DIE
PHYSIKALISCHE KOMPONENTE
DER PFLANZLICHEN TRANSPIRATION

VON

A. SEYBOLD

MIT 65 ABBILDUNGEN

BERLIN

VERLAG VON JULIUS SPRINGER

1929

ISBN-13: 978-3-7091-9604-5   e-ISBN-13: 978-3-7091-9851-3
DOI: 10.1007/978-3-7091-9851-3

JULIUS SACHS

IN DANKBARER VEREHRUNG

ZUM GEDÄCHTNIS

Vorwort.

Das große Vermächtnis von SACHS ist für die Pflanzenphysiologie aller Zeiten eine Magna Charta im Reiche der exakten Wissenschaften. Das inhaltsschwere Bekenntnis von SACHS, daß die Physiologie kein mixtum compositum von Physik, Chemie und Mechanik sei, warnt vor dem unfruchtbaren Vorhaben, die Physiologie in die Physik einmünden zu lassen, das immer in den Zeiten zu Ehren kommt, wo man sich wenig um die Erkenntnisprinzipien der Biologie kümmert.

Sicherlich kam SACHS nicht zur Aufstellung dieser These, weil seine morphologischen Forschungen ihm eine Eigengesetzlichkeit der organischen Gestaltung enthüllten, sondern weil er tief durchdrungen war von der physiologischen Aktivität der Pflanze, die man heute Regulation nennt.

Ganz eindeutig bekundet sich diese Einstellung im besonderen bei dem Transpirationsproblem, zu welchem die vorliegende Abhandlung einen Beitrag geben will: „Durch die in der Pflanze tätigen Kräfte wird ein gewisses Quantum Wasser in den Blättern disponibel gemacht zur Verdunstung, diese selbst wird dann allerdings nach Maßgabe der Trockenheit und Wärme der Luft bewerkstelligt.“

Mit dieser Einstellung ist die vorliegende Untersuchung voll gerechtfertigt; wenn sie sich nur mit der physikalischen Komponente der Transpiration befaßt, so wird deshalb die physiologische, pflanzenregulative Komponente keineswegs geringer gewertet; die genaue Kenntnis jener ist aber erste Voraussetzung für jede physiologische Untersuchung, welche die Regulation des pflanzlichen Systems zum Gegenstande hat. Deshalb stellte sich die vorliegende Abhandlung in erster Linie neue experimentelle Untersuchungen und eine kritische Sichtung unserer Kenntnisse über die physikalische Komponente der pflanzlichen Transpiration zur Aufgabe. Eine Scheidung der Darstellung in einen theoretischen und einen experimentellen Teil erwies sich als ungeeignet, da theoretische Erörterungen häufig durch experimentelle Daten zu stützen waren; sie ist also der Einheitlichkeit halber vermieden worden. Eine vollständige monographische Abhandlung der Transpirationsfrage abzufassen, lag dagegen nicht in der Absicht der vorliegenden Darstellung, weil die physikalische Komponente der Transpiration allein schon die Arbeitskraft eines einzelnen voll in Anspruch nimmt, insofern man sich nicht mit dem Referieren anderer Untersuchungen begnügt.

Die Untersuchungen mit Pflanzen sind hauptsächlich angestellt worden, um die Ergebnisse der physikalischen Verdunstungsversuche auf die

Pflanze anzuwenden und zu untersuchen, inwieweit man mit der Physik der Verdunstung den Transpirationsprozeß analysieren kann. Es liegt in den sehr verwickelten Zuständen pflanzlicher Systeme, daß die mitgeteilten Versuche nur erste Anfänge der Analyse der pflanzlichen Transpiration sein können, zumal die physiologische Komponente so gut wie ganz außer acht bleiben mußte. Da bei der Untersuchung aber pflanzliche Systeme verschiedener Differenzierung herangezogen worden sind, konnte mit Hilfe der Ergebnisse die Transpirationsfrage der ökologischen Pflanzentypen gefördert werden. Das Versuchsmaterial erweist sich kräftig genug, um die Xerophytentheorie von SCHIMPER, die sich auf physikalische Verhältnisse stützt, zu verteidigen, weil vor allem auch bei einer kritischen Sichtung der Arbeiten anderer Untersucher, welche die Unhaltbarkeit der Theorie von der eingeschränkten Xerophytentranspiration nachzuweisen versuchten, sich eine große Unzulänglichkeit der Gegenargumente herausstellte. Das letzte Kapitel ist als Verteidigungsschrift der Theorie SCHIMPERS aufzufassen. Doch möge damit die wissenschaftliche Erkenntnis gefördert und nicht eine unfruchtbare Polemik heraufbeschworen werden. Im übrigen sei an einen trefflichen Satz von GOETHE erinnert: „Man sieht daher wohl ein, daß demjenigen, der als Physiolog alle diese Betrachtungen zusammenfassen soll, noch viel vorgearbeitet werden muß, wenn derselbe künftig alle diese Betrachtungen in eins zusammenfassen und, insofern es dem menschlichen Geiste erlaubt ist, dem großen Gegenstande gemäß erkennen soll. Hierzu gehört zweckmäßige Tätigkeit von allen Seiten, woran es weder gefehlt hat noch fehlt, und bei der jeder schneller und sicherer fahren würde, wenn er zwar von einer Seite, aber nicht einseitig arbeitete und die Verdienste aller überigen Mitarbeiter mit Freudigkeit annerkennte, anstatt, wie es gewöhnlich geschieht, seine Vorstellungsart an die Spitze zu setzen." Nirgends gilt diese kritische Bemerkung mehr wie bei dem Xerophytenproblem.

Es war natürlich ganz unmöglich, die gesamte Transpirationsliteratur bei der kritischen Sichtung heranzuziehen. Manche Arbeit ist absichtlich nicht besprochen worden, da sie nur zu polemischen Auseinandersetzungen, mangels zuverlässiger Daten, hätte dienlich sein können. Kritik anderer Arbeiten schien für die Analyse der Transpiration nur fruchtbar neben positiven Ergebnissen experimenteller Untersuchungen. In ihnen liegt der Schwerpunkt der Arbeit und aus diesem Grunde sind diese ausführlich dargestellt.

Da gleichzeitig eine monographische Zusammenfassung der pflanzlichen Transpiration für die *Ergebnisse der Biologie* (Band 5) niedergeschrieben wurde und beide Arbeiten aufs engste miteinander verknüpft sind, ist, um Wiederholungen zu vermeiden, manche Frage hier nur kurz gestreift worden, die für unser Problem in unmittelbarem Zusammenhange steht.

Völlig klar ist mir, daß mit der Transpirationsfrage allein ökologische Probleme wie das Xerophytenproblem nicht lösbar sind, doch werden die Versuchsergebnisse einen Beitrag zum Xerophytenproblem darstellen können. Die Mängel der eigenen Untersuchung, hauptsächlich hinsichtlich der natürlichen Vegetationsbedingungen, die selbst aufzuzählen, ich zunächst keine Veranlassung habe, werden den Einsichtigen nicht zu dem Urteile zwingen, daß der eingeschlagene Weg von vornherein unfruchtbar sei, wenngleich er manchem ökologischen Untersucher als unbrauchbar erscheint. Ökologische Theorien vom transpirationstheoretischen Standpunkte, auf Laboratoriumsversuche gestützt, zu kritisieren, schien mir voll berechtigt, da die Ökologie keineswegs als weniger exakte Wissenschaft zu gelten hat als jede andere Forschungsrichtung. Nur unter dieser Voraussetzung konnte Kritik geübt werden.

Die vorliegende Arbeit wurde ausgeführt mit Hilfe des International Education Board; besonderen Dank schulde ich dabei Herrn Prof. Dr. A. Trowbrigde, dem Direktor für Europa und seinem Stabe. Herr Prof. Dr. F. A. F. C. Went hat mich auf das herzlichste in seinem Laboratorium aufgenommen; meine Arbeit mit allen Mitteln unterstützt und den Untersuchungen großes Interesse entgegengebracht; ich werde immer dankbar an die Zeit zurückdenken, die ich in seinem Institut verbracht habe.

Die Vorversuche konnte ich im Physikalischen Institut der Universität Utrecht ausführen, wofür ich Herrn Prof. Dr. Ornstein und Herrn Dr. Burger zu Dank verpflichtet bin. Herr Prof. Dr. van Everdingen hatte die Freundlichkeit, mir ein Anemometer zu leihen; die Firma Kipp in Delft erlaubte mir einige orientierende Experimente in ihrem Laboratorium auszuführen; die Herren H. G. van der Wey, Hans Hirsch und A. Heijn haben mir bei der Ausführung der Untersuchungen wertvolle Dienste geleistet.

Herr P. A. de Bouter hat mich bei der Konstruktion der Apparatur durch seine große technische Sachkenntnis weitgehend unterstützt; Herr A. de Bouter fertigte die Abbildungen an. Allen diesen Herren schulde ich viel Dank.

Utrecht, im Sommer 1928.

A. SEYBOLD.

Inhaltsverzeichnis.

Erstes Kapitel.

Die physikalischen Grundlagen der pflanzlichen Transpiration.

Zweites Kapitel.

Der Massenaustausch der pflanzlichen Transpiration.

Drittes Kapitel.

Energetische Messungen der pflanzlichen Transpiration.

Viertes Kapitel.

Die Theorie Schimpers der eingeschränkten Transpiration der Xerophyten.

Die physikalischen Grundlagen der pflanzlichen Transpiration.

A. Einleitung.

Die quantitative Analyse der Wasserverdunstung aus pflanzlichen Systemen wurde immer erfolgreich in Angriff genommen, wenn die Einsicht waltete, daß eine genaue Definition und Messung der äußeren, verdunstungsbestimmenden Faktoren ebenso erforderlich ist, wie die Kenntnis der Zustände der verdunstenden Systeme. Solange wir über Zustandsänderungen dieser hinwegsehen können, wir also mit einer Konstanz dieser Transpirationskomponente rechnen dürfen, ihre Größe schlechthin physikalisch bestimmbar ist, wird die Verdunstung ein rein physikalisches Problem. Unzureichend erscheint uns daher diese Einstellung nur von dem Augenblicke an, wo wir an Stelle der Konstanz Veränderungen der Zustände an dem System selbst gewahr werden. Deutlich wird die Scheidung der Transpirationsanalyse in zwei Komponenten, wenn wir eine Funktionsbeteiligung des Protoplasmas an dem Verdunstungsvorgange beachten, dem wir die physiologische Regulation der Transpirationssysteme zuordnen. Hierher gehören vor allem Stomataregulation, limiting factors der Dampfspannung in den Geweben, Welkungszustände, incipient drying. Dem Gegenstande gemäß sind diese Vorgänge kolloid-physikalisch-chemische, kurzum zellphysiologische Fragen. Die Zustandsänderungen der lebenden Gewebe können auf autonomen Ursachen beruhen, oder aber durch aitionome Induktionen ausgelöst werden, auf jeden Fall stellen sie sich der Wissenschaft als *physiologische Komponente* der pflanzlichen Transpiration dar. Der *physikalischen Komponente* wendet sich die vorliegende Untersuchung zu, nicht nur um die äußeren Verdunstungsbedingungen zu erforschen, sondern auch die Größenordnungen der aitionomen Induktionen zu bestimmen.

Außerdem werden notwendigerweise in die Untersuchung rein physikalisch bestimmbare Größen physiologischer Prozesse mit einbezogen, soweit deren Kenntnis für die Transpirationsanalyse erforderlich sind. Die folgende Gliederung der Probleme, die Untersuchungsmethoden und die Resultate der Arbeit werden in gleicher Weise eine Rechtfertigung für die Scheidung des Transpirationsvorganges in eine physikalische und eine physiologische Komponente sein, wie sie recht eigentlich in erster Linie Ergebnisse für die physikalische Komponente zu geben versucht.

Die heute vielfach herrschende, unrichtige Meinung, daß die Transpiration als ökologisches Problem eigene Prinzipien der Forschung hätte und damit neue Faktoren der Transpirationsanalyse eruiert werden können, lassen wir vorderhand auf sich beruhen. Die Ergebnisse dieser Forschungsrichtung werden wir am gegebenen Ort einer Kritik unterziehen, um dem Vorwurfe zu entgehen, daß nur ein Ökologe über Ökologie zu urteilen berufen sei.

Eine Reihe von nicht ernst zu nehmenden Einwänden gegen eine theoretisch und physikalisch eingestellte Transpirationsanalyse brauchen nicht erwähnt und kritisiert zu werden.

Die Beurteilung von CHRISTIANSEN-WENIGER[1] über den Erfolg der physikalischen Untersuchungen der Transpiration können aber auch ein unrichtiges Bild von den Bestrebungen der Transpirationstheoretiker geben. Es ist noch keinem Untersucher dieser Richtung je eingefallen ein *Gesetz der Transpiration* aufzustellen, es handelte sich vielmehr nur darum, die allgemeinen Gesetze der Verdunstungsphysik bei pflanzlichen Systemen, also einem speziellen Falle physikalischer Architektur, zu eruieren.

Die Transpiration ist nur ein an der Wasserbilanz der Pflanze sich beteiligender Faktor, der als einziger Posten in das *Soll* gebucht werden kann, wenn keine Guttation stattfindet. Die tropfbare Wasserausscheidung der Guttation lassen wir bei den folgenden Untersuchungen und Fragestellungen außer acht, zumal die Zahl der Pflanzen ohne Guttation erheblich größer sein dürfte als die mit guttierenden Blättern. Die in das *Haben* zu buchenden Faktoren der Wasseraufnahme stehen mit unseren Problemen nur in indirekter Beziehung, wie die der Wasserleitung. Die Gesamtdarstellungen des Wasserhaushaltes, vor allem die von HUBER (1925) geben uns ein deutliches Bild von dem Zusammenwirken der an der Wasserbilanz sich beteiligenden Faktoren, wenngleich die bisher gewonnenen Daten mehr qualitativen als quantitativen Charakter tragen, wir also noch ein gutes Stück von einer wirklichen Bilanzaufstellung entfernt sind. Unsere Analyse der Wasserabgabe setzt hinreichend großen Wassergehalt der Transpirationssysteme voraus mit Berücksichtigung der Wirksamkeit der wasserspendenden Systeme (auch Bodenwassergehalt). Wie die Transpiration eine physikalische und eine physiologische Komponente hat, so kommt diese Zweiteilung auch der Wasseraufnahme und der Wasserleitung zu.

Die Wasserabgabe der Verdunstung können wir als *Massenaustausch* verfolgen, zugleich aber den *Energiewechsel*, der an den Massen-

---

[1] Die Naturwissenschaften 1925.

austausch gebunden ist, beobachten. Auf Grund der Fundamentalsätze thermodynamischer Vorstellungen muß uns vielmehr der Energieaustausch ein gewisses Maß für die Transpirationswassermengen ergeben. Um eine möglichst vollständige Klärung der physikalischen Komponente der Transpiration zu erreichen, schlagen wir bei der Analyse beide Wege ein und verfolgen den *Massen-* und den *Energieaustausch* der Transpiration.

Drückt sich in der quantitativen Bestimmung des Massenaustausches das Gesetz der Massenerhaltung aus, so gründet sich die Bestimmung des Energieumsatzes auf das Gesetz der Energieerhaltung und Energiewandelbarkeit. In beiden Fällen sehen wir die Transpirationsmessungen mit den Hauptsätzen der Thermodynamik verknüpft und je getreuer die Analyse diesen folgt, um so größer ist ihre Zuverlässigkeit. Die auf dem Massenaustausch beruhende Analyse der Transpiration, mit der wir uns zuerst befassen, wurde von Anfang an gewählt und ihrer bedient man sich bis heute noch fast ausschließlich. Alle sogenannten Wägemethoden von transpirierenden Pflanzen und Pflanzenteilen machen sich den Umstand des Massenaustausches als Transpirationsverlust zunutze. Eine Aufzählung der verschiedenen Methoden können wir uns unter Hinweis auf die Zusammenstellungen von BURGERSTEIN (1904, 1920 und 1925) und SEYBOLD (1929) ersparen. Die Energetik der Transpiration ist eine viel vollständigere Analyse, wenn gleich weitaus schwieriger in der Durchführung als die Massenaustauschbestimmung. Diese ist lediglich die Statistik der aus dem Transpirationssystem abgehenden Wasserdampfmoleküle pro Zeiteinheit, womit die Definition der *Verdunstungsgeschwindigkeit* gegeben ist. Die Statistik ist eine mehr oder weniger ausreichend genaue, was in erster Linie von der Apparatur des Experimentators abhängig ist. Eine Vervollkommnung der Apparatur und eine Geschwindigkeitsbestimmung in kleinsten Zeiträumen sichert eine weitere Stelle hinter dem Komma eruierter Geschwindigkeitswerte. Sinn hätte eine genaue Bestimmung bis zur Grenze der Beobachtungsmöglichkeit nur unter größter Konstanz der Außenbedingungen und strikter Unveränderlichkeit des Systemes, zwei Forderungen, die bei einer Molekulargewichtsbestimmung grundlegend sind, in unserem Falle aber nie eine Verwirklichung erfahren können. Die ermittelten Werte tragen stets approximativen Charakter und die in mg/sek definierten Zahlenangaben bescheiden sich am besten mit einer Genauigkeit von ganzen mg, um nicht den Physiker zu dem Vergleiche des Mückenseihens und Kameleverschluckens zu veranlassen. In der vorliegenden Untersuchung sind die Werte auf 5 mg ermittelt worden. So erwünscht für eine Transpirationsanalyse die Konstanz der äußeren Bedingungen wäre, so wenig ist sie in Wirklichkeit vorhanden. Immerhin mag es nur eine Zeitfrage sein, die wechselnden Außenbedingungen hinreichend genau zu bestimmen, aber die Reaktionen, die in dem System bei Veränderungen vor sich gehen, dürfen dann nicht unberücksichtigt bleiben. Im allgemeinen achten die Untersuchungen, welche die Wasserdampfabgabe bestimmen, mehr auf die Außenbedingungen als auf die Zustände des Transpirationssystems. In vielen Fällen sind ohne Bedenken die Zustände der herrschenden Außenbedingungen auf das System übertragen worden, was oft zu groben Trugschlüssen führen mußte. Eine Aufzählung ersparen wir uns für später, da der Schwerpunkt in der Darstellung positiver Ergebnisse liegen soll, die für die Analyse des Transpirationsproblems dauernde Gültigkeit haben mögen.

B. Die physikalischen Grundlagen der Verdunstung in bewegter und unbewegter Luft.

Bestehen in einem System Differenzen von Gasdichten, so suchen sich diese auszugleichen. Dieser Ausgleich ist der kinetischen Gastheorie als Diffusion Gegenstand ihrer Betrachtung. Hierbei kann es sich um ein Gas verschiedener Dichte handeln, oder auch um chemisch verschiedene Gase, die miteinander in keine chemische Reaktion eintreten. Ist das dynamische Gleichgewicht, (um ein statisches kann es sich auf keinen Fall handeln), gleichmäßiger Verteilung erreicht, so kann man die Diffusion als beendet bezeichnen. Es erübrigt sich hier die Grundlagen der kinetischen Gastheorie darzutun, es muß nur darauf aufmerksam gemacht werden, daß die Geschwindigkeit des Ausgleiches der Dichten von dem Dichtengefälle (bei Lösungen Konzentrationsgefälle) abhängig ist und von der Natur des Gases, die sich in den Diffusionsgleichungen als Koeffizient darstellt. In unserem speziellen Falle der Wasserverdunstung ist die Verdunstungsgeschwindigkeit abhängig von der Zahl der Dampfmoleküle, die das verdunstende System umgeben und von der Zahl der Moleküle, die aus dem System austreten können. Die Zahl der Molekeln in mm-Dampfdruck gemessen, führt uns zu der Definition, daß die Verdunstungsgeschwindigkeit Funktion des Dampfdrucks im System und in der umgebenden Luft ist und zwar proportional der Differenz dieser Dampfdrucke. Das DALTONsche Gesetz hat dieses Verhalten zum Inhalt. Absolute Berechnungen können nur mit Kenntnis der Koeffizienten und Parameter ausgeführt werden, die vor allem von der Beschaffenheit des verdunstenden Systems abhängig sind.

Der Vorgang des Massenaustausches als Diffusion von Wasserdampf in streng physikalischem Sinne wird *lediglich* vom *Verteilungszustand der Dampfmoleküle* selbst bestimmt, eine Anhäufung d. h. Verdichtung muß auf die Diffusion ebenso einen Einfluß haben wie eine Verdünnung, in diesem Fall einen beschleunigenden, in jenem Fall einen verzögernden.

Bei maximaler Dampfsättigung der Außenluft erleidet die Diffusion einen dynamischen Stillstand, die Molekülverteilung kann sich nicht mehr verändern, wenngleich bald die einen, bald die anderen Moleküle an einem beliebig bestimmten Orte sich befinden; nehmen wir doch auch in diesem Falle des dynamischen Gleichgewichtes an, daß dieselbe Zahl der Moleküle, die aus dem System in die Luft austritt, von dieser in das System wieder zurückkehrt. Die Verteilungszustände, die sich lediglich auf Grund des molekularen Dichteausgleichs gesetzmäßig herausbilden, setzen völlig unbewegte Luft voraus. Jede Luftbewegung greift in den Diffusionsvorgang so ein, daß die Verteilungszustände in den einzelnen Zonen über der verdunstenden Fläche so verändert werden, daß die Diffusion beschleunigt oder verzögert wird. Den Massenaustausch des Wasserdampfes als reinen Diffusionsvorgang zu behandeln, hat also nur Sinn, wenn völlig ruhige Luft vorhanden ist. Ist die Luft bewegt, so sind die Zustände, welche die Diffusion fordert, nicht gewahrt und andere Momente sind nunmehr bei dem Massenaustausch zu berücksichtigen.

Der Luftbewegung als *Wind* hat man empirischer Beobachtung gemäß von jeher einen verdunstungsfördernden Einfluß zugewiesen. Doch sind kaum jemals die Zustände des Massenaustausches im Winde eingehend analysiert worden, vor allem nicht die Unterschiede zur Diffusion hervorgehoben worden. Die Konvektionsströmungen der Luft sind schon genügend groß, den Massenaustausch in dem Maße zu beeinflussen, daß der Diffusionsvorgang des Dichteaustausches für die Quantität der ausgetauschten Massen nicht mehr zureichend ist. W. Schmidt (1925) behandelt in seinem vorzüglichen Werke, das in erster Linie für meteorologische Probleme grundlegend ist, die Vorgänge, welche den Massenaustausch bedingen, aber keine Diffusionsvorgänge sind. Zusammengefaßt sind sie unter dem ausgezeichnet gewählten Begriff der Scheindiffusion, und die bestehenden Diffusionsgleichungen können auf diese Vorgänge angewandt werden, wenn an Stelle des Diffusionskoeffizienten ein Austauschfaktor A gesetzt werden kann, der von Fall zu Fall zu eruieren ist. Unter Hinweis auf die Ausführungen von Schmidt, können wir auf eine eingehende Schilderung der Scheindiffusion verzichten. Ob die Konvektionen wie die starken Windbewegungen direkt oder indirekt durch Temperaturdifferenzen auf großem oder kleinem Raum zustande kommen, interessiert uns hier nicht. Wichtig ist nur, den Unterschied, der zwischen Diffusion und Scheindiffusion besteht, scharf herauszustellen.

Die folgenden Ausführungen bilden die Grundlage für die richtige Beurteilung des Massenaustausches überhaupt. Haben wir oben ausdrücklich hervorgehoben, daß die Diffusion nur von den Verteilungszuständen der Dampfmoleküle selbst bestimmt wird, so muß hier in die

Definition der bewegten Luft, Konvektion wie Wind, vor allem mit eingeschlossen werden, daß die Temperatur und die Dampfspannung der bewegten Luft völlig gleich der komparablen ruhigen Luft sein müssen, in der die Diffusion als einziger Massenaustausch herrscht. Führt beispielshalber ein Wind trocknere und höhertemperierte Luft als den Feuchtigkeits- und Temperaturangaben der „ruhigen Luft" entspricht, kann ein Unterschied des Massenaustausches, der zwischen Diffusion und Scheindiffusion besteht, nicht eruiert werden.

Worauf beruht nun die verdunstungsfördernde Wirkung des Windes, wenn wir ihn schlechthin als bewegte Luft definieren und die landläufige Ansicht eigener Dampfdruckerniedrigung und Temperaturveränderung ausschließen?

Aus welchem Grunde bewegte Luft den Massenaustausch erhöht, wird uns am besten klar, wenn wir uns die Zustände in ruhiger Luft im einzelnen vergegenwärtigen. Das System S habe bei einer Temperatur t an der verdunstenden Oberfläche den maximalen Dampfdruck p. Die Temperatur von System und Außenluft setzen wir in diesem Falle gleich. Der Dampfdruck der Luft sei p_1, den wir in einer hinreichend großen Entfernung von

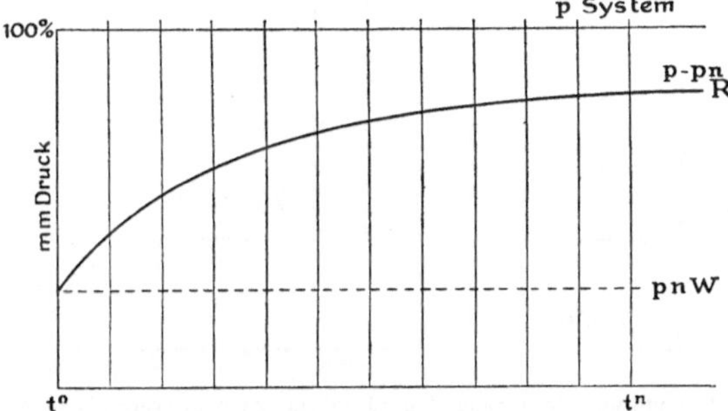

Abb. 1. Schematische Darstellung der Dampfdruckdifferenz zwischen einem verdunstenden System und einem bestimmten Punkt über der Systemoberfläche in der Zeit t_0—t_n. Die ausgezogene Kurve gilt für unbewegte, die gestrichelte Gerade für bewegte Luft.

der Oberfläche bestimmen, am besten ehe das System zu verdunsten beginnt. Bei Beginn der Diffusion, zur Zeit t_0, ist der Diffusionsabfall $p - p_1$ an der Grenzschicht System/Außenluft gemessen. Messen wir den Dampfdruck nach der Zeit t_n wieder, so ergibt sich, daß die Differenz sich verkleinert hat, der nunmehr gemessene Dampfdruck p_n ist größer als p_1. Damit tritt aber eine Diffusionsverzögerung ein. Stellen wir die Zustände rein qualitativ zur Erhöhung der Anschaulichkeit dar, so bekommen wir etwa folgende Kurvenzüge (Abb. 1). Der konstante Druck p des Systems stellt sich als Gerade parallel zur Abszisse dar, währenddem der Druck der Außenluft an der Schichtgrenze System/Außenluft zunimmt. Die Differenz $p - p_n$ wird mit wachsendem t kleiner, zugleich auch die Diffusion. Je weiter wir die Druckveränderungen in Abständen von der Verdunstungsfläche messen, um so kleiner fallen sie aus. Was wir hier als Ausgangspunkt der Frage der Scheindiffusion kurz vorgetragen haben, hat durch STEFAN und

v. PALLICH eine quantitative Fassung erhalten. Die Dampfkuppenbildung ist eine notwendige Folge der Diffusionszustände. Der Verteilungszustand der Moleküle bestimmt selbst die Größe der Diffusion
und so lange wir mit einer Dampfhaubenbildung zu rechnen haben,
stellt sich das herrschende Diffusionspotential nicht als $p - p_\mathrm{I}$ dar,
sondern als $p - p_n$, wobei $p_n > p_\mathrm{I}$ ist. Eine Substituierung des Dampfdrucks, gemessen an einer beliebigen Stelle im Raum, ist keineswegs für
die Grenzschicht System/Außenluft statthaft. Und auf diesen Dampfdruck kommt es beim Massenaustausch in erster Linie an! Jede Er-
haltung des Dampfdrucks an eben dieser Grenze auf p_I muß sich als
diffusionsfördernd erweisen. Werden die aus dem System austretenden
Moleküle weggeschafft, so daß sich nicht eine dampfgesättigte Schicht
über der Verdunstungsfläche ansammeln kann, so wird der Massen-

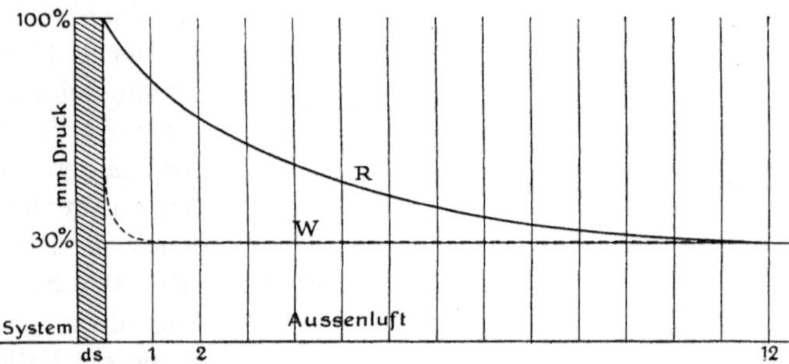

Abb. 2. Schematische Darstellung der Dampfdrucke in verschiedener Entfernung von der verdunstenden
Systemoberfläche. Die ausgezogene Kurve gibt die Verhältnisse für unbewegte, die gestrichelte für
bewegte Luft wieder.

austausch beschleunigt. Ist nun die Luftbewegung hinreichend groß genug, die aus dem System austretenden Moleküle sofort wegzubefördern,
so ist eine Dampfdichteerhöhung unmöglich und die in Ruhe nur für
die Zeit t_0 herrschende Differenz $p - p_\mathrm{I}$ ist während der Dauer der Luftbewegung erhalten. In diesem Falle wird die Kurve p_n eine Gerade.
Der Massenaustausch ist in diesem Fall wirklich proportional der
Druckdifferenz $p - p_\mathrm{I}$. Einen beschleunigenden Einfluß hat bewegte
Luft auf den Massenaustausch also nur insofern, als Moleküle des Austausches nicht als Widerstand diesem entgegentreten, wie es tatsächlich
bei reiner Diffusion der gaskinetischen Bewegungen der Fall ist.

Die Abb. 2 gibt die in verschiedenen Abständen $ds - n$ über dem
System herrschenden Dampfdrucke an in Ruhe (R) und Wind (W). Ist
die Luftbewegung hinreichend stark genug, daß über dem System bzw.
in der Zone ds (eine Schicht minimaler Ausdehnung über dem System)
dauernd derselbe Dampfdruck erhalten bleibt, so ist dadurch der Massenaustausch begünstigt. Wird sich dagegen infolge der Anhäufung von

ausgetretenen Dampfmolekülen über dem System der Dampfdruck erhöhen, so wird der Massenaustausch herabgesetzt. Die Kurven R und W stellen den Dampfdruckabfall von ds bis n dar. Es handelt sich dabei freilich nur um eine schematische Darstellung.

Aus diesen Überlegungen ist zu folgern, daß die Verdunstung in Ruhe zu Beginn des Vorganges rascher vor sich geht als in den folgenden Zeitabschnitten. Aus den später zu beschreibenden Versuchen läßt sich dies ohne weiteres ableiten. Hier möge ein Versuch geschildert werden, der auch erkennen läßt, daß die Verdunstung innerhalb von 16 Minuten ein wenig geringer wird, wenngleich die Versuchstechnik zur Eruierung dieses Prozesses nicht hinreichend zuverlässig war. Auf einer sehr empfindlichen, analytischen Wage ruhte auf der einen Wagschale ein 4 cm² großes, wasserdurchtränktes Pappestück, das innerhalb 16 Minuten $^1/_4$ mg Wasser verlor. Die Wage vermochte während der ganzen Zeit frei zu schwingen, die Ausschläge nach rechts und links wurden mit den dazu gehörigen Zeiten abgelesen. Die Zickzacklinien der Abb. 3 stellten die Ausschläge dar. Aus 3 nacheinander erfolgenden Ablesungen, zwischen denen eine rasche Neueinstellung der Wage stattfinden mußte, ergaben sich die gestrichelten Geraden, welche den Verdunstungsverlust des Pappstücks angeben.

Der Neigungswinkel gegen die Abszisse wird kleiner bei den 3 festgestellten Geraden des Gewichtsverlustes, mit anderen Worten, wird die Verdunstung effektiv geringer. Eine ausführliche Berechnung der Fehlerquellen, die hier nicht wiedergegeben werden soll, beeinträchtigt das Versuchsresultat nicht. Wie wir später sehen werden, können wir mit dieser Methode nicht den stärksten Abfall der Verdunstungskurve fassen, da er innerhalb der ersten Minute des Verdunstungsprozesses liegt. Wem die Gedanken nicht vertraut sind, daß bei der Verdampfung in Ruhe sich über dem System eine Dampfhaube bildet, deren Bestehen im Winde unmöglich

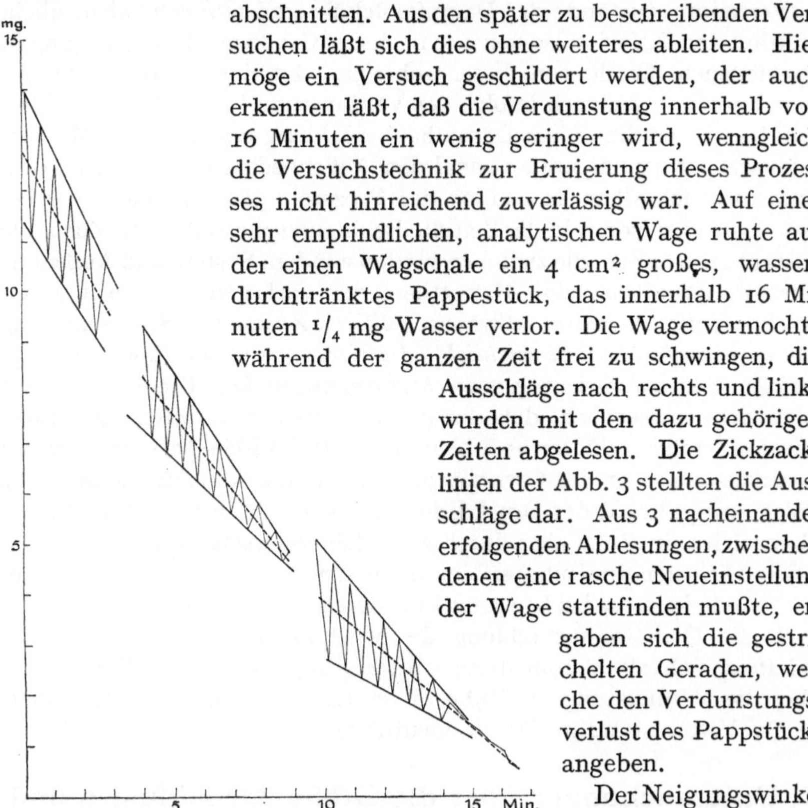

Abb. 3. Gewichtsabnahme eines wasserdurchtränkten verdunstenden Pappestücks während 15 Minuten.

gemacht wird, kann sich mit der Anschauung eines mit Nebel bedeckten Sees ein richtiges Bild machen. Beim Einsetzen eines Windes wird die Nebelkappe weggewischt, der See vermag nun weiter Wasser zu verdunsten, was ihm bei der Nebelkappe nicht möglich war.

Die Steigerung des Austausches durch bewegte Luft ist somit nur eine den aus dem System austretenden Molekeln erteilte Beschleunigung. Die Verteilungszustände der Dampfmoleküle sind nunmehr nicht allein Funktion der Diffusion, sondern je nach der Größe der Luftbewegung in verschiedenem Grade von dieser abhängig. Ist die Luftbewegung genügend groß, so daß sich infolge der Verdunstung kein Diffusionswiderstand im obigen Sinn einer Dampfhaubenbildung ergibt, ist der Massenaustausch permanent proportional den Außenbedingungen, welche dem Dichteausgleich allein zu Anfang des Prozesses geboten sind. Nur bewegte Luft kann somit in der Zeit die Bedingungen erfüllen, die Zustände konstant zu erhalten, die zwischen verdunstendem System und Außenluft bestehen. Damit ist eine Hauptthese der vorliegenden Arbeit schon spruchreif: *die normalen, allgemein gültigen Zustände der Verdunstung sind in bewegter Luft verwirklicht, die Verdunstung in Ruhe unterliegt speziellen Zustandsänderungen des Massenaustausches.* Freilich ist damit die Ansicht aufgegeben, daß der gesamte Massenaustausch nur durch Diffusion erfolge; erhalten aber bleibt die physikalische Tatsache, daß der Massenaustausch an der Grenzfläche System/Außenluft durch Diffusion erfolgt, proportional der Druckdifferenz $p-p_1$, die in bewegter Luft erhalten bleibt, in Ruhe aber durch eine kleinere ersetzt wird.

Die Diffusion in Ruhe erfolgt im ersten Augenblick mit derselben Geschwindigkeit, die bei bewegter Luft dauernd erhalten wird, doch wird durch die Dampfhaubenbildung die Verdunstung verzögert, was im Endeffekt sich als Verdunstungserniedrigung ausdrückt. Wir können daher die Verdunstung in Ruhe im ersten Augenblick des Vorganges mit der Verdunstung im Winde identifizieren.

C. Untersuchungen über die Größe der Diffusion und Scheindiffusion bei physikalischen Modellen bestimmter Größe.

Um die Größenordnung der Diffusion und Pseudodiffusion angeben zu können, müssen Untersuchungen mit absoluten Wertangaben angestellt werden. Die empirische Ermittlung des Faktors „A" ist in unserem Falle unzureichend, da wir gerne über das Zustandekommen dieser Größe näheren Aufschluß hätten. Es ist nun überaus schwierig die im C.-G.-S.-System ermittelten Werte richtig zu deuten. Die Konvektionen bedingen nämlich eine gleichsinnige Diffusionssteigerung wie sie durch die Ausbildung des Randes im „Randfeld der Diffusion" ermöglicht wird.

Dazu kommt noch, daß die Konvektionen zweifelsohne gerade am Rande bzw. im Randfelde besonders begünstigt werden, infolge der stärker ausgeprägten Temperaturdifferenzen zwischen System und Umgebung, wenn nicht schon vorhandene Strömungen sich eben am Rand besser geltend machen können als auf der Fläche selbst.

Wir gehen am besten von der allgemeinen Formel der Verdunstung aus, die unbekümmert um den Charakter des Austausches gleicherweise Diffusion wie Pseudodiffusion umfassen soll. Die Formel lehnt sich an die von BROWN und ESCOMBE aufgestellten und von RENNER benutzten Formel an, sondert aber die Verdunstung in die des Flächenfeldes und die des Randfeldes. Die Gesamtverdunstung ist somit die Summe beider.

$$V = k \cdot \varrho \, (R^2\pi + \alpha \cdot 2\,R\pi).$$

V sei die Verdunstung in Gewichtseinheit/Zeiteinheit, k ist der Diffusionskoeffizient, α ein empirischer Faktor der Randfeldaktivität, der die vor der Klammer der Gleichung stehenden Faktoren $k \cdot \varrho$ auf ihre wirkliche Größe, die ihnen im Randfelde zukommt, korrigiert. ϱ ist die Differenz der Drucke des maximalen p und des herrschenden Dampfdruckes p_1, entsprechend $(p - p_1)$. BROWN und ESCOMBE wie RENNER setzen den maximalen Dampfdruck der Außentemperatur in die Berechnung ein, nehmen also die Temperatur des verdunstenden Systems gleich der des Milieus. Diese Übertragung ist nicht ganz zulässig, da das verdunstende System infolge der Verdunstung untertemperiert ist, der maximale Dampfdruck p_t ist größer, als der für das System gültige p_{t_1}. Die Psychrometerformel stellt ebenfalls diese Forderung, worauf wir später eingehender zu sprechen kommen. An Hand der vorliegenden Versuche soll aber dargestellt werden, wie groß der Fehler bei Nichtbeachtung dieses Umstandes werden kann.

Zuvor möge aber die Brauchbarkeit der Formel von BROWN und ESCOMBE, die RENNER für größere Flächen ausgewertet hat, geprüft werden. Es handelt sich zunächst nur um relativ große Flächen, Diskussionen über kleinste Flächen scheiden an dieser Stelle aus. RENNER stellte zugleich Versuche an, deren Werte er mit errechneten verglich, um das Maß der Übereinstimmung festzulegen. Die Temperaturgleichsetzung der Wasserschalen, mit denen RENNER experimentierte, und der Lufttemperatur, mag als zulässig gelten, der Grad des Fehlers läßt sich nicht abschätzen. RENNERs Tabelle 10, die die Gesamtergebnisse dieser Versuche enthält, verrät ohne weiteres, daß die Flächenproportionalität der Verdunstung nur gültig ist bei relativ großen Flächen ($\varnothing = 8$ cm), währenddem bei den kleinsten eine Randfeldaktivität auftritt, ihnen also eine größere Verdunstung zukommt als ihren Flächen entspricht. Bei RENNER ist die Übereinstimmung am besten bei linearen Radiuswerten und multiplen davon gewahrt. Stellen wir die Werte der Tabelle in Relativzahlen dar. Spalte 2 enthält die relativen Flächengrößen, Spalte 3 die empirischen Werte der Verdunstung, die 4. Spalte die relativen Verdunstungsraten pro Flächeneinheit.

Tabelle 1.

Radius der Schalen in cm	Relative Flächengröße	Empirische Verdunstungswerte	Relative Verdunstungswerte
0,55	1	3,6	3,6
1,9	11,9	25	2,1
2,33	17,9	24	1,4
3,3	36	42	1,2
4,00	52	44	0,8
4,55	61	69	1,1

Die Formel

$$V = k \cdot \varrho \cdot R^2\pi$$

ist nur bei größeren Flächen anwendbar und zu vergleichen mit der Formel

$$V = k \cdot \varrho \, (R^2\pi + a \cdot 2\,R\pi),$$

wenn $a \cdot 2\,R\pi = 0$ ist. Um so mehr aber der empirische Wert von dem theoretischen, aus der Gleichung

$$V = k \cdot \varrho \cdot R^2\pi$$

berechneten abweicht, um so mehr macht sich ein Massenaustausch in dem Randfeld bemerkbar. In welchem Maße sich dabei noch Konvektionen daran beteiligen, läßt sich nicht ohne weiteres angeben. RENNER findet auch tatsächlich eine Übereinstimmung zwischen empirischen und theoretischen Werten, wenn er diese nach den Gleichungen

$$V = k \cdot \varrho \cdot 4\,R \text{ bzw. } V = k \cdot \varrho \cdot 4\,R\pi$$

ermittelt. Mir erscheint nun eine Anwendung dieser Formeln nicht ganz glücklich, da sie im Sinne von Stefans Theorie zur Berechnung von Relativzahlen gedacht sind, zu absoluten Berechnungen aber nicht hinreichend brauchbare Vorstellungen des tatsächlichen Massenaustausches geben. Die Abgabe von Wassermolekülen geschieht bei der Verdunstung in jedem Falle von der Fläche und vom Rande aus und je nach dem gegenseitigen Verhältnis ihrer Dimensionen kommt in der Gleichung

$$V = k \cdot \varrho \cdot (R^2\pi + a \cdot R\pi)$$

bald $a \cdot 2\,R\pi$ bald $R^2\pi$ verschieden stark zum Ausdruck. Dabei setzen wir ruhige Luft als Bedingung voraus und erinnern uns zugleich an die Größenordnung der Flächen. Eine Berechnung der Verdunstung aus dem 4 fachen Radius mit oder ohne Multiplikation von π kann sicherlich Übereinstimmung von Relativzahlen ergeben, was ja ohne weiteres aus dem Satze: Die Verdunstung erfolgt *proportional* dem Radius, ersichtlich ist. BROWN und ESCOMBE, RENNER und andere Forscher waren sich in diesem Punkte völlig klar, doch haben viele andere, spätere Untersucher Relativzahlen so betrachtet wie absolute. Eine Gleichsetzung dieser Art ist nicht zulässig.

Die allgemeinste Formel der Verdunstung

$$V = k \cdot \varrho \cdot (R^2\pi + \alpha \cdot 2\,R\pi)$$

die sich auf die heuristische Vorstellung, die SEYBOLD (1927) entwickelt hat, stützt, ist in allen Fällen brauchbar und findet auch im Folgenden Anwendung.

Die Berechnungen sind so ausgeführt, daß die Verdunstungsmenge jeweils auf die Flächeneinheit bezogen wird, das Plus der empirischen Ermittlung über den theoretischen Diffusionswert, ist der Aktivität des Randfeldes und der herrschenden Konvektion i. e. Pseudodiffusion zuzuschreiben. Der Diffusionskoeffizient von Wasserdampf in Luft wird bei 27° des verdunstenden Systems mit 0,230 eingesetzt. Gemäß der Formel

$$k = 0{,}230 \cdot \left(\frac{273 + t}{273}\right)^2 \cdot \frac{760}{p}$$

müßte ein höherer Wert (etwa 0,275, ungefährer Barometerst. 760 mm) eingesetzt werden, aber die folgende Berechnung rechtfertigt die Wahl $k = 0{,}230$. Auf die Bedeutung des Koeffizienten kommen wir nachher zu sprechen. Der Diffusionsaustausch beträgt nach den empirischen Befunden der Außenbedingungen 0,000 0173 g. Die Temperatur der Pappstücke wurde mit Thermoelementen festgestellt, die Meßvorrichtung wird im 3. Kapitel genau beschrieben. Die Schwankung der Temperatur der Pappstücke bei 27° war ± 0,2, die der Zimmertemperatur bei 32° ebenso groß. Die Temperatur invers orientierter Stücke ist im Mittel 0,5° niedriger gewesen; auf diesen Befund gehen wir im 3. Kapitel näher ein. Für alle Stücke wählen wir die Durchschnittstemperatur 27°. Als Mittelwerte erhalten wir die folgenden Werte:

$$\text{g Wasserverdunstung } \frac{36 \text{ cm}^2}{\text{sek.}} \qquad \begin{array}{l} 0{,}000\ 193 \text{ normal orient.} \\ 0{,}000\ 272 \text{ invers orient.} \\ 0{,}000\ 143 \text{ theoret. Wert[1].} \end{array}$$

Die Wasserverluste stehen in diesem Fall in einem Verhältnis

$$\begin{array}{ccccc} 1 & : & 1{,}35 & : & 1{,}90 \\ \text{(theoret. Wert)} & : & \text{(normal lieg.)} & : & \text{(invers)} \end{array}$$

$$\text{g Wasserverlust } \frac{144 \text{ cm}^2}{\text{sek.}} \qquad \begin{array}{l} 0{,}000\ 572 \text{ normal orient.} \\ 0{,}000\ 833 \text{ invers orient.} \\ 0{,}000\ 573 \text{ theoret. Wert.} \end{array}$$

---

[1] Werden die kleinen Stücke mit entsprechend gleichorientierten größeren Stücken bezüglich der Transpirationswerte miteinander verglichen und der Exponentenwert errechnet, so ergibt sich, daß dem normal orientierten Stück ein niedrigeres n zukommt ($n = 1{,}5$) als dem invers orientierten ($n = 1{,}6$), was mit früheren Befunden in Einklang steht. (SEYBOLD 1927.)

In diesem Fall ist das Verhältnis der 3 Werte

$$1 : 1 : 1,47.$$

Es ist nun von erhöhtem Interesse festzustellen, daß eine Übereinstimmung von theoretischem und empirischem Werte bei dem normalliegenden, großen Stück besteht, was uns entweder eine richtige Wahl des Diffusionskoeffizienten anzeigt, oder aber bekundet, daß in diesem Falle keine Steigerung der Diffusion durch Konvektion stattfindet und eine Randfeldaktivität nicht in Erscheinung tritt.

Eine Entscheidung ist vorderhand nicht zu fällen, wir begnügen uns mit der Tatsache der Übereinstimmung. Wird das Stück invers orientiert, so liegt der Verdunstungswert um 47 vH höher, was in erster Linie auf Konvektion im Randfelde zurückzuführen sein wird. Daß Konvektionen vorhanden sind, geht schon daraus hervor, daß senkrecht gestellte Stücke mehr transpirieren als invers orientierte, obwohl beide dieselbe Möglichkeit der Randfeldentwicklung haben; wir verweisen hier auf die Versuche von SEYBOLD (1927). Beachten wir die Ergebnisse der Verdunstungsmengen der kleinen Stücke, so ist bei invers orientierten der empirische Wert 90 vH höher, als theoretisch errechnet wird. Wenn hier die These auf Grund dieser Versuche aufgestellt wird, daß die Konvektion um so mehr in Wirksamkeit tritt, je kleiner die Stücke sind, so können wir später einen zweiten Beweis finden (s. kleinste Poren).

Was nun den Diffusionskoeffizienten selbst anlangt, könnten wir ihn als spezifische Konstante der Wasserdampfverdunstung selbst veränderlich wählen je nach der Größe der Verdunstungssysteme und ihrer Lage im Raume, ihn also nicht nur im physikalischen Sinne von Temperatur und Luftdruck abhängig machen. Bezeichneten wir ihn als Pseudodiffusionskoeffizienten, so wäre er mit dem Faktor A der umfassenden Austauschgleichung von SCHMIDT identisch. Damit soll keineswegs ein neuer Ausdruck geschaffen werden, sondern lediglich die Brauchbarkeit der Austauschgleichung verifiziert werden.

Wir untersuchen nun die Größe des Fehlers, der entsteht, wenn man die *Temperatur der Luft* auf das *System* selbst überträgt. Es kann sich bei dieser Untersuchung nur um einen konkreten Fall handeln, und wir nehmen die oben berechneten Diffusionswerte. Setzen wir bei der Berechnung von V die Temperatur, oder besser gesagt den maximalen Dampfdruck dieser Temperatur ein, so wird $V = 0,000\ 0238$, was folgende theoretische Diffusionswerte bei Unveränderlichkeit der anderen Faktoren ergäbe:

kleine Stücke (6×6)	große Stücke (12×12)
0,000 197	0,000 788.

Wäre bei dem kleinen, normalliegenden Stück in diesem Fall eine gute Übereinstimmung (Randfeldaktivität und Konvektion wären hinfällig), dann übertrifft der theoretische Wert den empirich festgestesllten aber bei dem großen Stück um ein Beträchtliches. 0,000 788 stünde 0,000 572 gegenüber. Die Wahl eines unter oben erwähnten Umständen größeren Koeffizienten verstärkt die Differenz noch mehr. Nach den Erfahrungen, die sich aus den Experimenten ergaben, kann aber der theoretische Wert unmöglich höher liegen als der empirisch festgestellte, da die Pseudodiffusion vorhanden ist oder nicht, also eine Diffusionserhöhung möglich ist, aber keine Erniedrigung. Mit Einsetzung einer zu hohen Temperatur werden auf alle Fälle zu hohe Verdunstungswerte errechnet, wenn man sich lediglich der Diffusionsgleichung bedient.

Wir werten die vorliegenden Versuche zugleich dazu aus auf andere Weise die Randfeldaktivität bzw. Konvektionswirkung zu eruieren nach der Gleichung, die SIERP und SEYBOLD (1928) zur Ermittelung der Randfeldgröße aufgestellt haben. Stehen zwei Flächen bezüglich ihrer Größe in einem Verhältnis 1 : 4, was für die vorliegenden zutrifft, so ist das Verhältnis ihrer Verdunstung ein anderes, da ja nicht nur die Flächenausdehnung, sondern auch die Randentwicklung zu berücksichtigen ist. Das kleinere Stück hat eine relativ größere Verdunstung, und die Verdunstung nach der Formel ausgedrückt, ergibt ein $n = 2$. Aus dem vorliegenden Fall gewinnen wir $n = 1,5$ bei den normalliegenden Stücken, bei den inversorientierten $n = 1,6$. Hier mögen die früher von SEYBOLD gefundenen Werte zum Vergleich gegebenenfalls mit herangezogen werden, die hier eine Bestätigung finden.

Die Relativzahlen der Verdunstung (normal 1 : 2,92, invers 1 : 3,06) erweisen sich aber keineswegs dafür geeignet die Randfeldaktivität deutlich zu machen. Gehen wir aber von folgender Überlegung aus: Zu der empirisch ermittelten, flächenrelativ größeren Verdunstungsrate des kleineren Stückes, wählen wir eine so große Fläche, daß der Verdunstungswert flächenrelativ so groß ist wie bei dem großen Stück. Das große Stück soll nun selbst keine Randfeldaktivität haben, was approximativ um so eher zulässig ist, je größer das Stück ist. Hierbei sei auf die Darstellung von SIERP und SEYBOLD (Abb. 1) verwiesen. Die Berechnung der obigen Zustände berechtigt uns auch in diesem Falle zu der Annahme. Wir schreiben das eben Gesagte in Form einer Proportion folgendermaßen:

relat. Verdunstung	absolut. Verdunst.	relat. Verdunst.	absolut. Verdunst.
der Fläche 6×6 :	der Fläche $(a \times a) =$	der Fläche 12 × 12 :	der Fläche 12 × 12
$n = 1,5$	$n = 1,5$	$n = 1,5$	$n = 2.$

Die Proportion ist kurz gefaßt

$$1 : x = 2,92 : 4$$
$$x = 1,37.$$

Die Fläche müßte um 37 vH größer sein, oder die Randfeldaktivität erhöht die Verdunstung um denselben Wert, was mit dem oben ermittelten

Ergebnis in Einklang steht. Eine Berechnung mit den inversorientierten Stücken ist nicht durchzuführen, da dem großen Stück die Randfeldaktivität in diesem Falle nicht abgesprochen werden kann, wenn nicht zu große Fehler gemacht werden sollen.

D. Versuche über den Massenaustausch bei der Verdunstung spezieller physikalischer Systeme mittlerer Blattgröße.

Nachdem wir uns einen allgemeinen Einblick in den Massenaustausch von Modellsystemen verschafft haben, müssen wir unsere Analyse spezieller weiterführen. Wir wenden uns zuerst dem Massenaustausch zu ohne Berücksichtigung des Energieaustausches, um den Gang der Untersuchung nicht zu kompliziert zu gestalten. Um die Untersuchungen über den Massenaustausch bei pflanzlichen Systemen erfolgreich in Angriff nehmen zu können, ist es erforderlich, eine Reihe von physikalischen Gesetzmäßigkeiten zu klären, was vor allem eine Fortführung der Untersuchungen von SIERP und SEYBOLD (1927) sein dürfte. Im Anschluß an die zunächst zu schildernden Versuche mit Modellsystemen wird sich eine ausgedehnte Untersuchung mit pflanzlichen Systemen anschließen, die nicht nur den Gültigkeitsbereich der physikalischen Transpirationsgesetze zeigen soll, sondern die zugleich eine Klärung der Probleme physikalischer Transpirationstheorien bringen kann. Werden die Versuche eine so eingehende Schilderung erfahren, so geschieht dies aus der Überzeugung heraus, daß es der Wissenschaft dienlich sein wird brauchbare Versuchsdaten zu besitzen, so verschiedenartig die Ausdeutungen auch im Laufe der Zeit sein mögen. Die flächenrelativen Berechnungen, die vor allem in der „relativen Transpiration" Anwendung finden, müssen einmal schrittweise analysiert werden, um zu erfahren was mit der relativen Transpiration eigentlich ausgedrückt wird.

Eine Reihe von physikalischen Versuchen mußte ein einheitliches, vergleichbares Zahlenmaterial liefern. Annähernd konstant waren bei den Versuchen Temperatur und relative Feuchtigkeit. Alle Versuche wurden im Dunkelzimmer ausgeführt, die Versuche im „Winde" mit 2,5 m/sek fanden unter denselben Bedingungen wie die Ruheversuche statt. Variiert ist die Form der Pappstücke, die in der üblichen Weise präpariert wurden[1]. Die Erniedrigung der Dampfspannung dieser Systeme ist durch Tränkung in $CaCl_2$-Lösung (400 g auf 40 com³ Wasser) erreicht worden. Durch die Versuche ließ sich entscheiden, welchen Einfluß die Form auf die Verdunstung ausübt, die bei flächenrelativen Verdunstungswerten unbeachtet bleibt.

---

[1] Paraffinierung der nicht verdunstenden Teile (s. SEYBOLD 1927).

Die Verdunstungssysteme hatten die Dimensionen der Abb. 4, welche die Ausmaße in cm $^1/_5$ verkleinert wiedergibt.

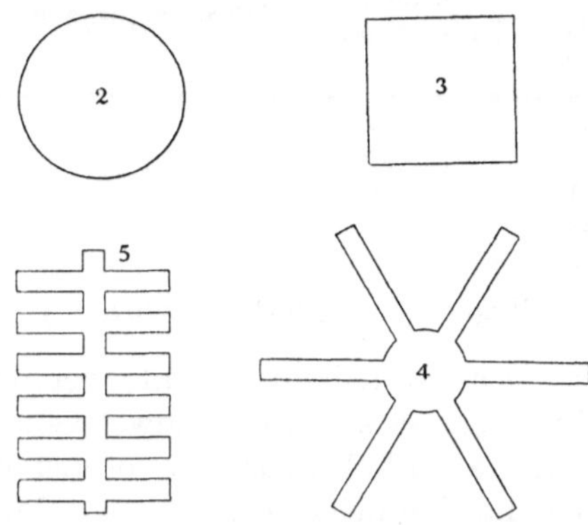

Abb. 4. Die Verdunstungssysteme der Tabellen 2—6. Die Flächen sind um ¹/₅ verkleinert.

Es ist eine bekannte Erfahrungstatsache, das bei mit Wasser gefüllten Evaporationsschalen mit fallendem Wasserspiegel vom Rande aus gemessen, eine Verdunstungserniedrigung eintritt, so daß nach den Untersuchungen von THOMAS und FERGUSON (1917) eine Wasserspiegelhöhe von etwa 3 cm unter dem Rande zu wählen ist, um größere Schwankungen in der Evaporation auszuschalten, die durch den fallenden Wasserspiegel in großem Maße verursacht werden. Evaporationsschalen mit der geforderten Wasserspiegellage finden heute öfters Verwendung. Aus diesem Grunde wurde in den folgenden Versuchen die Pappscheibe des Systems (2) mit einem 3 cm hohen, paraffinierten Papierring umgeben und in die Versuchsreihen mit aufgenommen, System (1). Die Versuche erfuhren mindestens eine Wiederholung, ohne aber irgendwelche verschiedene Verhältniszahlen zu erhalten.

Tabelle 2.

Verdunstung pro 2 Stunden		Relative Werte		Relative Werte			Ruhe
I $T=13^0$ $F=35\%$	II $T=23^0$ $F=28\%$	I	II	I	II	II/I	
1. 0,285	0,510	1	1	—	—	1,78	
2. 0,585	1,214	2,05	2,38	1	1	2,07	
3. 0,605	1,350	2,12	2,64	1,03	1,11	2,20	
4. 0,920	1,640	3,22	3,21	1,57	1,33	1,78	
5. 0,860	1,600	3,02	3,13	1,46	1,32	1,86	

Die Wiederholung des Versuchs ergab mit geringen Abweichungen dieselben Werte (Tabelle 3).

Der Versuch der Tabelle 2 wurde bei der Temperatur 13⁰ und Feuchtigkeit 35 vH und außerdem bei 23⁰ und 28 vH ausgeführt. Vergleichen wir die Relativwerte von I und II bezogen auf das System (1) = 1, so sehen wir in beiden Fällen der verschiedenen Außenbedingungen den

Tabelle 3.

	Verdunstung pro 2 Stunden			n-fach der Ruhe	Wind 2,5 m/sek.
	$T=25^\circ$ $F=30\%$	Relativer Wert	Relativer Wert		
1.	5,440	1	—	10,6	
2.	6,000	1,10	1	5,0	
3.	6,160	1,13	1,01	4,4	
4.	8,640	1,58	1,43	5,3	
5.	8,240	1,51	1,37	5,1	

(Der Versuch ist mit demselben Ergebnis wiederholt worden.)

höchsten Wert bei dem System (4). Dem System (5) kommt aber die größte Randausdehnung zu, was ohne weiteres zeigt, wie schwer es ist, ein brauchbares Maß für Randfeldaktivität zu haben, da von vornherein sich nicht angeben läßt, wie stark sich die Randfelder beeinflussen. Von diesem Umstande abgesehen, erkennen wir, daß bei Bezugnahme auf das System (2) die flächenrelativen Verdunstungswerte sehr viel niedriger liegen, womit eindeutig festgelegt ist, daß die Tiefe des Wasserspiegels bei einem Evaporimeter d. h. System (2) = 0 ist, ganz andere Relativwerte ergibt, die ungefähr 2,5 mal größer sind. Die Beachtung der Konstanz des Evaporimeterwasserspiegels eliminierte Fehler dieser Art. Auf Einzelheiten der Werte braucht nicht weiter eingegangen werden, der Kundige wird noch diese und jene für die physikalische Analyse der Verdunstung wichtige Verhältnisse ablesen können.

Die Verdunstung derselben Systeme untersuchen wir im Winde mit 2,5 cm/sek Geschwindigkeit und erhalten die Werte der Tabelle 3. Die Relativwerte auf System (1) und (2) bezogen, weichen wenig voneinander ab, wenn wir aber die n-fachen Werte der Verdunstung der Spalte 5 (Tabelle 2) bilden, so wird die große Verdunstungssteigerung des Systems (1), die ungefähr doppelt so stark ist, als die anderen Systeme, deutlich. Der Vergleich der Relativwerte bezogen auf das System (1) in Ruhe und im Winde weichen ganz beträchtlich voneinander ab, während eine Bezugnahme auf das System (2) ganz gut Übereinstimmung ergibt.

Tabelle 4.

System	1	2	3	4	5
Ruhe	1	2,38	2,64	3,21	3,13
Wind	1	1,10	1,13	1,58	1,51
Ruhe	—	1	1,11	1,33	1,32
Wind	—	1	1,01	1,43	1,37

Aus der vorstehenden Zusammenstellung erhellt ohne weiteres, daß eine Evaporationsschale mit tiefliegendem Wasserspiegel im Winde eine ungleich relativ stärkere Verdunstung erfährt, als ein Evaporimeter ohne Wasserspiegelversenkung. Je nach der Höhe des Wasserspiegels liegen die Werte der relativen Transpiration verschieden hoch, von dem Einfluß des Schalendurchmessers ganz zu schweigen.

Ganz abgesehen davon, wird bei der relativen Verdunstung die Form der Systeme außer acht gelassen. Spielte sie keine Rolle, so müßten sämtliche relativen Werte der Tabellen gleich sein, da wir unsere Systeme flächengleich wählten. Die Abweichungen können aber das 3 fache betragen.

Zunächst lassen sich die Überlegungen auf die Blattformen und Transpirationszustände nicht übertragen, da die absolute Verdunstung wenigstens im allgemeinen geringer ist als die freier Wasserflächen. Doch darauf kommen wir später zurück. Um Einblick in die absolut geringeren Verdunstungsverhältnisse von Blattsystemen zu bekommen, wurden die Systeme in $CaCl_2$-Lösungen getränkt und hernach der Verdunstung überlassen. Die absoluten Verdunstungswerte sind viel geringer und der Einzelheiten wegen, die bei den Werten der Tabelle 5 auftreten, verweisen wir auf die Befunde S. 22 ff. und auf die früheren Ausführungen bei SEYBOLD (1927).

Tabelle 5.

	Ruhe			Wind		
	$T = 26°$ $F = 30\%$	relative Werte		$T = 27°$ $F = 30\%$	relative Werte	n-fach des Ruhewertes
1.	0,570	1	—	5,400	—	1	10
			(Wasserverdunstung)				
2.	0,200	0,35	1	1,040	1	0,19	5,2
3.	0,208	0,36	1,04	—	—	—	—
4.	0,280	0,49	1,40	1,200	1,15	0,22	4,3
5.	0,265	0,46	1,32	1,280	1,21	0,24	4,8

Unter sich weichen die Systeme in ihren Verdunstungswerten nicht mehr sehr stark voneinander ab, was durch die geringere Randfeldaktivität infolge der Dampfdruckerniedrigung durch die Salzlösung ganz verständlich erscheint. Die Relativwerte bezogen auf System (1), das wie im vorigen Versuch mit Wasser getränkt wurde, um ein Evaporimeter zu besitzen, lagen im Winde etwa 2 fach höher als in Ruhe. Wird auf System (2) der Tabelle Bezug genommen, ergibt sich wieder eine Übereinstimmung.

Tabelle 6.

System	1	2	3	4	5
Ruhe	1	0,35	0,36	0,49	0,46
Wind	1	0,19	—	0,22	0,24
Ruhe	—	1	0,17	0,23	0,21
			(Wasser)		
Wind	—	1	—	0,20	0,21

Als Ergebnis der vorliegenden Versuche können wir ansehen, daß das System (1) als Bezugseinheit sehr große Abweichungen ergibt, weil es ein ganz *willkürliches, spezielles System* darstellt, das auf Wind und Ruhe ganz anders reagiert als andere Systeme, die nicht nur hinsichtlich ihrer Form verschieden sind, sondern die sozusagen ihr Randfeld frei entwickeln können, während dies dem Evaporimeter nicht ermöglicht ist. Da jedes Evaporimeter ein ganz spezielles System darstellt, können wir mit ihm unmöglich allgemein gültige Werte als Bezugseinheit ermitteln, wenn man auf eine exakte Transpirationsanalyse Wert legt.

Ehe wir weiter in der Analyse der Evaporimeterfrage fortfahren, mögen praktische Befunde kurz gestreift werden, die deutlich aufzeigen, wie notwendig es ist, die ganze Frage einer Klärung entgegenzuführen. STOCKER (1925), der sehr verdienstvoll Transpirationsmessungen über große Zeiträume anstellte, gibt unter anderem folgende Werte relativer Transpiration wieder.

	Erica	Fragaria
1923	4,4	13,0
1925	3,2 (3,9)	7,6 (12,6).

Die Abweichungen sind recht beträchtlich. Verhält sich 1923 Erica: Fragaria 1: 2,95, so 1925 E: F wie 1: 2,38, oder wenn man die eingeklammerten Werte nimmt E: F 1: 3,23. STOCKER warnt hinsichtlich dieser Befunde selbst vor der Annahme einer großen Zuverlässigkeit der relativen Transpiration. Es ist keineswegs verwunderlich, daß die Schwankungen so groß sind und es liegt nicht an der Methodik, sondern an der prinzipiellen Unzuverlässigkeit der Berechnung. Aus den obigen Versuchen können wir schon sehen, wie die Form allein unter Umständen ins Gewicht fallen kann. Die Form des Systems und seine Lage muß berücksichtigt werden. Bei pflanzlichen Systemen liegen die Verhältnisse aber ungleich komplizierter, so daß die Evaporationsbeziehung noch ungeeigneter wird.

HUBER (1924), der das Verdunstungsvermögen (die relative Transpiration) „nachdrücklichst in Schutz" nimmt, glaubt für die Ökologie die Bestimmung des Verdunstungsvermögens für ausreichend halten zu dürfen, was freilich ganz von den Ansprüchen auf Genauigkeit abhängig ist. LIVINGSTON (1906) u. a. versuchte ein Modellsystem zu bauen, das physikalisch von dem pflanzlichen System möglichst wenig abweicht, um damit die regulative Komponente der Transpiration zu eliminieren, was LIVINGSTONS großes Verdienst ist. HUBER verwirft aber die Bemühungen LIVINGSTONS und hält auch die Heranziehung der verwickelten Verhältnisse von Porenplatten für unnötig. Sicherlich sind die Bemühungen LIVINGSTONS ganz berechtigt und die Konstruktion geeigneter Evaporimeter im Sinne von LIVINGSTON wird nach wie vor eine Aufgabe der Transpirationsanalytiker sein.

2*

Mit einer ganz allgemeinen Betrachtung können wir aber nunmehr aufzeigen, daß die relativen Evaporationswerte, die sich auf eine ganz beliebige Wasserschale beziehen, über die herrschenden Transpirationsgrößen nichts aussagen.

Die Faktoren, welche sich an der Verdunstung und an der Transpiration beteiligen, sind herrschender Dampfdruck d, Temperatur t, Luftbewegung w, Belichtung l und unter Umständen Luftdruck b. Ganz allgemein können wir eine beliebig große Verdunstung (Evaporation) E und die bei denselben Außenbedingungen stattfindende Transpiration T schreiben,

$$d_1\, w_1\, t_1\, l_1\, b_1 = \alpha E$$
$$d_1\, w_1\, t_1\, l_1\, b_1 = \beta T,$$

wobei α und β spezifische Konstanten der Systeme sind. Die relative Transpiration ist demnach

$$I = \frac{\beta T}{\alpha E}. \tag{1}$$

Wählen wir nun an Stelle des Windes w_1 eine Windgeschwindigkeit w_2, wobei $w_2 > w_1$ ist, und nehmen dabei den Fall an, daß der Wind w_2 wohl die Evaporation um das Doppelte steigert, nicht aber die Transpiration des Blattsystems, so haben wir

$$d_1\, w_2\, t_1\, l_1\, b_1 = 2\alpha E$$
$$d_1\, w_2\, t_1\, l_1\, b_1 = \beta T, \text{ woraus folgt}$$
$$I = \frac{\beta T}{2\alpha E}. \tag{2}$$

Die Annahme, daß die Windsteigerung keine Transpirationserhöhung bedingt, werden wir später exakt beweisen können. Die Deutung des Index $\frac{\beta T}{2\alpha E}$, wird aber ohne Kenntnis dieses Verhaltens die sein, daß man eine Stomataregulation annimmt oder dergleichen regulative Reaktionen, da das Transpirationsvermögen nur halb so groß ist! Variieren wir nun außer w, noch die Temperatur und zwar so, daß $t_2 < t_1$ ist, so können wir schreiben

$$d_1\, w_2\, t_2\, l_1\, b_1 = \alpha E$$
$$d_1\, w_2\, t_2\, l_1\, b_1 = \frac{\beta T}{2}$$
$$I = \frac{\beta T}{2\alpha E}. \tag{3}$$

Dabei ist die Temperatur so gewählt worden, daß die Verdunstungssteigerung durch den Wind kompensiert werde, daß die Evaporation $= \alpha E$ sei; doch werde dadurch die Transpiration vermindert. In diesem Falle ist der Index genau derselbe wie unter (2). Bei einer „Verdunstungskraft“ die in dem *einen* Fall (3) halb so groß ist, haben wir genau denselben Transpirationsindex wie unter (2). Dabei sehen wir in beiden

Fällen von jeder physiologischen Regulation ganz ab. Schon rein physikalisch genommen wird aber die Transpiration durch das Licht ganz anders beeinflußt als ein Glas Wasser. Nicht umsonst war LIVINGSTON bestrebt, Evaporimeter mit demselben Lichtabsorptionsvermögen auszustatten [1]. Die Evaporation ist somit keine definierbare Größe, die als Maßstab verwendbar wäre, um verschiedene Werte miteinander zu vergleichen, da die Zusammenwirkung der an der Verdunstung sich beteiligenden Faktoren sehr verschieden sich auswirkt bei einer beliebig gewählten Verdunstungsschale und einem pflanzlichen System.

Es besteht nun aber auch die Möglichkeit nicht nur einen und denselben Transpirationsindex zu erhalten bei verschiedener „Evaporationskraft", sondern bei gleicher Evaporationskraft einen verschiedenen Transpirationsindex zu ermitteln.

Variieren wir gleichzeitig l und t und zwar so, daß $l_2 > l_1$, $t_2 < t_1$ ist, so kann die Temperaturerniedrigung bei dem Evaporimeter durch die Lichtabsorption kompensiert werden, so daß effektiv dieselbe Evaporationskraft festgestellt wird, während die bei dem Blattsystem stärkere Absorption eine Transpirationserhöhung hervorruft. Die bei einem Glasschalenevaporimeter geringe Absorption ändert E somit nicht, bei gleichzeitiger Temperaturerniedrigung erhöht sich aber T

$$d_1\, w_1\, t_2\, l_2\, b_1 = \alpha E$$
$$d_1\, w_1\, t_t\, l_2\, b_1 = 2\beta T \quad \text{und der Index wird}$$
$$I = \frac{2\beta\, T}{\alpha E}. \tag{4}$$

An dem Verdunstungsprozeß und dem Transpirationsvorgang beteiligen sich demnach die Faktoren in ganz verschiedener Weise einfach deshalb, weil das transpirierende Blatt ein physikalisches System mit ganz speziellen Eigenschaften ist.

Aus diesem Grunde ist der in der ökologischen Literatur gebräuchliche Ausdruck *Verdunstungskraft* auch ganz ungeeignet. Man mag sich streiten wie man das englische power of transpiration am besten ins deutsche übertragen will, auf jeden Fall scheint mir die Angabe der Menge des verdunsteten Wassers in cm³ oder g in einer Zeiteinheit ganz eindeutig und hinreichend genug, ohne einen neuen Terminus technicus einzuführen. Spricht man schon von Verdunstungskraft, so hat man auch das Recht von Transpirationskraft zu reden, zumal man beide „Kräfte" durcheinander dividiert. Man muß sich aber doch fragen, welche Bezeichnung diese Kräfte im C.-G.-S.-System tragen müssen? Wir befinden uns doch noch ganz auf physikalischem Boden. Eindeutige, physikalische Begriffe nachlässig zu gebrauchen, erscheint mir wenig

---

[1] Ob das grüne Filtrierpapier auf einem Picheevaporimeter wirklich den Blättern zu nahe kommt, wie WALTER (1928) ohne Beweis behauptet, müßte erst bewiesen werden.

zweckmäßig, es sei denn, daß jemand glücklich ist, das „rechte Wort" an Stelle des „fehlenden Begriffes" zu setzen.

Im Anschluß an die Betrachtung über die „Evaporationskraft" sei kurz die Frage gestreift, wie groß der Index (Quotient)

$$I = \frac{T}{E}$$

sein kann, da sich daran eine Reihe von prinzipiellen Fragen für die Transpirationsanalyse knüpfen. Es ist überflüssig, sämtliche Arbeiten, die sich mit dieser Frage befassen, aufzuzählen, ein Hinweis auf die Arbeit von DIETRICH (1925) genüge, um die Wichtigkeit der Frage aufzuzeigen. DIETRICH gibt auf Grund ihrer Versuche an, daß im allgemeinen der Index $\frac{T}{E} < 1$ sei; nur bei Heteranthera paradoxa und Trianea bogotensis wird von ihr $\frac{T}{E} > 1$ angegeben. Da es DIETRICH unmöglich erschien, daß die flächenrelative Transpiration absolut größer sein sollte, als die Evaporation, glaubte DIEDRICH eine physiologische Steigerung der Transpiration einsetzen zu müssen. Tatsächlich liegen die Verhältnisse aber anders. Bei den Versuchen wurde ein Evaporimeter verwandt, dessen Wasserspiegel nach THOMAS und FERGUSON (1917) 3 cm unter dem Gefäßrand lag, so daß sich bei dem Evaporimeter keine Randfeldverdunstung entwickeln konnte, bei den Blättern von Heteranthera und Trianea ist aber eine Randfeldtranspiration sehr wohl möglich gewesen, so daß auf die Flächeneinheit bezogen den pflanzlichen Systemen eine absolut höhere Transpiration pro Flächeneinheit zukam, was sich in einem Index > 1 ausdrückte. Die Versuche auf S. 16 zeigen ganz deutlich, wie stark die Verdunstung durch den „Gefäßrand" (Papierring) herabgesetzt wird. Außerdem lassen die Versuche auf S. 26 ff. erkennen, daß die Lage der Verdunstungsflächen ebenso auf die Verdunstungsgröße Einfluß haben kann, was sich aus den Versuchen von RENNER (1911) und SEYBOLD (1927) ganz eindeutig ableiten läßt.

OTIS (1914) untersuchte eine Reihe von emersen Pflanzen und gibt in seiner Untersuchung auch in einer Tabelle eine flächenrelative Berechnung von Transpirationsgrößen zugleich mit der Evaporation an. Hier sei diese Tabelle graphisch dargestellt (Abb. 5), um zu zeigen wie OTIS auch Indices T/E fand, die größer als 1 sind. Die graphische Darstellung wird uns später noch andere Dienste leisten. Die Versuchsdaten von OTIS scheinen nun ganz dafür zu sprechen, daß für stark transpirierende Pflanzen $\frac{T}{E} > 1$ sein kann. Die Verdunstung des „Evaporimeters" fand aber nicht unter den gleichen Umständen statt wie die Transpiration. Dem Verfasser ist dies nicht entgangen. Die Evaporimeterfläche befindet sich mit der Wasserfläche des Versuchsteiches auf demselben Niveau, während die transpirierenden Pflanzenteile mehr oder weniger stark in die Luft emporragen. Die Schwimmblätter von Castalia odorata haben mit wenig Ausnahmen einen Index $\frac{T}{E} < 1$, dieser läßt sich aber dadurch erklären, daß der Wasserspiegel in dem Evaporimeter nicht immer gleich hoch war.

Interessant ist die Betrachtung der Maximal- und Minimalwerte, die OTIS von seinen Versuchspflanzen mitteilt. Ist bei der freien Wasserfläche das Maximum der Verdunstung nur 2,9 mal höher als das Minimum, so liegt bei Pontederia cordata das Maximum 150 mal höher als das Transpirationsminimum. Wir werden später auf diesen Befund zu-

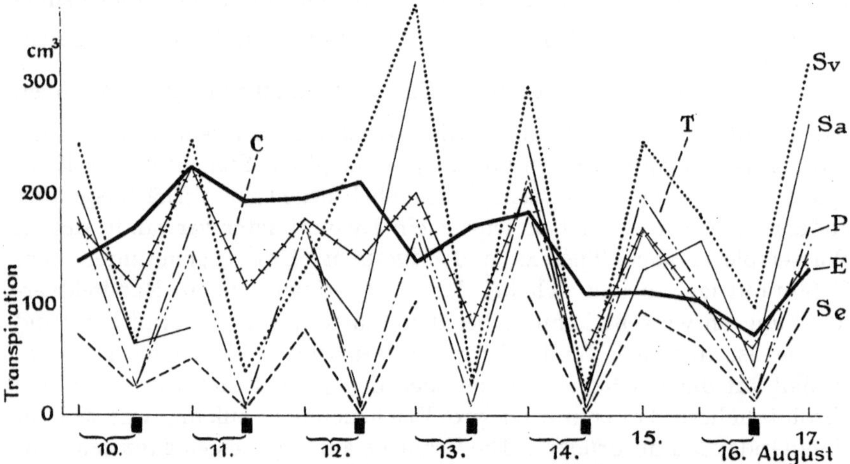

Abb. 5. Versuchsergebnisse von OTIS (1914, Tabelle 6). Die flächenrelativen Transpirationswerte (in cm³/100 cm² Blattfläche/Stunde) sind 12-stündig ermittelt. Die in den Nachtstunden ermittelten sind mit ■ bezeichnet. *C* Transpirationskurve von Castalia odorata (Ait), *T* Typha latifolia L., *Sv* Scirpus validus Vahl., *Sa* Scirpus americanus Pers., *Se* Sagittaria latifolia W., *P* Pontederia cordata L., *E* Evaporation.

rückkommen und verweisen hier auf die Tabelle 55, Seite 124. Castalia odorata mit den Schwimmblättern, die sich etwa unter denselben Umständen befindet wie die Evaporationsfläche, hat nur ein 3,7 fach höheres Transpirationsmaximum als Minimum.

Physikalisch ist es unmöglich, daß irgendein pflanzliches System unter denselben äußeren Bedingungen flächenrelativ mehr transpiriert als eine komparable Wasserfläche. Selbst unter der Annahme, daß tropfbares Wasser aus dem System ausgeschieden wird, kann eben nicht mehr als freies Wasser verdunstet werden, selbst wenn das Wasser unter starkem Drucke ausgepreßt wird. Möglich ist es nur, wenn die Dampfspannung im pflanzlichen System höher ist als in der E vaporationsschale, beispielshalber durch höhere Temperierung, damit scheidet aber das Evaporimeter als Vergleichsfläche aus, da in dem System ander e

Zustände herrschen. Ob der Index $\frac{T}{E} = 1$ werden kann, wird uns später noch beschäftigen.

Es erscheint mir nicht ganz belanglos, außerdem darauf hinzuweisen, daß DIETRICH im Gegensatz zu STOCKER (1923) bei Versuchen mit Impatiens parviflora keine Übereinstimmung zwischen Evaporation und Transpiration gefunden hat. Die Differenzen zwischen Evaporation und Transpiration hätten aber bei Verwendung einer Pflanze mit geringerer Kutikulärtranspiration als sie Impatiens hat, sich noch viel deutlicher ausgedrückt. STOCKER sieht sich auf Grund seiner Versuche veranlaßt, den Stomata eine untergeordnete Rolle im Transpirationsvorgange zuzuschreiben, welchen Standpunkt bereits mehrere amerikanische Untersucher eingenommen haben. Es ist nicht ohne weiteres möglich, auf Grund einer Übereinstimmung von Evaporation und Transpiration eine Stomataregulation als unbedeutend im Transpirationsvorgange anzusehen. Die Frage hoffe ich in einer weiteren Arbeit eingehend zu analysieren, sie liegt außerhalb unserer gestellten Aufgabe.

Ist durch die Untersuchungen von SEYBOLD (1927) sichergestellt worden, daß die Höhe des Verdunstungsexponenten

$$V = k \cdot F^n$$

nicht nur von der Form der Fläche, sondern auch von der Größe des herrschenden Dampfdruckes abhängig ist, so sind diese Ableitungen nur für freie Wasserflächen mittlerer Größe gültig. SEYBOLD versuchte mit Hilfe der heuristischen Vorstellung der Randfeldaktivität sich einen Einblick in die Variation der Exponentengröße zu verschaffen, wozu ihm nicht nur Versuche unter extremen Bedingungen dienlich waren, sondern wozu ihm die physikalischen Untersuchungen von STEFAN (1873, 1881) und vor allem die von v. PALLICH (1907) eine kräftige Stütze bieten konnten. Darauf weiter einzugehen, ist nicht erforderlich, zumal wir auf S. 10 der Formel der Verdunstung noch eine allgemeinere Form gegeben haben.

Hier handelt es sich vielmehr darum, zu versuchen, in welchem Maße sich die Überlegungen der Randfeldaktivität auf die Transpiration der Blätter ausdehnen lassen, denn es hängt ganz von der Größe der Transpiration ab, ob die Verdunstungsgesetze freier Wasserflächen sich auf die Transpiration übertragen lassen. Darauf wiesen SIERP und SEYBOLD (1927) nachdrücklichst hin. Direkt übertragbar sind die Verdunstungsgesetze auf die Transpiration nur in dem einen Falle, wo die Transpiration flächenrelativ der Evaporation einer komparablen Wasserfläche gleich oder wenigstens recht nahe kommt. Ist aber die Transpiration des pflanzlichen Systems herabgesetzt, so sind die Zustände der Verdunstung nicht ohne weiteres auf diese übertragbar. Eine Wiederholung der Ergebnisse der Porensystemversuche, die BROWN und

Escombe, Sierp und Noack und Sierp und Seybold anstellten, können wir hier übergehen, da wir in einem folgenden Abschnitt noch weitere Versuchsergebnisse mit Porensystemen zu besprechen haben, so daß wir die Frage im Zusammenhange erörtern können.

Die Arbeit von Seybold (1927) befaßte sich nur mit Flächen mittlerer Blattgrößen, so daß nur damit die Analyse der Kutikulärtranspiration eine Förderung fand. Nun ist aber eine bekannte Tatsache, daß die Kutikulärtranspiration meist sehr hinter der einer freien Wasserfläche zurückbleibt, so daß von einer direkten Übertragung der von Seybold (1927) ermittelten Gesetzmäßigkeiten nicht die Rede sein kann. Die weitere Analyse erfordert die Konstruktion von Systemen, die weniger Wasserdampf abgeben als eine freie Wasserfläche, die aber dennoch eine einheitliche, nicht differenzierte Verdunstungsfläche haben.

Zunächst ist es ganz gleichgültig, ob wir zum Vergleich der geringeren Transpiration uns ein physikalisches System konstruieren, das *weniger* Wasser abgibt bei denselben Außenbedingungen, dadurch, daß die Außenschicht des Systems für die Wasserdampfmoleküle schwerer permeabel gemacht wird, wie es Wiegand (1906) mit Wachs und anderem versuchte (s. auch Sierp und Seybold 1927, Schellackpapiere), oder daß der Dampfdruck im System selbst erniedrigt wird. Grundbedingung ist nur, daß die Fläche eine homogene Verdunstungsfläche darstellt und nicht etwa ein Aggregat kleiner Flächen, was schlechthin als Porensystem bekannt ist. Da wir die Analyse der Kutikulärtranspiration fördern wollen, ist die Wahl des Systems mit einheitlicher Verdunstungsfläche erste Forderung und nur unter diesen Umständen sind die folgenden Betrachtungen zulässig und brauchbar. Rudolph (1925) hat die Kutikulärtranspiration einer physiologischen Untersuchung unterzogen mit dem Ergebnis, daß die Antiklinen der Epidermiszellen eine höhere Transpiration zeigen als die Periklinen. Diese Befunde können wir hier außer acht lassen, da wir vorderhand noch berechtigt sind, die kutikulare Transpiration der Größenordnung nach als einheitliche Verdunstung aufzufassen.

Zu verwirklichen war die herabgesetzte Verdunstung der Flächen mittlerer Größe am einfachsten dadurch, daß die Dampfspannung in dem System herabgesetzt wurde, was leicht gelingt, indem man die bewährten Pappstücke geeigneter Dimensionen in Salzlösungen durchtränkt und sie nachher wie wasserdurchtränkte Stücke verdunsten läßt. Die Präparation erschien mir weit einfacher und die Methode zuverlässiger als die eines Überzuges einer schwer permeablen Membran. Freilich wird im Laufe des Versuchs die Dampfspannung nicht konstant bleiben, da sich aber die Versuche nur über kurze Zeiträume ausdehnten, fallen diese Fehler nicht ins Gewicht, da die Fehlerquellen, die durch die Konvektionen entstehen und die sich leider nicht vermeiden lassen, viel größer sind. Um zu e nigermaßen quantitativ brauchbaren Werten zu gelangen, ist eine große Zahl von Versuchen notwendig, was schon SIERP und SEYBOLD (1927) verlangten. Die von den genannten Untersuchern gewählte Differentialanalyse der Verdunstungsflächen ist auch hier mit gutem Erfolge angewandt worden. Die zu untersuchenden Flächen in Einzelstücke zu zerlegen, hat den großen Vorteil, die Verdunstung der Fläche sozusagen in jedem Punkte verfolgen zu können, was besonders v. PALLICH (1907) geschickt angriff.

Kreisförmige Flächen mit gleichmäßiger Ausdehnung ohne unregelmäßigen Randverlauf eignen sich für Untersuchungen in Ruhe weit besser als alle anderen Formen. Aus diesem Grunde wählte v. PALLICH (1907) konzentrische Ringgefäße, die er wie Ringe einer Herdöffnung ineinander setzen konnte, zu seinen Versuchen. Dieses Prinzip machte ich mir zu nutze, indem aus brauchbarer Pappe konzentrische Ringe geeigneter Dimensionen ausgeschnitten wurden, die in gequollenem Zustande exakt ineinander paßten. Technisch bot die Anfertigung dieser Ringe etliche Schwierigkeiten, da es mit einem Zirkelmesser sehr schwer ist brauchbare Ringe herauszuschneiden. Auf die folgende Weise ließen sich aber ganz übereinstimmende Pappringe ausschneiden. Die Pappe wurde mittels Siegellack auf einer Holzscheibe festgeklebt, die auf einer Drehbank in Rotation kam. Mit einem scharfen Messer ließen sich in kurzer Zeit aus einem kreisförmigen Stück die gewünschten Ringe ausschneiden, die hinterher so weit mit Schmirgelpapier verkleinert wurden, daß sie in dem gequollenen Zustand ohne Zwang ineinander gefügt werden konnten und einer einheitlichen Fläche gleich kamen, ohne Zwischenräume zwischen sich bestehen zu lassen. Die Ringe sind auf einer Seite paraffiniert worden von dem äußersten auch der äußere Rand, so daß die Verdunstungsfläche nicht größer war, als bei einem einheitlichen gleichgroßen Stücke.

Tabelle 7. Normal orientiert.

Wasser

Nummer des Ringes	1	2	3	4	5	6	7	8
Großes Ringsystem	1	1,03	1,28	1,21	1,27	1,29	1,36	1,85
Kleines Ringsystem	1,26	1,49	1,36	1,84				

$CaCl_2$

Nummer des Ringes	1	2	3	4	5	6	7	8
Großes Ringsystem	1	1,50	1,50	1,50	1,44	1,39	1,41	1,56
Kleines Ringsystem	1,4	1,58	1,69	1,75				

Tabelle 8. Invers orientiert.

Wasser

Nummer des Ringes	1	2	3	4	5	6	7	8
Großes Ringsystem	1	1,07	1,09	1,10	1,09	1,11	1,25	1,73
Kleines Ringsystem	1,16	1,32	1,36	1,97				

$CaCl_2$

Nummer des Ringes	1	2	3	4	5	6	7	8
Großes Ringsystem	1	1,30	1,40	1,30	1,27	1,26	1,22	1,27
Kleines Ringsystem	1,25	1,35	1,30	1,35				

Die Größe der Ringscheiben ist in der Abb. 6 angegeben (Nummer und Radius des äußeren Ringrandes sind gleich) in cm, technische Vorteile und Vereinfachung der Berechnungen ließen die Wahl dieser Dimensionen als sehr geeignet erscheinen. Die beiden Ringscheiben standen in einem Flächenverhältnis von 1 : 4, die Versuche sind ausgeführt worden mit Scheiben, die in Wasser und solchen, die in Salzlösung getränkt wurden. Für alle Versuche wählte ich $CaCl_2$, (wasser-

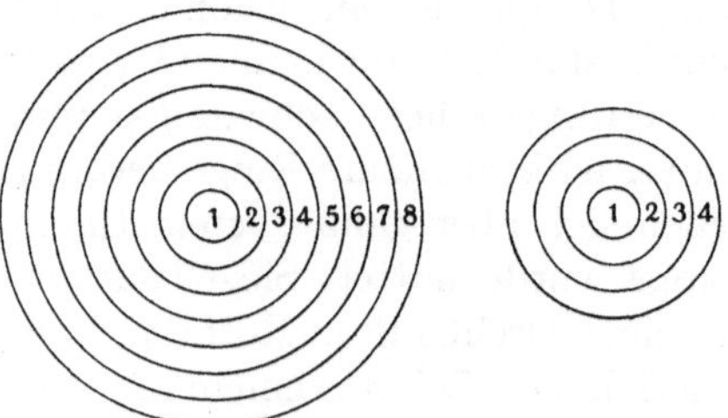

Abb. 6. Die Verdunstungs-Ringsysteme der Tabellen 7—9. Die Scheiben sind um $^1/_5$ verkleinert.

frei) wobei 400 g in 500 cm3 Wasser gelöst worden sind. Die Durchtränkung dauerte in Wasser mindestens 5 Stunden, in $CaCl_2$ aber 24 Stunden. Es ist hier überflüssig die ganzen Versuchsprotokolle der sehr zeitraubenden Versuche mit umständlichen Berechnungen wiederzugeben, wir begnügen uns mit den Endresultaten der Mittelwerte aus 18 Versuchen, die alle unter denselben Außenbedingungen in einem Dunkelzimmer angestellt wurden. Die Temperatur betrug $25^\circ \pm 1$, die Feuchtigkeit 25 vH ± 3.

In den Tabellen 7—9 sind die Werte so ausgedrückt, daß die Verdunstung pro cm² der einzelnen Ringe angegeben wird, wobei wir die Verdunstung des Ringes 1 der großen Ringscheibe = 1 setzen. Die graphischen Darstellungen der Tabelle 7 und 8 mit den Idealkurven zeigen ohne weiteres die herrschenden Verhältnisse der Verdunstung bei wasser- und salzlösungsgetränkten Ringsystemen auf, Abb. 7 u. 8. Es ist überflüssig die großen Streuungen der Werte zu erklären, jedermann der mit Verdunstungssystemen arbeitete, weiß wie außerordentlich schwankend die Versuchsergebnisse sind. Betrachten wir zuerst die graphische Darstellung der normal orientiert liegenden Stücke, so können wir feststellen, daß die Kurven der wassergetränkten Ringe viel steiler ansteigen von Ring 1 zu Ring 8, bzw. zu Ring 4, als bei den mit Salzlösung getränkten Ringen. Dasselbe gilt für die invers orientierten Stücke, die auf straff gespannten Drähten ruhten. Absolut größere Verdunstung ist den invers orientierten eigen, ebenso transpirieren die wassergetränkten Ringe ungefähr 3 mal stärker. Doch darauf brauchen wir hier nicht näher einzugehen (s. SEYBOLD 1927).

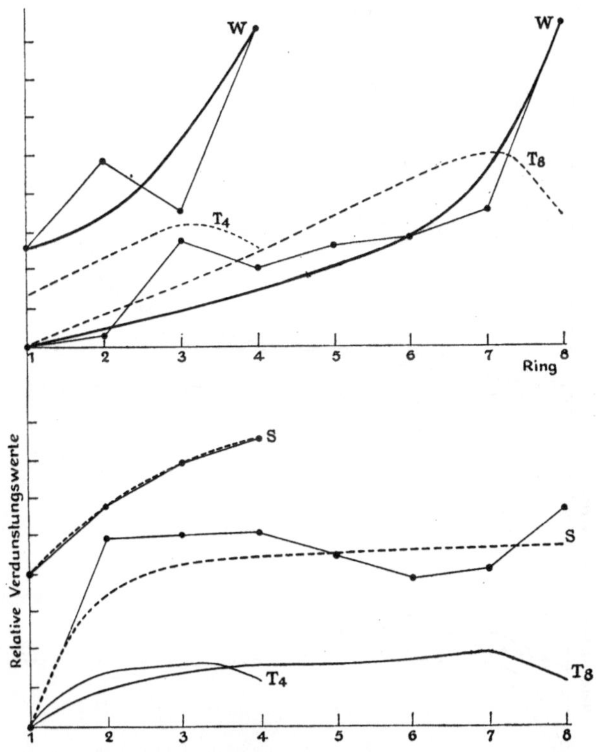

Abb. 7. Die *W*-Kurven (ausgezogene Linien) sind mit den Verdunstungswerten der wassergetränkten Pappringe, die *S*-Kurven (gestrichelte Linien) mit den Werten der CaCl₂-getränkten Pappringe konstruiert worden. Die Kurven veranschaulichen die rel. Verdunstungswerte pro Flächeneinheit der Ringe bei *normaler Orientierung* der Scheiben. Die mit T_4 und T_8 bezeichneten Kurven sind relative Abkühlungstemperaturwerte.

Die Berechnung des Verdunstungsexponenten aus der Verdunstung des 4-Ringsystems und des 8-Ringsystems ergab bei der Tränkung in

$$\text{Wasser } n = 1{,}64$$

in

$$\text{CaCl}_2 \quad n = 1{,}87.$$

Daraus und aus den graphischen Darstellungen ist zu folgern, daß der Verdunstungsexponent bei Verminderung der Verdunstung 2 zustrebt;

daß er auf jeden Fall 2 ist, wenn die Verdunstung im Grenzfall gleich o wird. Sicherlich ist er aber schon dann nahezu gleich 2, wenn die Verdunstung vielmal geringer ist wie die einer freien Wasserfläche, was für die Transpiration der Blattsysteme immer zutrifft. Wie wir aus dem folgenden Kapitel 2 sehen werden, sind die Transpirationswerte meist geringer als $^1/_{10}$ der komparablen Verdunstung.

Der Versuch wurde außerdem mit einem Paar quadratischer Papp-

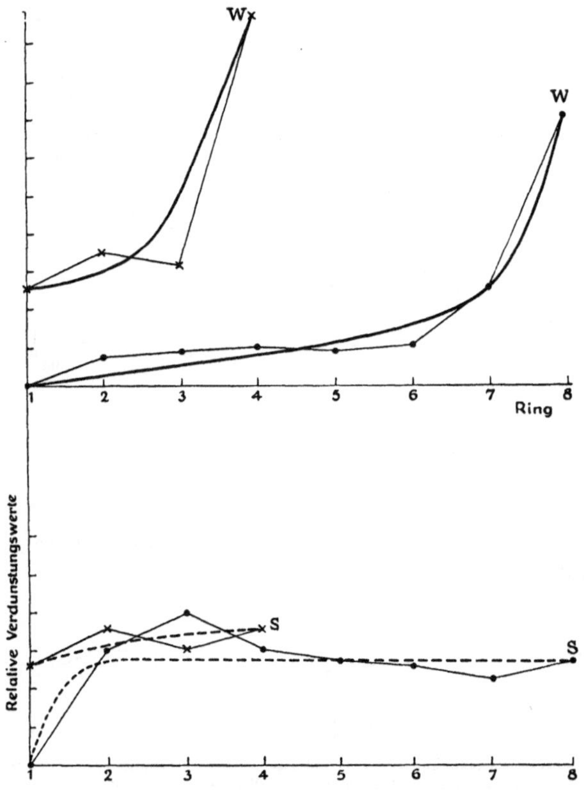

Abb. 8. Die *W*-Kurven (ausgezogene Linien) sind mit den Verdunstungswerten der wassergetränkten Pappringe, die *S*-Kurven (gestrichelte Linien) mit den Werten der CaCl₂-getränkten Pappringe konstruiert worden. Die Kurven veranschaulichen die rel. Verdunstungswerte pro Flächeneinheit der Ringe bei *inverser Orientierung* der Scheiben.

stücke (10 cm × 10 cm und 5 cm × 5 cm), die ebenfalls in Wasser und in CaCl₂ getränkt worden waren, ausgeführt. Aus 15 Versuchen ließ sich berechnen für die Stücke, die getränkt wurden in

$$\text{Wasser } n = 1,45$$

in

$$\text{CaCl}_2 \quad n = 1,76.$$

Wie bereits verschiedentlich festgestellt worden ist, haben die Exponenten bei kreisförmigen Flächen stets höhere Werte als bei quadratischen Stücken, was sich ohne weiteres aus der größeren Randfeldaktivität der quadratischen Stücke ergibt.

Wurden die Versuche mit dem Ringsystem in einem Raume ausgeführt mit weniger starkem Massenaustausch (Temperatur 8°, 40 vH relativer Feuchtigkeit), so änderte sich das Kurvenbild der Ringverdunstung derart, daß die Kurven parallel der Abszisse verlaufen, um sich erst am Rande des Ringsystems bei dem 8. bzw. 4. steil zu erheben. In der Abb. 9 sind die Werte der Tabelle 9 dargestellt, welche aus

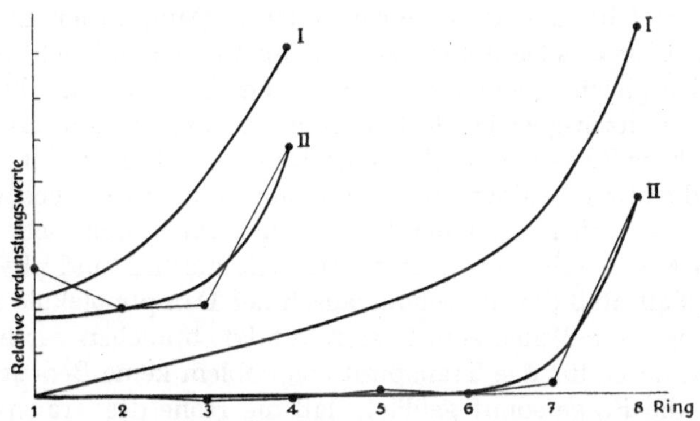

Abb. 9. Die Kurven II sind entsprechend den miteingezeichneten Kurven I der Abb. 7 konstruiert worden. Das Dampfdruckgefälle System/Außenluft ist bei den Versuchsbedingungen der Kurven II geringer als bei den Kurven I.

den Mittelwerten von 9 Versuchen gebildet wurden. Die eingezeichneten Kurven (I) sind die der Abb. 7; die Unterschiede sind recht beträchtlich. Nicht nur ist der Anstieg bei den Kurven des verzögerten Austausches geringer, sondern die Endpunkte liegen in beiden Fällen relativ höher. Die absoluten Verdunstungswerte sind ungefähr 6 mal niedriger. Aus dem Versuche läßt sich ableiten, daß die Dampfhaubenbildung andere Gestaltung hat bei langsamem Massenaustausch als bei raschem, wenn höhere Temperatur und geringere Luftfeuchtigkeit herrscht.

Tabelle 9.

Nummer der Ringe	1	2	3	4	5	6	7	8
großes Ringsystem	1	1	0,98	0,97	1,01	0,99	1,02	1,46
kleines Ringsystem	1,30	1,20	1,20	1,57				

Als Ergebnis der vorliegenden Versuche dürfen wir also annehmen, daß die Höhe des Transpirationsexponenten wenig von 2 abweichen wird, was für das Gestaltsproblem in physiologischer Hinsicht von grundlegender Bedeutung ist.

Mit den Überlegungen der Exponentenvariation der Verdunstung bei wechselndem Dampfdruck des Milieus, die SEYBOLD (1927) angestellt hat, stehen die Ergebnisse in bestem Einklang. Ist seinen Ausführungen gemäß eine Erniedrigung des Exponenten mit der Vergrößerung des Randfeldes gegeben als Ausdruck einer gesteigerten Verdunstung, die bei großem Dampfdruckdefizit ermöglicht ist, so wirkt sich eine Verminderung der Verdunstung durch Dampfdruckerniedrigung im System selbst gleichsinnig aus, wie eine Vergrößerung des Dampfdruckes im Milieu, d. h. Exponent ist höher als im umgekehrten Falle, einer starken Verdunstung. Ob diese durch einen starken Dampfdruck im System oder durch ein großes Dampfdruckdefizit im Milieu ermöglicht ist, bleibt sich zunächst gleich. Die minimale Höhe des Exponenten erhalten wir, wenn zwei gleichzeitig wirkende Faktoren zusammentreten, also starker Dampfdruck im System und schwacher Dampfdruck im Milieu, was eine starke Verdunstung bedingt; die maximale Höhe wird aber von dem Exponenten erreicht, wenn der Dampfdruck im System sehr schwach ist und im Milieu sehr stark. Auf den theoretischen und physikalisch möglichen Fall, daß der Massenaustausch der Dampfmoleküle in umgekehrter Weise vom Milieu zum System erfolgt, brauchen wir hier nicht einzugehen, da er für das Transpirationsproblem keine Bedeutung hat.

Scheint die Frage somit geklärt, daß die Höhe des Transpirationsexponenten bei Blattsystemen mehr oder weniger nahe bei 2 liegt, die Transpiration also nicht mit den Gesetzmäßigkeiten freier Wasserflächen identifiziert werden kann, so kann doch die Annahme, daß ein Porensystem unter Umständen ebensoviel verdunsten kann als eine freie, komparable Wasserfläche, eine Gleichsetzung der Verdunstungsverhältnisse freier Wasserflächen mit denen der Porensysteme zulässig machen. Ehe auf diese prinzipielle Frage näher eingegangen wird, betrachten wir noch die Verdunstung von Flächen mittlerer Größe bei maximaler und verminderter Verdunstung im *Winde*, da wir bei den bisherigen Versuchen ruhige Luft voraussetzten.

Die Auffassung von BENECKE (1923), daß in bewegter Luft zum mindesten die Gestalt und Größe für die Transpiration gleichgültig ist, besteht ganz und gar zu Recht. WALTER (1926), der gegen diese Auffassung Argumente vorbringen wollte, stellte keine Versuche mit Transpirationssystemen an, sondern allein mit Evaporationssystemen, und seine Schlußfolgerungen sind ganz unberechtigt. Trotzdem durch die Untersuchung von SIERP und SEYBOLD (1927) die Unrichtigkeit und der Gültigkeitsbereich von Filtrier- und Pappmodellen dieser Gegenargumente experimentell festgelegt wurde, stellt WALTER (1928) wiederum die Hypothese auf, daß ein Evaporimeter mit „grünem Filtrierpapier" physikalisch dem Pflanzenblatt ähnlicher ist als eine flache Wasserschale.

Die Höhe des Exponenten ist wie wir gesehen haben, von der Größe der Dampfspannungsdifferenz von System und Außenluft abhängig. Die Differenz kann für ein System mit nicht maximalem Dampfdruck vergrößert werden durch Erhöhung der Spannung im System oder aber durch Erniedrigung der Dampfspannung der Luft, hingegen kann sie verkleinert werden für ein System mit nicht maximalem Dampfdruck durch Erniedrigung der Spannung im System oder aber durch Erhöhung des Dampfdruckes der Luft. Ist keine Spannungsdifferenz zwischen System und Milieu vorhanden, so findet naturgemäß keine Verdunstung statt. Mit steigender absoluter Verdunstung erniedrigt sich der Verdunstungsexponent, was sich aus früheren Versuchen bereits ableiten ließ.

Dieselben Verhältnisse gelten für die Verdunstung im *Winde*, wobei wir mit einer Wasserdampfabsättigung der über die Verdunstungs-

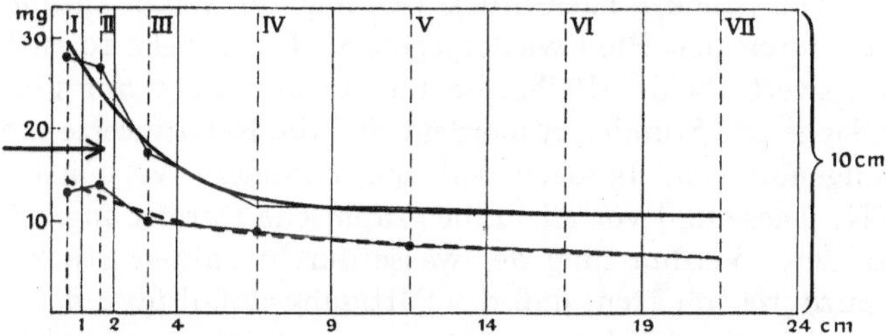

Abb. 10. Die ausgezogene Kurve gibt die flächenrelativen Verdunstungswerte in mg/cm²/Stunde der Pappstücke wieder, deren Ausmaße direkt abzulesen sind. Die gestrichelte Kurve ist aus den Verdunstungswerten von CaCl₂-durchtränkten Pappstücken gewonnen. Mit dem Pfeil ist die Windrichtung angegeben.

fläche streichenden Luft von der Luv- zur Leeseite zu rechnen haben, was seit den Untersuchungen von GALLENKAMP (1917, 1919) und den theoretischen Ableitungen von JEFFREYS (1918) sichergestellt ist. SIERP und SEYBOLD (1927) stellten darüber spezielle ausgedehnte Versuche an, und SEYBOLD (1927) hat mutatis mutandis die Abhängigkeit des Verdunstungsexponenten von der Dampfdruckgröße der Luft diskutiert und weitere experimentelle Belege dafür gegeben. Es waren aber noch Versuche erforderlich, den Sättigungsabfall für ein System mit niedrigerem Dampfdruck als die freie Wasserfläche hat, unter unveränderten Außenbedingungen zu eruieren. Zu diesem Zwecke wurden 2 Pappstücke (24 × 10 cm) in 7 kleine Teilstücke zerlegt, wie die Abb. 10 darstellt, und die folgende Ausmaße haben in cm

I	II	III	IV	V	VI	VII
1 × 10	1 × 10	2 × 10	5 × 10	5 × 10	5 × 10	5 × 10

Tabelle 10.

Nummer des Stückes		I	II	III	IV	V	VI	VII
mg Gewichtsverlust pro cm² pro Stunde	Wasser	28	27	17,5	11,6	11,6	10,8	10,8
	Ca Cl$_2$	13	14	10	9	7,4	7,0	6,2
Relativwerte	Wasser	2,59	2,50	1,62	1,01	1,01	1	1
	Ca Cl$_2$	2,09	2,25	1,61	1,45	1,20	1,13	1

Kreisförmige Scheibenringe, wie sie bei den Versuchen in Ruhe verwandt worden sind, können hier nicht als zweckmäßig gelten, die differenzierte Verdunstung ließ sich im Winde besser an den Stücken ermitteln, die schon SIERP und SEYBOLD (1927) erfolgreich benutzten.

Die Teilstücke wurden in der üblichen Weise präpariert und jeweils ein Satz (I—VII) in Wasser und in CaCl$_2$-Lösung (400 g auf 600 cm3 Wasser) durchtränkt und hernach in einem Wind von 1,3 m/sek. bei 17,9°, Psychrometerdifferenz 1,9°, der Verdunstung überlassen. Der Wind strich von Stück I nach Stück VII und die Windrichtung ist in der Abb. 10 durch den Pfeil wiedergegeben. Die Tabelle 10 enthält die Verdunstungswerte beider Reihen in mg, umgerechnet auf 1 cm² Verdunstungsfläche pro Stunde. Außerdem sind die Relativwerte mit in die Tabelle aufgenommen, bezogen auf die minimale Verdunstung des Stückes VII. Diese und vor allem die graphische Darstellung zeigen bei absolut stärkerer Verdunstung der wasserdurchtränkten Stücke gegenüber den salzdurchtränkten, daß der Sättigungsabfall über der Wasserfläche steiler ist von der Luv- zur Leeseite, als über der Salzlösungsfläche. Die Kurven sind identisch mit den früher ermittelten Kurvenbildern (Abb. 3 und 4 der Arbeit von SEYBOLD 1927) was angesichts der obigen Ausführungen ganz verständlich erscheint. Die Gesamtverdunstung der Salzlösungsflächen ist etwa 40 vH geringer als die der freien Wasserfläche, woraus wir schließen dürfen, daß bei Blattsystemen, die im allgemeinen eine vielfach geringere Transpiration haben, die Absättigung von der Luv- zur Leeseite keine nennenswerte Größe annimmt, mit anderen Worten: Die Leeseite der Blätter transpiriert soviel wie die Luvseite. Die Meinungen über eine zweckmäßige Einstellung der Blätter in die Windrichtung sind von experimentellen Untersuchungen nicht gestützt.

Über die thermischen Verhältnisse der verdunstenden Flächen in Ruhe und Wind gab die Untersuchung von SEYBOLD und VAN DER WEY (1929) Aufschluß, worauf wir hier verweisen.

Ein anderer Fragenkomplex erforderte weitere Versuche, welche die Grundlage der Transpirationsanalyse erweitern können. Es handelt sich hier um Fragen, welcher Art die Beziehungen sind, die zwischen

Verdunstungsstärke, Flächengröße und Windgeschwindigkeit bestehen. JEFFREYS (1918) und GALLENKAMP (1917 und 1919) befaßten sich eingehend mit dem Problem, WALTER (1925) übertrug aber unberechtigterweise die Verdunstungsverhältnisse freier Wasserflächen auf die Transpiration der Blätter, was bereits von SIERP und SEYBOLD (1927) richtiggestellt werden konnte. Aus den Versuchen der letztgenannten Arbeit ließ sich mit aller Sicherheit ableiten, daß Verdunstungsverhältnisse von Wasserflächen nicht ohne weiteres auf die Blatttranspiration übertragbar sind, daß vielmehr nur die Analyse der Kutikulärtranspiration durch Versuche mit freien Wasserflächen gefördert werden kann. Ebenso ist in dieser Arbeit sichergestellt worden, daß Porensysteme, wie sie die Blätter in erster Linie hinsichtlich der Transpiration darstellen, nach anderen Verdunstungsgesetzen zu beurteilen sind als freie Wasserflächen. Ehe weitere Beiträge zur Kenntnis der Diffusionsverhältnisse der Porensysteme gegeben werden, müssen wir die Kutikulärtranspiration zu analysieren suchen.

In den vorhergehenden Versuchen verglichen wir erfolgreich Systeme mit freier Wasserverdunstung mit Systemen gehemmten Wasserdampfaustausches, indem in diesen durch Salzlösungen die Dampfspannung erniedrigt wurde. Diese Methodik schien mir hinreichend, eine verzögerte Verdunstung, wie sie die Kutikulärtranspiration ist, zu untersuchen. WIESNER (1887) befaßte sich bereits mit dieser Frage bei ähnlicher Versuchsanordnung, doch ehe wir auf seine Ergebnisse zu sprechen kommen, wollen wir eine andere Versuchsreihe vorwegnehmen und die eigenen diesbezüglichen Versuche schildern.

Die Beziehungen, die zwischen der Verdunstung von Flächen mittlerer Blattgröße und der Windgeschwindigkeit bestehen, mußten einer experimentellen Prüfung unterzogen werden. Zu allen Versuchen wurden Pappscheiben, die in der üblichen Weise präpariert und mit Wasser getränkt worden waren, herangezogen. Die Verdunstungsbedingungen waren abgesehen von geringen Schwankungen konstant, Temperatur 30°, Feuchtigkeit 30 vH, ± 5. Die Pappscheiben hatten Durchmesser von 3, 8, 15 und 16 cm, die Windgeschwindigkeiten waren außer unbewegter Luft, 2,5 m/sek., 5,8 m/sek. und 11 m/sek. Um die Differenzen der Windbahn auszuschalten und um eine gerichtete Wasserabsättigung Luv-Leeseite der Pappstücke zu vermeiden, ließ ich die Stücke auf der vertikalen Achse eines Klinostaten vor dem Windmotor drehen (weitere Ausführung s. S. 41). Es kam hier nicht darauf an, den Sättigungsabfall längs Luv-Lee festzulegen, wohl aber darauf, bei Stücken verschiedener Größe die Verdunstung zu ermitteln, um damit die relativen Verdunstungssteigerungen im Winde zu eruieren.

Die Versuche sind paarweise mit zahlreichen Wiederholungen ausgeführt worden, indem gleichzeitig die Scheiben von 3 cm und 15 cm

Durchmesser und die von 8 und 16 cm Durchmesser untersucht wurden. In den Tabellen 11 u. 12 sind die Relativwerte angegeben, indem der Ruhewert jeder Scheibe = 1 gesetzt worden ist.

Tabelle 11.
Scheibe 8 cm und Scheibe 16 cm Durchmesser. Flächenverhältnis 1 : 4.

	8 ⌀	16 ⌀	8 ⌀ : 16 ⌀	n
Ruhe (R)	1	1	1 : 3,0	1,58
$2,5 \frac{m}{sek.}$ W_1	5,9	6,2	1 : 3,18	1,63
$5,8 \frac{m}{sek.}$ W_2	9,3	9,5	1 : 3,0	1,58
$11 \frac{m}{sek.}$ W_3	10,9	13,6	1 : 3,65	1,86

Aus dem Vergleich der Relativzahlen und der errechneten n-Werte sehen wir mit aller Deutlichkeit, daß mit zunehmender Windgeschwindigkeit die Verdunstung eine Annäherung an die Flächenproportionalität erfährt, was bei der Kreisscheibe mit kleinem Durchmesser eher der Fall ist als bei denen mit größerem Durchmesser. Die graphische Darstellung, Abb. 11, der Tabellenwerte zeigt, daß die Kurven mit zunehmender Windgeschwindigkeit um so eher zur Abszisse sich neigen, je kleiner der Scheibendurchmesser ist. Das wichtigste Ergebnis des Versuches ist jedoch, zu sehen, daß das System der Verdunstung bei einer bestimmten Windgeschwindigkeit begrenzender Faktor wird. Die Verdunstung ist für eine bestimmte Druck-

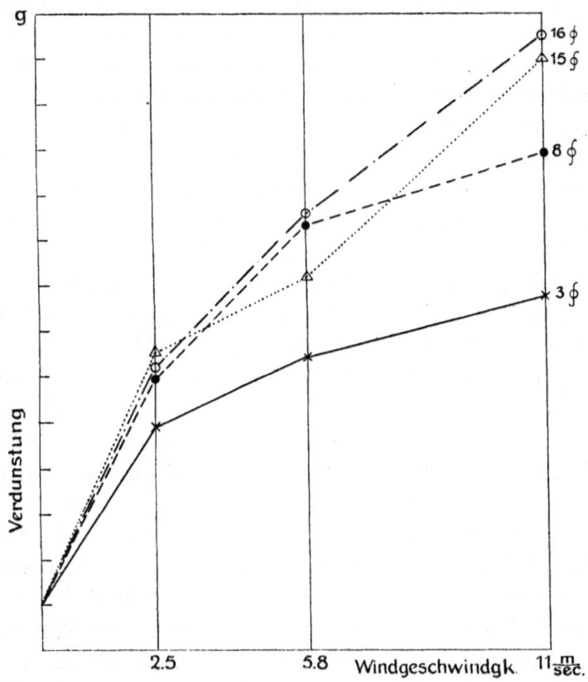

Abb. 11. Die Beziehungen der Verdunstungssteigerung zu der Größe der Flächen bei wachsender Windgeschwindigkeit. (Tabelle 11 und 12.)

Tabelle 12.

Scheibe 3 cm und Scheibe 15 cm Durchmesser. Flächenverhältnis 1 : 25.

	3 Ø	15 Ø	3 Ø : 15 Ø	n
Ruhe (R)	1	1	1 : 15	1,68
2,5 $\frac{m}{sek.}$ W_1	4,9	6,5	1 : 19,9	1,83
5,8 $\frac{m}{sek.}$ W_2	6,4	8,2	1 : 19,1	1,83
11 $\frac{m}{sek.}$ W_3	7,8	13,0	1 : 26,3	2,02

differenz, die zwischen System-Außenluft besteht, maximal, wenn keine Dampfkuppe und Absättigung Luv-Lee die Druckdifferenz erniedrigt, was bei genügend starkem Winde verwirklicht ist. Eine geringe Windgeschwindigkeit ist um so eher ausreichend für die Verwirklichung der Maximalverdunstung, je kleiner der Systemdurchmesser ist, was naturgemäß sich in einer flächenproportionalen Verdunstung ausdrückt. Für die Poren mit Stomatagrößen ließe sich daraus folgern, daß schon sehr schwacher Wind zu ihrer Maximalverdunstung genügte, doch dafür werden wir experimentelle Belege später geben können. Die Steigerung der Windgeschwindigkeit und die Verkleinerung des Systems bedingen eine gleichsinnige Veränderung des Verdunstungsexponenten.

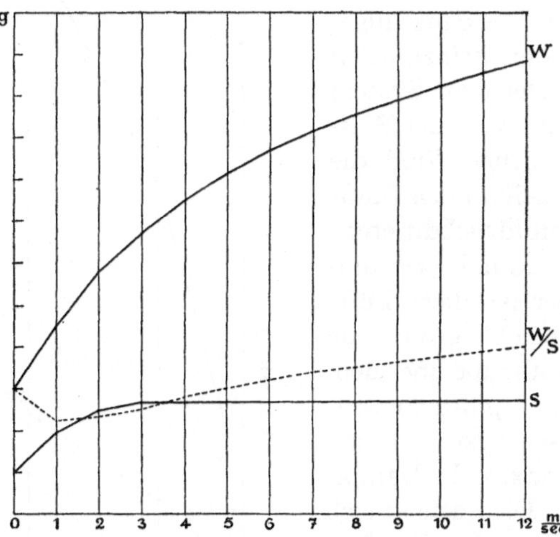

Abb. 12. Die W-Kurve stellt die Verdunstungssteigerung einer freien Wasserfläche, die S-Kurve die verminderte Verdunstung einer Salzlösung mit wachsender Windgeschwindigkeit dar. Die Kurve W/S ist Ausdruck des Verhältnisses beider Kurvenwerte.

Ohne die Größenordnung der Systeme zu verändern, setzen wir nun den Dampfdruck der Systeme herab, wobei die absolute Verdunstung kleiner wird; damit sind die Verhältnisse der Kutikulärtranspiration zu analysieren.

Wir wählen zwei Kreisscheiben vom Durchmesser 8 cm, wovon die eine in Wasser, die andere in Salzlösung (400 g $CaCl_2$, 500 cm3 Wasser) durchtränkt worden ist. Der Versuch ist in der gleichen Weise wie die vorhergehenden ausgeführt worden. Die Tabelle enthält außer den Verdunstungsgrößen pro 10 Minuten, die Relativzahlen bezogen auf den Ruhewert 1 und außerdem den Quotienten

$$Q = \frac{\text{Verdunstung der Scheibe I}}{\text{Verdunstung der Scheibe II}}.$$

Bei der Windgeschwindigkeit von 2 m/sek. erfährt die Scheibe II eine relativ stärkere Verdunstungssteigerung als die Scheibe I, was sich in einer Quotientenverkleinerung gegenüber den Ruhewerten ausdrückt. In einem Winde von 5 m/sek. ist aber der Quotient höher als in Ruhe und im Winde von 2 m/sek. Die graphische Darstellung Abb. 13 gibt uns am besten Einblick in die sonderbar erscheinenden Verhältnisse, die in der Abb. 12 eine ganz allgemein gültige Darstellung der prinzipiellen Zustände erfahren haben. Bei dem System mit maximalem Dampfdruck, d. h. der Wasserfläche, vermag ein schwacher Wind die relativ dichte Dampfkuppe nicht in dem Maße wegzuwischen, daß die Dampfdruckdifferenz maximal ist und somit maximale Verdunstung ermöglicht, wohl aber ist diese Luftbewegung schon hinreichend groß, die relativ weniger dichte Dampfhaube über dem System mit vermindertem Dampfdrucke wegzuwischen, so daß für dieses System schon bei diesem Winde das maximale Dampfdruckgefälle vorhanden ist. Dies drückt sich darin aus, daß mit zunehmender Windgeschwindigkeit keine weitere Steigerung der Verdunstung eintritt, der Dampfdruck also limiting factor der Verdunstung wird, so daß die Kurve parallel der Abszisse laufen muß. Bei aerodynamischen Versuchen läßt sich der Knick der limiting factor Kurve nur annäherungsweise angeben. Für Systeme mit

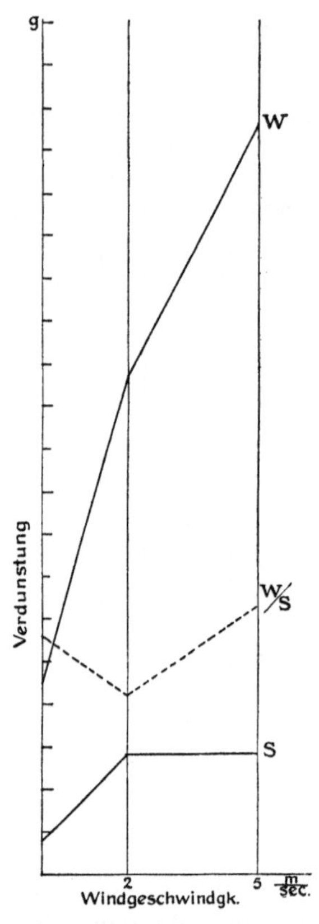

Abb. 13. Siehe Abb. 12. Darstellung der empirischen Werte der Tab. 13.

maximaler Wasserverdunstung bei den Größen, wie wir sie zu obigen Versuchen verwandten (3 cm—16 cm) liegt der Knickpunkt bei einer Geschwindigkeit über 11 m/sek. (Abb. 13).

Nicht außer acht zu lassen ist, daß wir in Ruhe nur eine 5,6 fach höhere Verdunstung bei der freien Wasserfläche gegenüber der gehemmten Verdunstung haben, was bei der üblichen Indexbildung

Tabelle 13.

	Wasser Scheibe I	Salzlösung Scheibe II	Scheibe I	Scheibe II	Quot. = W/S I/II
Ruhe	0,450	0.080	1	1	5,6
$2 \frac{\text{m}}{\text{sek.}}\ W_1$ . . .	1,170	0,280	2,6	3,5	4,2
$5 \frac{\text{m}}{\text{sek.}}\ W_2$ . . .	1,760	0,280	3,9	3,5	6,3

$\frac{T}{E} = 0{,}18$ ergäbe. Die Kutikulartranspiration ist aber an dem Tran-
spirationsbetrag nur zu einem kleinen Teil beteiligt, so daß wir nicht
fehlgehen, wenn wir behaupten, daß der Knickpunkt der Kutikular-
verdunstung schon bei sehr viel geringerer Windgeschwindigkeit anzusetzen ist. Damit kommen wir auf die Versuche auf S. 32 zu sprechen,
wo bei Systemen mit verminderter Verdunstung nur eine schwache
Absättigung von der Luv- zur Leeseite stattfindet. Bilden wir die
Quotientenreihe $\dfrac{\text{Freie Wasserverdunstung}}{\text{Gehemmte Wasserverdunstung}} = \dfrac{W}{S}$ der beiden Kurven
der Abb. 12 u. 13, so bekommen wir folgende Werte, die in der Abb. 12
u. 13 die gestrichelt eingezeichnete Kurve ergeben.

Tabelle 14 (zu Abb. 12).

Windgeschw.	0	1	2	3	4	5	6	7	8	9	10	11	12	$\frac{\text{m}}{\text{sek.}}$
Quotient W/S	3,0	2,25	2,32	2,5	2,8	3,0	3,2	3,4	3,5	3,65	3,75	3,9	4,0	

Mit zunehmender Windgeschwindigkeit sehen wir bis zu 1 m/sek. ein
Fallen des Quotienten, der dann wieder steigt, um bei 5 m/sek. denselben
Wert zu haben wie in Ruhe. Über 5 m/sek. liegen die Quotienten höher,
von einer ganz allgemein stärkeren relativen Verdunstung im Winde von
wenig verdunstenden Systemen kann auf keinen Fall gesprochen werden.

Wie bereits oben erwähnt wurde, befaßte sich WIESNER (1887) mit
der Frage und kommt zu dem Schluß, daß ein System um so mehr relativ
im Winde verdunstet, je geringer in unbewegter Luft die Verdunstung
ist. Dafür schienen ihm nicht nur Versuche mit Pflanzen zu sprechen,
sondern auch physikalische Vergleichsversuche. Die Pflanzenversuche
lassen wir hier außer acht, weil wir uns in dem folgenden Kapitel
mit der Frage eingehender zu befassen haben. Was die physikalischen
Versuche anlangt, die WIESNER anstellte, lassen sie sich mit unseren Ergebnissen in Einklang bringen. Haben nach WIESNER im Winde Systeme
mit verminderter Verdunstung eine relativ größere Verdunstungssteigerung erfahren als solche maximaler Verdunstung (Wasserflächen), so war
seine Versuchsanordnung so speziell, daß seine Verdunstungsgrößen in

die „Zone des sich verkleinernden Quotienten W/S" fielen. Die Ableitung WIESNERS hat also keine Allgemeingültigkeit. Als Hauptergebnis der Versuche dieses Abschnittes können wir die Tatsache hinstellen, daß: 1. der Verdunstungsexponent abhängig ist von der Größe des Systems und der Windgeschwindigkeit und daß die Maximalverdunstung um so eher bei einem System erreicht ist, je kleiner sein Durchmesser und je größer die Windgeschwindigkeit. 2. Daß bei Systemen mit verminderter Verdunstung die Maximalverdunstung eher erreicht ist als bei flächengleichen mit uneingeschränkter Verdunstung, was unter Umständen zu einer relativ stärkeren Verdunstungssteigerung im Winde führen kann. Doch ist dies nur unter ganz bestimmten Umständen und nur innerhalb gewisser Grenzen möglich.

E. Versuche mit Porensystemen und Diskussion der stomatären Transpiration.

Befaßten sich die bisherigen Versuche und Folgerungen mit Verdunstungssystemen mittlerer Flächengröße, so konnte damit nur die Analyse der Kutikulartranspiration gefördert werden. Daß die Gesetzmäßigkeiten der Verdunstung von Flächen mittlerer Blattgröße nicht ohne weiteres auf Porensysteme übertragen werden dürfen, ergab sich schon aus den Untersuchungen von BROWN und ESCOMBE (1900) und von SIERP und NOACK (1921). Die Ermittlung des Gültigkeitsbereiches der Gesetzmäßigkeiten größerer Flächen und kleiner Poren stellte sich die Arbeit von SIERP und SEYBOLD (1927) zur Aufgabe. Diese Untersuchung ist bislang die einzige, die experimentelle Daten enthält über die Verdunstung von Poren, die sich der Größenordnung der Spaltöffnungen nähern.

Die Versuche des vorliegenden Abschnittes sind mit denselben Porenplatten ausgeführt worden, deren ausführliche Maßangaben in der erwähnten Arbeit (1927) angegeben sind. Fortgesetzt wurden die Versuche nicht nur aus theoretischem Interesse für die Verdunstungsfrage kleinster Poren, sondern um zugleich eine physikalische Bestätigung für die experimentellen Befunde mit pflanzlichen Systemen zu erhalten, die im folgenden Kapitel geschildert werden sollen.

Auf Grund dieser Versuche konnten schon SIERP und SEYBOLD (1927) mutmaßen, daß gleichstarker Wind auf verschiedene Porengrößen ganz verschiedene Wirkung ausübt. Die folgenden Versuche vermögen diese These voll und ganz zu bestätigen. Die Versuche mit den Messing- und Kupferporenmembranen, deren Beschaffenheit wir hier nicht wiederholen wollen, haben den großen Vorteil einer hinreichend genauen Definierbarkeit, was von pflanzlichen Systemen vorerst noch nicht gesagt werden kann. Die Ausmaße der Poren (die kleinste hat einen Durchmesser von $50\,\mu$) sind immer noch etwas größer als die Stomata, die mit wenigen

Ausnahmen in den Größenbereich von 5—20μ fallen dürften[1]. Trotzdem ist es mit Hilfe der uns zur Verfügung stehenden Porenmembranen möglich, die Richtigkeit der Auffassung zu beweisen, daß der Wind auf die Verdunstung der Poren von der Größe der Stomata keinen Einfluß hat.

Die Versuche sind alle in einem Dunkelzimmer ausgeführt worden, das mir auch größtenteils als Versuchszimmer für die Pflanzenversuche diente. Die Temperatur war 32° ± 1, die Feuchtigkeit 20 vH ± 5. Ist eine völlige Konstanz, hauptsächlich was die Feuchtigkeit anlangt, nicht vorhanden, so waren die Schwankungen innerhalb großer Zeiträume sehr gering. Da mit allen Porenschalen gleichzeitig experimentiert worden ist und die Schwankungen nur innerhalb großer Zeiträume auftraten, so eliminierten sich die Schwankungen bei der Bildung von Relativzahlen. Die angegebenen Werte beziehen sich auf 24stündige Verdunstung, die durch Gewichtsverlust auf einer analytischen Wage festgestellt wurde. Es möge noch besonders hervorgehoben werden, daß die Gesamtporenfläche in allen Fällen etwa 3,1 mm² groß ist, mit einer Ver-

Tabelle 15.
Messingbleche, Dicke 0,3 mm (ohne Filtrierpapiereinlage).

Zahl der Poren	1	16	44	400	
Durchm. 1 Pore	2 mm	0,5 mm	0,3 mm	0,1 mm	
Verdunstung pro 24 Stunden.					
Ruhe (R) . . .	0,132	0,266	0,336	0,372	
W_1 3,8 $\frac{m}{sek.}$ . .	0,600	1,212	0,792	0,468	
W_2 5,5 $\frac{m}{sek.}$ . .	0,732	1,596	1,020	0,480	
W_3 11 $\frac{m}{sek.}$ . .	2,544	3,228	2,484	0,744	
Relative Werte.					
R	1	1	1	1	
W_1	4,5	(4,5)	(2,36)	1,25	
W_2	5,5	(6,0)	(3,0)	1,29	
W_3	19,2	(12.1)	(7,4)	2,0	
R	1	2,0	2,5	2,8	$n = 1,65$
W_1	1	2,02	1,32	0,8	—
W_2	1	2,18	1,39	0,6	—
W_3	1	1,27	0,98	0,3	—

kleinerung und entsprechenden Vermehrung der Poren ist lediglich eine Steigerung des Gesamtumfanges aller Poren gegeben. Je stärker nun die Randfeldwirkung einer Pore sich auswirkt, um so mehr weicht die Verdunstung von der Flächenproportionalität ab, was zu der viel er-

---

[1] Versuche mit kleinen Poren von 10 μ und 20 μ sind bereits in Angriff genommen.

örterten Durchmesserproportionalität der Verdunstung führen soll. Diese alte Streitfrage wollen wir erst nach der Schilderung der Versuche aufgreifen, um mit neuem Zahlenmaterial die Auffassung von SIERP und SEYBOLD (1927) stützen zu können, daß ein Porensystem die Verdunstung einer freien, vergleichbaren Wasserfläche nicht erreichen kann; fruchtbarer wird also die Transpirationsanalyse in Angriff genommen, wenn die Verdunstungsgesetze großer Flächen und kleiner Poren *scharf* auseinander gehalten werden.

Es erübrigt sich die umfangreichen Versuchsprotokolle häufig wiederholter Versuche mit allen Einzelheiten wiederzugeben, die zusammengefaßten Werte sind in der folgenden Tabelle 15 verzeichnet. Die Tabelle 15 enthält die Versuche mit 0,3 mm Messingblechen, die Zahl der Poren und deren Durchmesser sind in die Spalten der Tabelle desgleichen bei den anderen Tabellen mit eingetragen. Die Bildung der Relativwerte geschah bei allen Tabellen in zweierlei Weise, das eine Mal ist der Ruhewert jeden Porensystems =1 gesetzt worden, das andere Mal wurden alle Werte auf das Porensystem mit nur 1 Pore bezogen. Außer den Untersuchungen in unbewegter Luft (Ruhe) sind solche im Winde von 3,8 m/sek., 5,5 m/sek. und 11 m/sek. ausgeführt worden. Da die Windgeschwindigkeit wesentlich größer war, wenn der Windmotor eine Druckluftströmung erzeugte, als bei der Saugwirkung des Windkastens (BLACKMAN and KNIGHT 1917), sind die Versuche folgendermaßen ausgeführt worden. In langsamer Bewegung (etwa 1 Minute eine Umdrehung) drehte sich auf der vertikalen Achse eines Klinostaten eine Scheibe, in welche die Schalen so weit eingelassen worden waren, daß sie der Wind nicht verschieben konnte. Die Scheibe war in 50 cm Entfernung vom Windfächer aufgestellt. Auf diese Weise kamen alle Schalen im Mittel in dieselben Windverhältnisse. Die Windbahn des Ventilators ist keineswegs gleichförmig (s. SEYBOLD 1927), so daß es mir am besten schien, die durch Windgeschwindigkeitsdifferenzen entstehenden Fehler auf diese Art zu umgehen. Freilich wird dadurch die Turbulenzbildung der Luft begünstigt, aber da mir ohnehin jede Kontrolle der Windbahn hinsichtlich der Turbulenzen fehlte, konnte die Drehung der Schalen keine abnormen Verhältnisse schaffen. Sollten diese doch vorhanden sein, so unterliegen alle Schalen diesen in gleicher Weise, so daß höchstens unsere absoluten Zahlen Abänderungen erfahren müßten, nicht aber unsere Relativzahlen, auf die wir in erhöhtem Maße Gewicht legen.

Was SIERP und SEYBOLD (1927) bereits festgestellt haben, daß die Schalen mit 4,8 und 16 Poren im Winde eine ganz ungewöhnliche Steigerung erfahren, was sich auf Zugwirkung zurückführen ließ, konnte wiederum festgestellt werden. Sie war um so größer, je stärker der Wind war, was aus der Tabelle 1 und 3 hervorgeht. Diese Erscheinung hat kein biologisches Interesse, da wir sie nur bei relativ großen Poren feststellen konnten und bei pflanzlichen Systemen auf keinen Fall so große Durchzugsräume finden, wie bei unseren Schalen. Immerhin sind die Werte von theoretischem Interesse und wurden daher in die Tabellen mit aufgenommen. Eine Exponentenberechnung dieser Werte in den Tabellen 1—4 wurde unterlassen, eine solche stellten wir nur an, wo sinngemäß die Exponentengröße zur Kenntnis der Verdunstung kleinster Poren in Betracht kam. Die kleinste Pore ist bei der Berechnung jeder Tabelle mit der relativen Verdunstung 1 und der Fläche 1 gewählt und mit der größten Pore des Versuches verglichen worden, so daß sich n errechnen ließ nach der Formel

$$n = \frac{2 \log V}{\log F}.$$

Die n-Werte der anderen Poren bieten nicht Neues, die Variabilität des Exponenten ist bereits von SIERP und SEYBOLD (1927) eingehend dargetan worden.

Es ist sehr wohl möglich, die Hauptergebnisse der Tabellen 15—18 zusammen zu besprechen und sie in eine gemeinsame graphische Darstellung (Abb. 14) aufzunehmen, soll doch wie bereits betont, der Schwerpunkt auf der Scheidung der prinzipiellen Frage beruhen, ob 1. die Verdunstung eines Porensystems der einer komparablen Wasserfläche gleich kommen kann, und 2. welchen Einfluß bewegte Luft auf die Verdunstung eines Porensystems ausübt. Wenden wir uns zuerst der 2. Frage zu, so fällt bei allen Relativwerten auf, daß die größeren Poren

Tabelle 16.

Messingbleche. Dicke 0,3 mm (mit Filtrierpapiereinlage).

Zahl der Poren Durchm. 1 Pore	1 2 mm	16 0,5 mm	44 0,3 mm	400 0,1 mm	
Verdunstung pro 24 Stunden.					
Ruhe (R) . . .	0,264	0,264	0,708	1,404	
W_1 3,8 $\frac{m}{sek.}$ . .	0,459	0,408	0,864	1,680	
W_2 5,5 $\frac{m}{sek.}$ . .	0,768	0,540	0,996	1,704	
W_3 11 $\frac{m}{sek.}$ . .	0,780	1,019	—	1,752	
Relative Werte.					
R	1	1	1	1	
W_1	1,7	1,5	1,2	1,2	
W_2	2,9	2,0	1,4	1,2	
W_3	3,0	3,8	—	1,2	
R	1	1	2,7	5,3	$n = 1,42$
W_1	1	0,9	2,0	3,9	$n = 1,56$
W_2	1	0,7	1,3	2,2	$n = 1,73$
W_3	1	1,3	—	2,2	$n = 1,73$

Tabelle 17.
Kupferfolien, Dicke 0,020 mm (ohne Filtrierpapiereinlage).

| Zahl der Poren | I | 4 | 8 | 1600 | |
| Durchm. 1 Pore | 2 mm | 1 mm | 0,7 mm | 0,05 mm | |

Verdunstung pro 24 Stunden.

	I	4	8	1600	
Ruhe (R) . . .	0,154	0,250	0,322	1,406	
W_1 3,8 $\frac{m}{sek.}$ . .	0,778	2,120	1,760	1,954	
W_2 5,5 $\frac{m}{sek.}$ . .	1,248	2,616	2,352	2,088	
W_3 11 $\frac{m}{sek.}$ . .	2,506	5,338	4,640	2,688	

Relative Werte.

	I	4	8	1600	
R	I	I	I	I	
W_1	5,05	(8,4)	(5,5)	1,39	
W_2	8,1	(10,4)	(7,3)	1,48	
W_3	16,3	(21,2)	(14,4)	1,91	
R	I	1,6	2,1	9,1	$n = 1,40$
W_1	I	2,7	2,3	2,5	$n = 1,76$
W_2	I	2,2	1,9	1,6	$n = 1,87$
W_3	I	2,1	1,8	1,07	$n = 1,98$

Tabelle 18.
Kupferfolien, Dicke 0,020 mm (mit Filtrierpapier).

| Zahl der Poren | I | 4 | 8 | 1600 | |
| Durchm. 1 Pore | 2 mm | 1 mm | 0,7 mm | 0,05 mm | |

Verdunstung pro 24 Stunden.

	I	4	8	1600	
Ruhe (R) . . .	0,264	0,372	0,504	2,304	
W_1 3,8 $\frac{m}{sek.}$ . .	0,636	0,656	0,876	2,760	
W_2 3,5 $\frac{m}{sek.}$ . .	0,720	0,864	0,912	2,928	
W_3 11 $\frac{m}{sek.}$ . .	1,332	1,032	0,744*	3,144	* fehlerhaft

Relative Werte.

	I	4	8	1600	
R	I	I	I	I	
W_1	2,4	2,0	1,7	1,2	
W_2	2,7	2,3	1,8	1,3	
W_3	5	2,8	1,5	1,36	
R	I	1,4	1,9	8,7	$n = 1,41$
W_1	I	1,2	1,4	4,2	$n = 1,57$
W_2	I	1,2	1,3	4,0	$n = 1,62$
W_3	I	0,8	0,6	2,4	$n = 1,76$

von 2—0·3 mm Durchmesser im Winde eine viel stärkere Verdunstungsförderung erfahren, als die kleinen Poren von 0,1 mm und 0,05 mm.
Der Einzelheiten wegen kann auf die Tabellen verwiesen werden. Die

graphische Darstellung, Abb. 14, enthält nur einige Versuchswerte (diese, wo Zugwirkung herrschte, sind weggelassen), woraus sich eine Kurvenkonstruktion ergibt, die eine sinngemäße Verlängerung in die Größenbereiche der Stomata erfahren kann. Die Schnittpunkte der Kurven sind theoretisch natürlich nicht genau anzugeben, ebensowenig wie es experimentell möglich sein wird. Jedenfalls ist eindeutig zu entnehmen, daß der Verkleinerung der Poren ein verminderter Windeinfluß proportional ist. Die Kurve der *Ruhewerte* schneidet die der *Windwerte* im Größenbereich der Stomata, woraus unzweideutig folgt, daß der Wind auf *Porensysteme* von der Größe der Spaltöffnungen *ohne* verdunstungsfördernden Einfluß ist. Dieses Verhalten kleinster Poren läßt sich damit erklären, daß der Massenaustausch durch Scheindiffusion so gefördert ist,

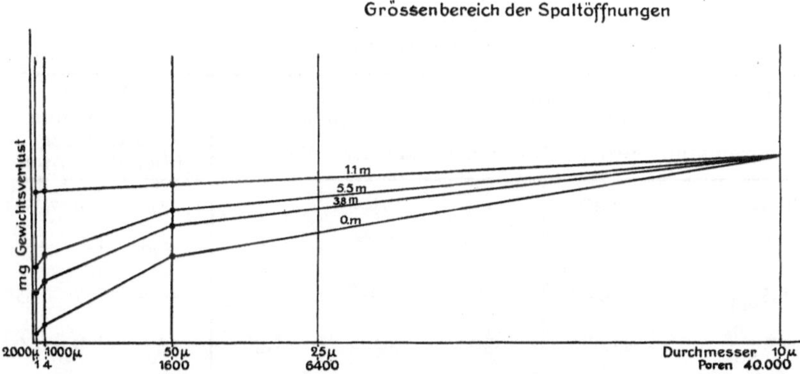

Abb. 14. Verdunstung des Porensystems (mit 3,1 mm² Fläche) bei verschiedener Porengröße unter steigender Windgeschwindigkeit. Auf der Abszisse ist neben der Zahl der Poren der Porendurchmesser angegeben. Die ● bezeichneten Werte sind empirisch ermittelt. Die Kurven sind sinngemäß in den Größenbereich der Spaltöffnungen verlängert worden. Halbschematische Darstellung.

daß jede Dampfkuppenbildung unmöglich wird. Sobald sich in Ruhe keine Dampfkuppe bildet, kann durch Wind auch keine Verdunstungssteigerung eintreten, da dieser, wie wir gesehen haben, nur indirekt die Verdunstung beeinflußt. Das *Porensystem* macht sich bei der Verdunstung im Winde schon sehr bald als limiting factor stark geltend, was um so eher eintritt, je kleiner die Poren sind. Beweisen konnten wir diese These schon bei den Versuchen mit Flächen mittlerer Blattgröße, so daß dieser Befund sich ungezwungen in die bisher erhaltenen Vorstellungen einfügt. Damit sind die bisher angestellten Versuche mit großen Spaltöffnungsmodellen nicht mehr gültig, da der Grenzübergang der Gültigkeit der dort gefundenen Zustände nicht beachtet wurde. Wir sehen ganz deutlich, daß Analogieversuche ohne Beachtung der Größenordnung nicht ohne weiteres zulässig sind. Wenn wir demnach die Steigerung der Transpiration im Winde vornehmlich auf die gesteigerte

Kutikulartranspiration zurückführen, so berechtigt uns dazu das Ergebnis der Versuche mit gut definierbaren Systemen.

Damit gehen wir zu der ersten Frage über, ob die Verdunstung eines Porensystems der einer freien Wasserfläche gleichkommen kann. Gehen wir diesmal von den Zuständen in bewegter Luft aus. Diskutiert wurde das Problem eigentlich immer nur für ruhige Luft. Die Möglichkeit, daß ein Porensystem in unbewegter Luft eine gleich große Verdunstung wie eine größengleiche Wasserfläche haben kann, ist von SIERP und SEYBOLD (1927 und 1928) mit Entschiedenheit abgelehnt worden, was HUBER (1927) jedoch verteidigen zu müssen glaubte. Wir versuchen hier nochmals eine Entscheidung dieser prinzipiell wichtigen Frage herbeizuführen und hoffen damit, daß weitere Versuche angestellt werden, die uns weiter bringen werden als theoretische Diskussionen.

Tabelle 19.

Quadratischer Ausschnitt 4 cm²		1600 Poren (Tabelle 4)		X-fache Verdunstung der 4 cm² gegenüber der Poren	
Verdunstung pro 24 Stunden u. Relative Werte					
Ruhe (R) . . .	4,320	1	2,304	1	1,8	$n = 1,31$
W_1 3,8 $\frac{\mathrm{m}}{\mathrm{sek.}}$ . .	23,720	5,5	2,760	1,2	8,4	$n = 1,56$
W_2 5,5 $\frac{\mathrm{m}}{\mathrm{sek.}}$ . .	30,720	7,0	2,928	1,3	10,5	$n = 1,58$
W_3 11 $\frac{\mathrm{m}}{\mathrm{sek.}}$ . .	43,680	10,0	3,144	1,36	13,9	$n = 1,63$

Eine Versuchsreihe, die in Tabelle 19 zusammengestellt ist, gibt die Verdunstungswerte einer 4 cm² Filtrierpapierfläche wieder, die der mit dem Porensystem zu vergleichenden Fläche entspricht. SIERP und SEYBOLD (1927) haben bereits mit dieser Verdunstungsfläche Versuche angestellt und ihre Verdunstung mit dem 1 600 Porensystem verglichen. In der Tabelle 19 sind daher auch die vergleichbaren Werte des 1600-Porensystems der Tabelle 18 mitangeführt. Aus beiden Zahlenreihen ist die x-fache stärkere Verdunstung der 4 cm² quadratischen Fläche ersichtlich, außerdem sind die Exponentenwerte der Verdunstung errechnet worden. Aus den Relativwerten der Tabelle 19 ist zu entnehmen, daß die „freie Wasserfläche" in einem Wind von 11 m/sek. eine 10 fache Steigerung der Ruhe gegenüber erfährt, währenddem das Porensystem nur um das 1,36 fache gesteigert wird. Daraus kann gefolgert werden, daß das 1600-Porensystem in Ruhe schon beinahe maximal verdunstet, was mit anderen Worten heißt, daß das *System* sich in bewegter Luft *als limiting factor* geltend macht.

Wenn wir nunmehr berechnen, wieviel mal mehr die freie Wasserfläche verdunstet als das Porensystem, so können wir sehen, daß mit wachsender Windgeschwindigkeit die x-fach-Werte steigen, von 8,4—13,9, was sich daraus erklärt, daß das Porensystem eine relativ viel geringere Steigerung erfährt (max. 1,36) als die freie Wasserfläche (max 10). Das Porensystem und die freie Wasserfläche sind physikalisch betrachtet ganz verschiedene Systeme. Ganz bestimmt können wir aus diesen Versuchen entnehmen, daß ein Porensystem im Winde die Verdunstung einer flächengleichen Wasserfläche nicht erreichen kann. So fanden schon SIERP und SEYBOLD (1927) bei ihren Versuchen bei einem 0,9 m/sek. Wind einen 4,5 fachen Verdunstungswert des „quadratischen Ausschnitts" gegenüber dem 1600 Porensystem; während in Ruhe sich ein 2,4 facher Wert ergab. War in dem vorliegenden Versuch die Verdunstung des quadratischen Ausschnittes in *Ruhe* nur das 1,8 fache des Porensystems, so liegt das daran, daß bei dem geringen Dampfdruck der Luft und der hohen Temperatur, die bei der Ausführung der Experimente herrschten, eine absolut größere Verdunstung stattfand (etwa 10 mal stärker in Ruhe, etwa 5,5 mal stärker im Winde). Die Randfeldaktivität der Poren war dadurch gesteigert, der Exponent ist $n=1,31$, während sich aus dem SIERP-SEYBOLDschen Versuch in Ruhe ein $n=1,35$ errechnet. Dieser Versuch und der hier vorliegende scheinen dafür zu sprechen, daß unter Umständen doch ein Porensystem so viel verdunsten kann, wie eine freie Wasserfläche. Wählten wir statt der 1600 Poren mit der relativen Verdunstung 1, 2800 Poren mit der relativ vergrößerten Verdunstung 1,8, so wäre damit die freie Wasserflächenverdunstung erreicht. Der Abstand der Poren wäre dann statt dem 10 fachen des Porendurchmessers nur das 6,6 fache. Es fragt sich somit nur, ob eine gegenseitige Beeinflussung der Poren bei dem 6,6 fachen Abstand derselben vorhanden ist oder nicht. Die Versuche von SIERP-SEYBOLD (1927) ergaben für 500 große Poren, daß in ruhiger Luft bei dem 5—6 fachen Abstand von einer Beeinflussung nicht mehr gesprochen werden kann, doch ist dieses Versuchsergebnis keineswegs für alle Porengrößen direkt anwendbar. SIERP und SEYBOLD (1928) ermittelten mit Hilfe einer Approximativgleichung mit Variation der Exponenten von 2—1 die Zahl der erforderlichen Poren, die notwendig sind um die Verdunstung einer freien Wasserfläche zu erreichen. Außerdem ist in dieser Arbeit angegeben der jeweils resultierende relative Abstand der Poren (n-fache des Durchmessers), die Radien der Randfeldaktivität und die Abstände der Porenmittelpunkte (c/2). Aus der Berechnung (s. Tabelle dieser Arbeit) können wir entnehmen, daß in dem vorliegenden Falle unseres Versuchsergebnisses mit den Exponenten 1,3 bei 2800 (50)-Poren bereits eine Porenbeeinflussung stattfinden muß; mit anderen Worten, bei einer Steigerung der Porenanzahl von 1600 auf 2800 kann der Exponent nicht 1,3 bleiben, sondern er wird eine Steigerung erfahren müssen. Eine Vergrößerung der Verdunstung wird also nicht in dem Maße eintreten, wie durch einfache Multiplikation anzunehmen wäre.

BROWN und ESCOMBE (1900) sprachen bereits aus, daß die Verdunstung kleiner Poren durch den Wind nicht stark beeinflußt wird. Verhält sich die Verdunstung in Ruhe und Wind

$$V_r : V_w = \left(l + \frac{r\pi}{4}\right) : \left(l + \frac{r\pi}{2}\right),$$

wo l die Höhe, r der Radius der Pore ist, so können wir bei folgenden Verhältnismaßen die nachstehenden Verdunstungsproportionalitäten ausrechnen:

	Verdunstung
$r : l$	Ruhe : Wind
2 : 1	1 : 1,50
1 : 1	1 : 1,44
1 : 2	1 : 1,28
1 : 10	1 : 1,07.

Es handelt sich nur darum, in Erfahrung zu bringen, wie bei den Blattsystemen die Proportion Radius der Pore zu Höhe der Pore anzusetzen ist. Es unterliegt gar keinem Zweifel, daß das Verhältnis über 1 : 2 liegt, so daß höchstenfalls eine 28 proz. Verdunstungssteigerung im Winde möglich ist. Können wir empirisch im Winde eine stärkere Transpirationssteigerung bei Blattsystemen feststellen, so beruht diese in erster Linie auf gesteigerter Kutikulartranspiration[1].

Die Ermittelung des Transpirationsexponenten n und der daran sich anknüpfenden Erörterungen mußten sich auf physikalische Systeme und theoretische Ableitungen beschränken, da nur wenig zuverlässige, auf breite Basis gestellte Transpirationsversuche mit Porenmessungen vorlagen.

LEICK (1927) hat unlängst in einer sehr wertvollen und in vieler Hinsicht beachtenswerten Untersuchung unter anderem mit den Rötungszeiten seines Kobaltpapiers absolute Werte angegeben. LEICK macht selbst auf die beschränkte Zulässigkeit der Verwendung der Kobaltmethode zu Transpirationsmessungen aufmerksam und seine Kritik verdient die größte Beachtung, sei es bei Laboratoriums-oder Feldversuchen. Eine Wiederholung seiner Einwände erübrigt sich hier.

Die Angaben der Tabelle 1 und 2 der Arbeit von LEICK können wir mit Mittelwertberechnungen aber vorzüglich für die Beantwortung der Frage: Wie groß ist das Verhältnis der stomatären und kutikulären Transpiration uns nutzbar machen. Von großem Nutzen sind die von LEICK ermittelten Werte, weil sie an ein und demselben Objekt (Isatis tinctoria) gewonnen wurden. Leider fehlen die absoluten Größenan-

---

[1] Im Größenbereich der Stomata haben die Formeln von BROWN und ESCOMBE keine Gültigkeit mehr. (Siehe SIERP-SEYBOLD 1927.)

gaben der Poren, die aber approximativ bei einer Porenzahl von 300 pro mm² (Werte aus anderen Tabellen der Arbeit) bei kleinstem Ausmaß der Porenareale (Oberseite 34,2) einen Porenradius von etwa 5μ, bei größtem Ausmaß (Unterseite 1138) einen von etwa $30\,\mu$ errechnen lassen.

Aus den Tabellen 1 und 2 sind die nachstehenden Werte der Tabelle 20 für die Ober- und Unterseite gebildet worden, indem die Areale immer in Größenbereichen von 50—50. (mm². 10^{-3}) zusammengenommen sind (Spalte 1). Der Mittelwert der in diese Bereiche fallenden empirischen Größen ist in Spalte 2 bzw. 5 wiedergegeben. Die Spalte 3 bzw. 6 enthält die Mittelwerte der dazugehörigen Rötungszeiten, die Spalte 4 bzw. 7 die Anzahl der Messungen. Die Tabelle 20 und ihre graphische Darstellung, Abb. 15, zeigt ohne weiteres, daß mit einer Verkleinerung des Porenareals, d. h. mit einer Verminderung der Apertur die Rötungszeiten erheblich größer sind, als bei vergrößerter Porenfläche, jedoch rötet sich das Papier flächenrelativ betrachtet bei den kleineren Poren ungleich schneller, als bei den großen Spaltenarealen, womit der Beweis dafür erbracht scheint, daß mit der Porenverkleinerung eine Exponentenerniedrigung der relativen Transpiration gegeben sei. Ehe den empiri-

Tabelle 20.

Größenbereich der Spaltenareale von n—m	Oberseite			Unterseite		
	Mittleres Spaltenareal	Mittlere Rötungszeit	Zahl der Bestimmung	Mittleres Spaltenareal	Mittlere Rötungszeit	Zahl der Bestimmungen
1—50	34,2	961	12	—	—	—
50—100	66,8	723	12	81	425	1
100—150	132	630	5	—	—	—
150—200	156	450	2	189	350	3
200—250	246	242	2	226	275	2
250—300	281	360	2	278	205	2
300—350	334	175	1	325	207	4
350—400	—	—	—	395	195	1
400—450	404	170	1	425	192	5
450—500	473	200	1	465	140	1
500—550	526	330	1	541	100	2
550—600	593	170	2	582	137	2
600—650	—	—	—	629	117	4
650—700	—	—	—	—	—	—
700—750	706	205	1	729	102	1
750—800	—	—	—	769	153	5
800—850	806	147	2	—	—	—
850—900	—	—	—	866	92	2
900—950	—	—	—	931	210	1
950—1000	—	—	—	978	128	4
1000—1050	—	—	—	—	—	—
1050—1100	—	—	—	1088	95	1
1100—1150	—	—	—	1138	125	2

schen Befunden die richtige Deutung gegeben werden kann, sollen einige Voraussetzungen vorweggenommen werden.

Man kann den Einwand machen, daß bei fortschreitender Schließung der Stomata zugleich eine Erniedrigung der Dampfspannung im Meso- phyll eintritt, was sicherlich alle Anhänger des incipient drying anneh- men. Die längere Rötungszeit mag somit darin ihren Grund haben, daß tatsächlich die „innere Transpiration" herabgesetzt wird und daher die Poren entsprechend weniger transpirieren. LEICK hat aber die Werte zu verschiedenen Tageszeiten und unter den verschiedensten Umständen gewonnen, so daß die erhebliche Verlängerung der Rötungszeiten nicht nur Ausdruck eines incipient drying ist, sondern, daß der Kurvenanstieg sicherlich einer Transpirationserniedrigung durch Aperturverkleinerung entspricht.

LEICK hat bereits darauf hingewiesen, daß durch das Auflegen des Kobaltpapieres Luftbewegung aufge- hoben ist, aber inwieweit die Randfeldaktivität beein- trächtigt wird, läßt sich nicht ohne weiteres sagen. Daß sie aufgehoben ist, scheint sehr unwahrscheinlich, eher erfährt sie eine Verstärkung, da die Poren und die

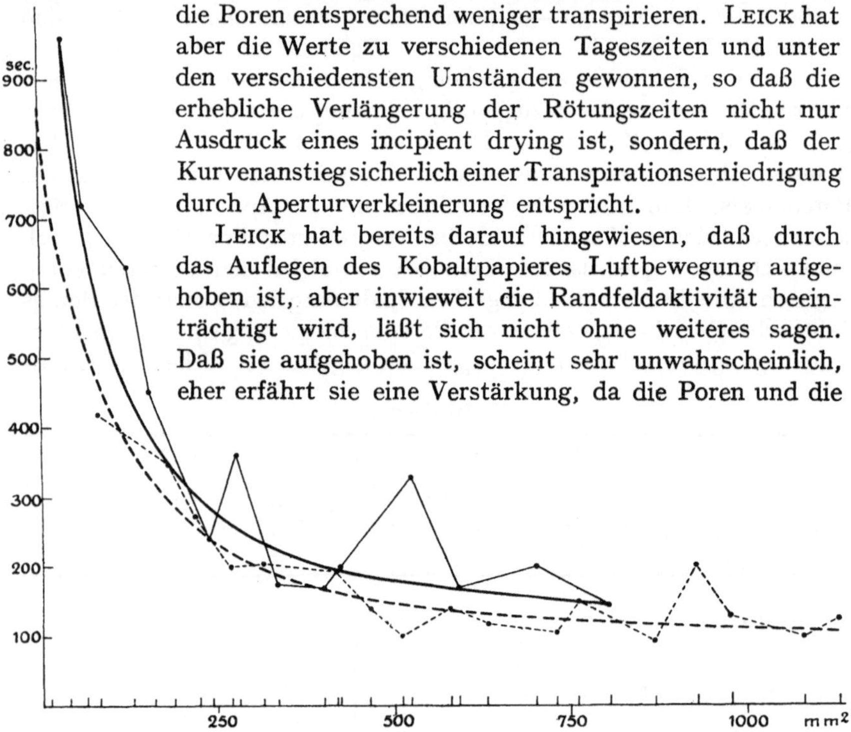

Abb. 15. Abhängigkeit der Rötungszeit von Kobaltpapier von der Porenweite bei Isatis tinctoria nach LEICK (1927). Die Abszisse gibt die Gesamtporenfläche in mm², die Ordinate die Rötungszeiten in sek. an. Die ————-Kurve ist die der Blattoberseite, die - - - - die der Blattunterseite.

Kutikula einem größeren Diffusionspotential unterliegen, infolge der Hygroskopizität des Papieres.

Einfach gestaltet sich die Analyse der Transpiration, wenn nur Poren- diffusion vorhanden ist, kommt aber wie in unserem Falle eine kutikuläre Transpiration hinzu, die um so stärker zum Ausdruck kommt, je geringer die Porengröße ist (vorausgesetzt, daß sie eine konstante ist), so wird eine brauchbare Scheidung „beider Transpirationen" erschwert.

An Hand der Tabelle 20 und vor allem der graphischen Darstellung (Abb. 15) können wir sinngemäß den Verlauf der Kurven über die empirischen Endpunkte hinaus verfolgen (völliger Spaltenschluß) bis in den Größenbereich 1 des mittleren Spaltenareals und die dazugehörige Rötungszeit ermitteln. Wir gehen wohl nicht fehl, wenn wir die Sekundenzahl mit 1200 für die Oberseite festlegen. Ist das Spaltenareal derart klein, wie im vorliegenden Falle (= 1), so können wir diese Rötungszeit auch zugleich der kutikulären Transpiration zuordnen, womit wir ein Maß für die kutikuläre Transpiration haben. Die Kurve der Unterseite liegt tiefer als die Kurve der Oberseite, ein Ausdruck stärkerer Kutikulärtranspiration der Unterseite. Die Rötungszeit 1200 sek. bei Spaltenschluß ist eher zu hoch als zu niedrig angesetzt, für die Unterseite vor allem dürfte sie tiefer liegen (etwa 800 sek.).

Absolut ausgedrückt wäre die Kutikulärtranspiration etwa $^1/_8$ der Gesamttranspiration, was mit den Ergebnissen anderer Untersuchungen in Einklang steht.

Erst unter Berücksichtigung der tatsächlichen Größe der Kutikulärtranspiration können die Rötungszeiten der Tabelle 20 für die Porengrößen in Rechnung gesetzt werden, die relativ niedrigen Rötungszeiten (flächenrelativ starke Transpiration) beruhen nicht auf einer stärkeren Transpiration kleiner Poren, sondern auf der starken Beteiligung der Kutikulärtranspiration.

Ohne sämtliche Werte der Tabelle 20 daraufhin zu berechnen, können wir an 2 Extremwerten sehen, inwieweit die kutikuläre Transpiration die Rötungszeit erniedrigt.

Setzen wir die Rötungszeit des Spaltenareals (1) = 1200 sek. so ist, wenn die relative Transpiration dieses Areals = 1 ist, die des Areals (34,2) = 1,25, die des Areals (806) = 8,85. Ziehen wir die kutikuläre Transpiration ab, die gleich der des Areals (1) ist, so ist die Porentranspiration des Areals (34,2 = 0,25 und die des Areals (806) = 7,85. Die beiden Areale stehen in einem Verhältnis der Flächen 1 : 23,6, ihre Porentranspiration in einem solchen von 1 : 31,4. Wird die Rötungszeit noch tiefer gewählt, wozu einige Berechtigung vorliegt, so wird das Verhältnis derart abgeändert, daß die größeren Areale flächenrelativ betrachtet noch ·mehr transpirieren als die kleinen.

Diese Zustände brauchen nicht wunder zu nehmen, da mit der Verengung der Spaltenapertur die Porenhöhe mehr und mehr ins Gewicht fällt, worauf im Anschluß an BROWN und ESCOMBE kürzlich SIERP und SEYBOLD (1927) eingehend aufmerksam machten. Hier kann auf diese Ausführungen verwiesen werden.

Was wir aus der eben vollzogenen Berechnung folgern können, ist das, daß man nicht ohne weiteres an Hand empirischer Befunde theoretische Schlußfolgerungen ziehen kann, ohne Beachtung der herrschenden Zustände. Weitere Untersuchungen, wie LEICK sie anstellte, sind allein schon hinsichtlich der Analyse der Kutikulär- und Stomatärtranspiration dringend notwendig. Der große Vorteil der Untersuchung an einem und demselben Objekt ist oben bereits erwähnt worden, die unzulängliche Kobaltmethode ließe sich für unsere Zwecke durch einwandfreie Transpirationsmessungen ersetzen.

MUENSCHER (1915) hat zwischen Stomatazahl bzw. Porenfläche und Transpirationsgröße keine Übereinstimmung finden können, was nicht verwunderlich ist, da dabei die kutikuläre Transpiration ganz unberücksichtigt bleibt. Seine graphischen Darstellungen sind auch sehr ungünstig gewählt. Die Versuchsdaten sind leider nicht zureichend bei anderer Darstellung eindeutige Schlüsse ziehen zu lassen. Auf alle Fälle ist die Transpiration nicht eine lineare Funktion der Porenradien, eher ließe sich noch beweisen, daß die Poren flächenrelativ transpirieren. Bei lebenden Pflanzensystemen läßt sich vorderhand schwer aussagen, welchen Anteil die Kutikulärtranspiration an dem Wasserdampfaustausch hat, zumal durch die Variation der Porusweite naturgemäß der Exponent der Transpiration nicht konstant ist, wodurch die Analyse ungemein kompliziert wird.

F. Die Theorie des Psychrometers und ihre Bedeutung für die Transpirationsanalyse.

Die Messungen mit Evaporimetern können, wie wir gesehen haben, kein allgemeingültiges Maß der „Verdunstungskraft" für die Transpiration pflanzlicher Systeme abgeben, sind sie doch ganz willkürlich und ebenso sehr von der Konstruktion der Evaporationssysteme als von den Funktionen der verdunstungsbeeinflussenden Faktoren abhängig.

Bis in die jüngste Zeit herein herrscht die Auffassung, daß die Verdunstung proportional dem Sättigungsdefizit der Luft erfolge (STOCKER 1928, WALTER 1928), so daß eine Ermittlung dieses Defizites völlig ausreichend wäre für die Messung der „Verdunstungskraft" der Atmosphäre. Daß diese Auffassung unrichtig ist, kann aus den Handbüchern der Physik und Meteorologie entnommen werden, es erscheint mir aber nicht überflüssig, auf die Abhängigkeit der Verdunstung vom Dampfdruckdefizit hinzuweisen und die Zustände zu analysieren nicht nur hinsichtlich einer zuverlässigen Messung der Verdunstungsbedingungen, sondern weil sie zugleich die Grundlage der energetischen Transpirationsmessungen bilden.

Die Beziehungen zwischen Psychrometerdifferenz und Dampfdruck bzw. Dampfdruckdefizit der Luft sind aus den gebräuchlichen Psychrometertafeln zu entnehmen.

Wir stellen die Psychrometertafel, die LANDOLT-BÖRNSTEIN in seinen physikalisch-chemischen Tabellen nach C. JELINEK wiedergibt, graphisch dar (Abb. 16). Auf der Abszisse sind die Temperaturen, auf der Ordinate

die entsprechenden Dampfdrucke abgetragen für die Psychrometerdifferenzen 0°, 3°, 6°, 9° und 12°. Die Kurve 0° stellt die Kurve maximalen Dampfdruckes dar. Der Barometerstand ist 755 mm. Die Kurven
der Dampfdrucke gleicher Psychrometerdifferenzen laufen nun keineswegs miteinander parallel, vielmehr nähern sie sich mit fallender Tempe-

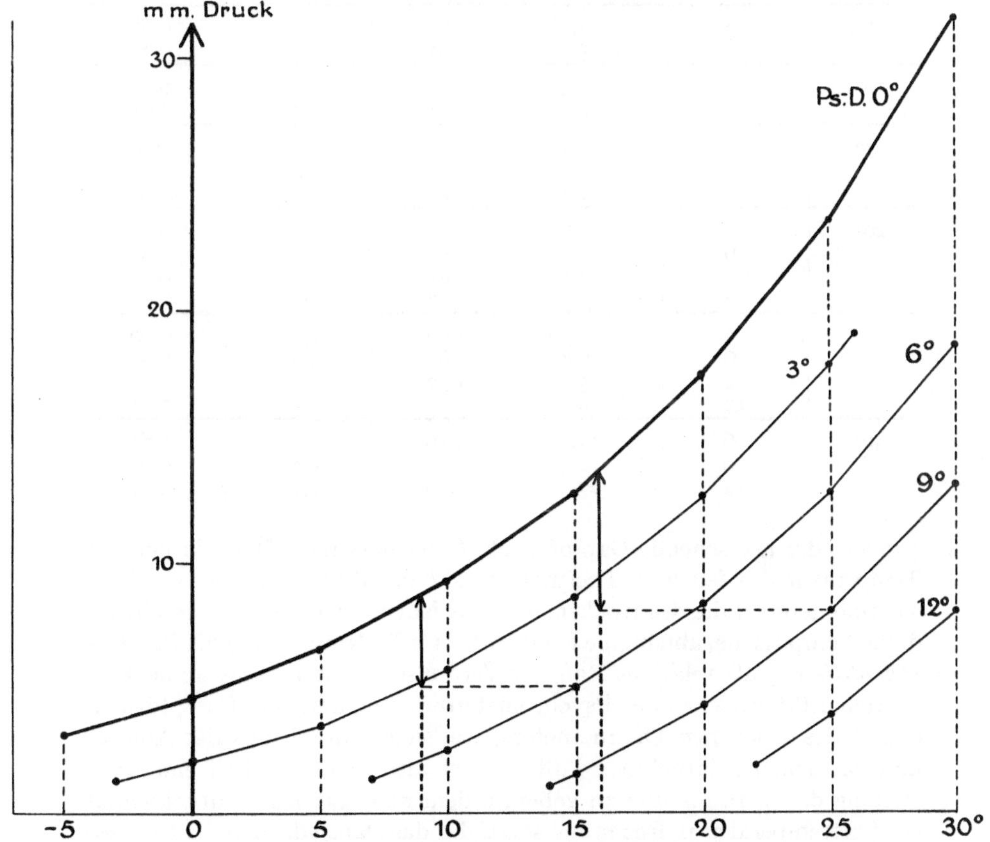

Abb. 16. Graphische Darstellung der Psychrometertafel (LANDOLT-BÖRNSTEIN). Die Kurve *Ps.-D.* 0⁰
ist die Kurve maximalen Dampfdrucks.   Die Verdunstung, die proportional dem Dampfdruckdefizit
der Temperatur des feuchten Thermometers erfolgt, ist z. B. für die Psychrometerdifferenz 9⁰ und
die Lufttemperatur 25⁰ durch den Pfeil bei (25⁰—9⁰) 16⁰ dargestellt. Für die Psychrometerdifferenz
6⁰ bei 15⁰ Lufttemperatur ist der Pfeil bei 9⁰ relatives Maß der Verdunstung. Pfeillänge/Psychro-
meterdifferenz ist eine Konstante. Siehe Tabelle 21.

ratur, um mit steigender zu divergieren. Daraus ist ersichtlich, daß eine
Proportionalität zwischen Dampfdrucken und Dampfdruckdefiziten
gleicher Psychrometerdifferenzen nicht besteht. Betrachten wir gemäß
der Psychrometerformel in ihrer allgemeinsten Fassung

$$e = E - Ab\,(t - t'),$$

Tabelle 21.

Temperatur d. trockenen Thermometers	Psychrometer-differenz $Ps\text{-}D.$	Evaporation $E' =$ Dampf-druckdefizit d. trockenen Thermo-meters	$E'/Ps\text{-}D.$	Evaporation $E =$ Dampf-druckdefizit d. feuchten Thermo-meters	$E/Ps\text{-}D.$
5°	3	3,0	1,00	1,8	0,60
	6	ca. 5,7	0,95	3,6	0,60
10°	3	3,5	1,17	1,85	0,61
	6	6,7	1,11	3,7	0,61
15°	3	4,1	1,37	1,86	0,62
	6	7,7	1,28	3,7	0,61
	9	11,1	1,23	5,5	0,61
20°	3	4,8	1,60	1,85	0,61
	6	9,1	1,51	3,6	0,60
	9	13,1	1,45	5,5	0,61
	12	ca. 16,5	1,37	—	—
25°	3	5,70	1,90	1,8	0,60
	6	10,8	1,80	3,6	0,60
	9	15,5	1,72	5,5	0,61
	12	19,6	1,63	7,3	0,61
30°	6	13,0	2,16	3,7	0,61
	9	18,5	2,05	5,5	0,61
	12	23,5	1,96	7,4	0,61

(wobei e der herrschende Dampfdruck, E der maximale Dampfdruck der Temperatur des feuchten Thermometers, t' die Temperatur des feuchten Thermometers, t die des trockenen ist; A ist eine von der Windgeschwindigkeit empirische, abhängige Konstante [s. u.]). Nimmt man die *Psychrometerdifferenz* als relatives Maß der Verdunstung, so besteht keine Proportionalität zwischen der Psychrometerdifferenz und dem Dampfdruckdefizit des trockenen Thermometers, wie sich deutlich aus der Abb. 16 und der Tabelle entnehmen läßt. Es ist also nicht möglich eine Darstellung der Verdunstung zu geben, indem man das Dampfdruckdefizit der Lufttemperatur in Rechnung setzt. Ist das Dampfdruckdefizit bei 30° beispielshalber mit der Psychrometerdifferenz 9 gleich 18,5 mm, so ist es bei 15° nicht $\frac{18,5}{2} = 9,25$ sondern 11,1 mm. Wie groß die Fehler sein können, wenn wir die Verdunstung proportional dem Sättigungsdefizit setzen, geht aus der Tabelle hervor.

Daß aber tatsächlich die Verdunstung proportional dem *Dampfdruckdefizit* in bezug auf die Temperatur des *feuchten* Thermometers ist, und eine Proportionalität zu der *Psychrometerdifferenz* besteht, ergibt sich aus der Psychrometerformel, worauf bereits HANN hingewiesen hat. Die Formulierung: Die Verdampfungsgeschwindigkeit ist dem Sättigungsdefizit proportional, bedarf der Deutlichkeit halber des Zusatzes, daß man unter dem Sättigungsdefizit die Druckdifferenz versteht, die besteht zwischen dem maximalen Dampfdruck des *feuchten* Thermometers und dem herrschenden Dampfdruck der Luft[1]. Je geringer nun der herrschende Dampfdruck ist, um so größer ist die Psychrometerdifferenz, um so niedriger stellt sich das feuchte Thermometer ein, d. h. um so größer ist die Verdunstung. Die Psychrometerdifferenz in C° ausgedrückt ist ein direktes Maß für die Verdunstung, d. h. die Psychrometerdifferenz ist proportional der Verdunstung. Der Quotient Dampfdruckdefizit des feuchten Thermometers/Psychrometerdifferenz muß eine Konstante sein, was hinreichend gut erfüllt ist.

Süring, der Herausgeber des Lehrbuches der Meteorologie von Hann (1926, IV. Auflage), betont aber nachdrücklichst, daß man die Differenz, Maximaldruck der Temperatur des feuchten Thermometers Minus herrschender Dampfdruck der Temperatur des feuchten Thermometers „nicht mehr streng Sättigungsdefizit" nennen darf. Süring selbst führt ein Beispiel falscher Berechnung mit 300 vH Abweichung an.

Was wir jetzt schon aus dieser Ableitung folgern können, ist für die Transpirationsanalyse von der allergrößten Bedeutung. Ohne die Kenntnis der Temperaturen der verdunstenden bzw. transpirierenden Systeme können wir über die Verdunstungszustände wenig aussagen und eine Übertragung der Lufttemperatur auf die verdunstenden Systeme kann zu groben Trugschlüssen führen.

Ule (1891) glaubte bei Messungen der „Evaporationskraft" eine Übereinstimmung zwischen der Verdunstung eines Evaporimeters und der Psychrometerdifferenz gefunden zu haben, so daß damit ein praktischer Beweis der Zulässigkeit der Psychrometerdifferenz als Maß der Verdunstung gegeben schien. Ule ist aber entgangen, daß von einer Übereinstimmung der Psychrometerdifferenz und der Evaporation, also einer Konstanz des Quotienten Evaporation/Psychrometerdifferenz nicht die Rede sein kann. Ordnen wir die Monate nach 5 jährigen Monatsmittelwerten nach einer steigenden Reihe der mitverzeichneten mittleren Windgeschwindigkeiten an, so bekommen wir die Reihenfolge der Tabelle 22.

---

[1] Walter (1928) sich auf eine russische Arbeit von Tichomirow (1927) berufend, gibt an, daß durch ganz Rußland hindurch von den feuchten nördlichen Gebieten bis in die südlichen Wüstenregionen die *absolute* Feuchtigkeit der Luft keine nennenswerte Unterschiede aufweist. Nur mit zunehmender Breiten- und Höhenlage ist ein geringes Anwachsen festzustellen. Wie diese Ansicht mit den von Svante Arrhenius (s. Hann-Süring 1926, S. 248) angestellten Berechnungen, daß die *relative* Feuchtigkeit in den verschiedenen Breitegraden annähernd wohl dieselbe ist, *nicht* aber die *absolute*, in Einklang steht, kann man sich nicht gut vorstellen.

Tabelle 22.

	Windgeschwindigkeit	$E/Ps\text{-}D.$	A
September	4,2	1,51	0,119
Juni	4,3	1,58	0,124
August	4,3	1,57	0,119
April	4,4	1,85	0,143
November	4,4	1,69	0,127
Juli	4,5	1,62	0,120
Januar	4,6	1,91	0,146
Mai	4,7	1,82	0,123
Dezember	4,8	1,72	0,120
Februar	4,9	1,83	0,139
Oktober	4,9	1,66	0,110
März	5	2,26	0,149

Ohne weiteres ist eine gleichsinnige Steigerung des Quotienten mit wachsender Windgeschwindigkeit ersichtlich, so daß die Brauchbarkeit der Psychrometerdifferenz als Maß der Verdunstung ernstlich in Zweifel gezogen werden muß. Die Ausnahmen in der Reihenfolge der Tabelle 22 lassen sich nicht ohne weiteres erklären, vielleicht hängen sie mit schwankenden Temperaturverhältnissen zusammen.

Es darf außerdem nicht außer Acht gelassen werden, daß es sich bei den vorliegenden Werten um Monatsmittel aus 5 Jahren handelt, die tatsächlichen Extremwerte kommen dabei gar nicht zum Ausdruck. Für physiologische und ökologische Messungen kommen aber längere Zeiträume nicht in Frage und für die Beurteilung der Transpiration sind die Extremwerte von nicht geringerem Interesse als die Mittelwerte (s. HUBER 1924). Wie groß die Abweichungen zwischen Psychrometer-

Tabelle 23.

Versuchsnummer	Windg. in m/sek.	T	F	Ps.-Diff.	Gewichtsverlust	Mittelwert d. Gew.-V.	Mittelwert d. Ps.-Diff.	E/PS.
1	0	30,3	20,1	10,2	0,090			
2	0	30,1	19,3	10,8	0,080			
3	0	30,5	20,5	10,0	0,100	0,088	10,08	0,87
4	0	30,5	21,0	9,5	0,080			
5	0	30,2	20,3	9,9	0,090			
6	0,5	31,0	19,9	10,1	0,300	0,295	10,10	2,92
7	0,5	31,0	19,9	10,1	0,290			
8	0,7	31,4	19,9	10,5	0,380	0,370	10,50	3,52
9	0,7	31,4	19,9	10,5	0,360			
10	1,7	31,2	19,4	11,8	0,500			
11	1,7	30,8	19,5	11,3	0,490	0,503	11,30	4,45
12	1,7	30,6	19,6	11,0	0,520			
13	4	30,7	19,3	11,4	0,680	0,655	11,4	5,74
14	4	30,2	19,7	11,5	0,630			
15	11	30,5	19,2	11,3	0,950			
16	11	30,6	19,6	11,0	0,880	0,907	11,0	8,24
17	11	30,4	19,7	10,7	0,890			

differenz und Evaporation sind, ergibt sich aus den folgenden Versuchen, die im Laboratorium mit künstlichem Winde vorgenommen wurden. Als Evaporimeter diente eine wasserdurchtränkte Pappscheibe vom Durchmesser 8 cm.

Die graphische Darstellung (Abb. 17) der Tabelle zeigt wie stark die Evaporation mit steigender Windgeschwindigkeit zunimmt, wenngleich bei geringen Windstärken die Verdunstungsförderung relativ viel größer ist als bei größeren Windgeschwindigkeiten. Nimmt die Evaporation im Extrem bei dem vorliegenden Versuche um das etwa 10 fache zu, so vergrößert sich die Psychrometerdifferenz nur um das 1,13 fache. Es handelt sich dabei um keine allgemein gültigen Werte, sondern sind nur für die zu dem Versuche ausgewählten Systeme richtig. Wie sehr die Evaporation

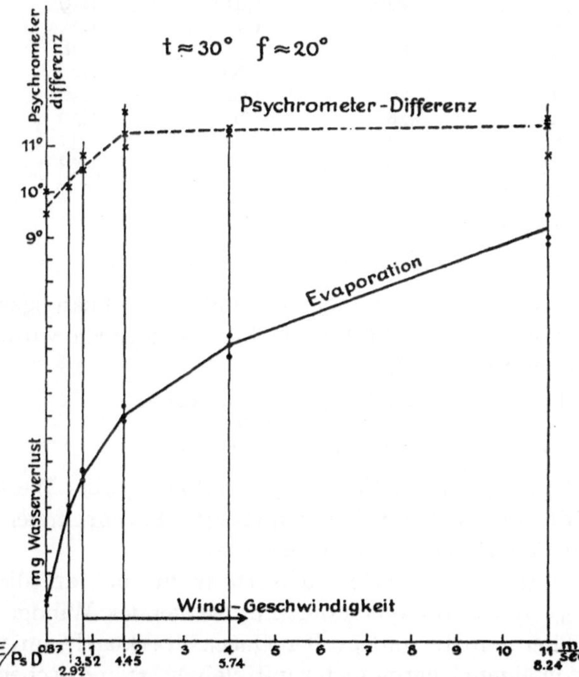

Abb. 17. Die Abhängigkeit der Evaporation und der Psychrometerdifferenz von der Luftbewegung. Die empirischen Befunde gibt Tabelle 23 ausführlich wieder. Evaporationsfläche war eine wasserdurchtränkte Pappscheibe von 8 cm Durchmesser.

allein von der Windgeschwindigkeit bei verschiedener Größe der Evaporationsfläche beeinflußt wird, werden wir später noch eingehender darzustellen haben, hier ist nur die Frage zu erörtern wie es kommt, daß das Psychrometer so schwach auf die stark verdunstungsfördernde Wirkung der bewegten Luft reagiert.

Seit das Psychrometer in der Meteorologie als Meßinstrument der Luftfeuchtigkeit Verwendung findet, sind von dieser Wissenschaft viele Untersuchungen über die Belüftung des Psychrometers gemacht worden (vergleiche ASSMANNS Aspirationspsychrometer). GROSSMANN (1916) befaßt sich eingehend mit der ganzen Psychrometerfrage, worauf wir hiermit verweisen können.

Tabelle 24.

Windgeschwin-digkeit	Faktor Ab (relativ)		relative Psychrometer-differenz	
	I.	II.	I.	II.
0	1	1	1	1
0,16	0,90	0,95	1,12	1,06
0,85	0,73	0,85	1,40	1,18
1	0,71	0,84	1,41	1,19
2	0,66	0,81	1,51	1,23
3	0,64	0,80	1,56	1,28
4	0,62	0,79	1,60	1,29
5	0,61	0,79	1,61	1,30
6	0,61	0,78	1,63	1,30
10	0,60	0,77	1,67	1,31
∞	0,58	0,76	1,71	1,32

In der allgemeinen Psychrometerformel

$$e = E - A b \ (t - t')$$

ist die Konstante A als ein von der Windgeschwindigkeit abhängiger Faktor einzusetzen, der von HANN-SÜRING wie folgt angegeben wird.

Feuchtes Thermometer über Null.

Windstille   leicht   schwach
bewegte Luft

$A = 0{,}001\ 200$ $0{,}000\ 800$ $0{,}000\ 660.$

Mit zunehmender Luftbewegung ist A für ein etwa halb so großer Wert einzusetzen, wodurch die durch den Wind vergrößerte Psychrometer-differenz $A b \ (t - t')$ auf den Ruhewert reduziert wird.

Die Tabelle 24 gibt unter I die Werte $A b$-Werte (s. Formel) an (die Werte gelten für $b = 755$ mm Barometerstand) mit steigender Windge-schwindigkeit für ein Thermometer mit großer Quecksilberkugel, unter II sind die $A b$-Werte von einem Thermometer mit kleinem zylindrischen Gefäß verzeichnet. Die Werte sind der genannten Arbeit von GROSS-MANN entnommen und entsprechend umgerechnet. Setzen wir in der Spalte 4 und 5 die Psychrometerdifferenz in Ruhe 1, so können wir aus der Formel

$$A b \ (t - t') = k,$$

die relative Psychrometerdifferenzerhöhung errechnen, die bei dem Thermometer II ganz beträchtlich geringer ausfällt. Die graphische Darstellung (Abb. 18) der relativen Psychrometerdifferenz macht die im Wind gesteigerte Verdunstung noch deutlicher. Schon ganz schwacher Wind genügt (etwa 1 m/sek.) um die Psychrometerdifferenz bei Thermo-meter I um etwa 40 vH zu erhöhen, während ein Wind bis etwa 10 m/sek. Geschwindigkeit nur noch eine Steigerung um weitere 20 vH ermöglicht. Bei Thermometer II wird ein schwacher Wind die Psychrometerdifferenz um etwa 20 vH vergrößern, höhere Windgeschwindigkeiten bedingen nur eine um 10 vH größere Differenz. Diese Befunde sind von großem Wert und für unser Problem von grundlegender Bedeutung, können wir doch daraus entnehmen, daß die Psychrometersysteme auch sehr stark ihre Baueigentümlichkeiten geltend machen.

Aber ganz abgesehen davon stoßen wir hier auf die Kardinalfrage des ganzen Problems. Ist das Psychrometer überhaupt im Winde zu Verdunstungsmessungen brauchbar, wenn es nur relativ schwache Veränderungen der Psychrometerdifferenz anzeigt, während ein Evaporimeter ganz erheblich stärkere Verdunstung in bewegter Luft aufweist? Welches ist die Ursache der geringen Psychrometerreaktion im Winde? Wir müssen uns von vornherein darüber klar sein, daß wir bei den Evaporationsmessungen ein direktes Maß des Massenaustausches haben, während die Psychrometerdifferenz Ausdruck des die Verdunstung begleitenden Energieaustausches ist. In einem hernach zu schildernden Versuch bestimmen wir an einem und demselben

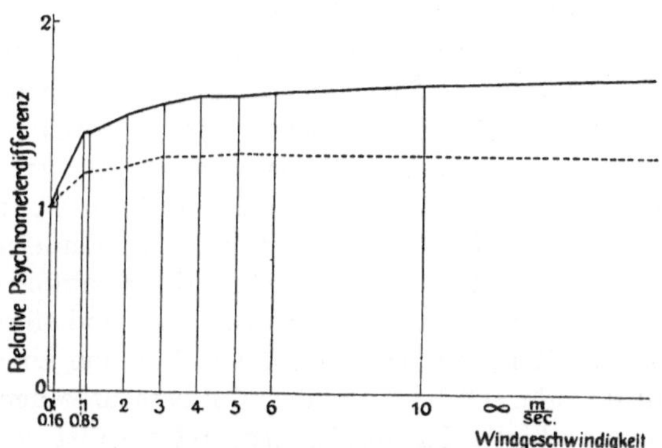

Abb. 18. Abhängigkeit der relativen Psychrometerdifferenz von der Gestalt der Thermometerbulbe bei wachsender Windgeschwindigkeit.

Psychrometer *gleichzeitig* den Massenaustausch und die Differenzbeträge. Vorweggenommen sei, daß keineswegs eine Proportionalität zwischen Massenaustausch und Psychrometerdifferenz in Ruhe und in bewegter Luft besteht.

Es bieten sich nun zwei Vorstellungsmöglichkeiten, welche als befriedigende Erklärung der Zustände angesehen werden können. Entweder wird in bewegter Luft dem Psychrometer eine solche Menge Wärme der Außenluft zugeführt, daß die Differenz sich nicht proportional der gesteigerten Verdunstungsmenge einstellen kann, so daß die Psychrometerdifferenz hinter der Verdunstungsmenge zurückbleibt. Oder aber befindet sich das feuchte Thermometer in einer unterkühlten Luftschicht, so daß das Verhältnis von Psychrometerdifferenz und Verdunstungsmenge in Ruhe nicht als normaler Vergleichsquotient anzusehen ist, vielmehr die Psychrometerdifferenz in bewegter Luft zur Verdunstungsmenge in zulässige Beziehung gesetzt werden darf.

SCHUBERT (1925) versucht mit dem Psychrometer die Verdunstungsgeschwindigkeit zu bestimmen und gibt davon eine kurze, sehr gedrängte Darstellung, die hier wiedergegeben werden soll, da wir hieran neue Perspektiven für die Verdunstungsanalyse gewinnen. Nach dem NEWTONschen Abkühlungsgesetz ist die einem Körper entzogene Wärmemenge pro Zeiteinheit proportional der Temperaturdifferenz, die zwischen dem relativ höher temperierten Körper (ϑ) und der Luft (t) besteht. Die Potentialdifferenz ist noch mit einem Koeffizienten l zu versehen, der von der Temperatur unabhängig ist, in dem aber die Wirkungen anderer Faktoren enthalten sind. Der Wärmeaustausch ist also in diesem Fall

$$W_1 = l\,(\vartheta - t).$$

Ist der höher temperierte Körper im speziellen Falle ein verdunstendes, feuchtes Thermometer, so kühlt sich dieses nicht nur bis t ab, sondern infolge der Verdunstung wird das Thermometer untertemperiert. Die Wärme, die infolge Verdunstung dem Thermometer entzogen wird, ist proportional dem Sättigungsdefizit, das zwischen dem maximalen Dampfdruck der Temperatur des *feuchten* Thermometers und dem herrschenden Dampfdrucke besteht. Die Verdunstung setzt natürlich nicht erst in dem Augenblicke ein, wo die Temperatur t erreicht ist, sondern schon bei ϑ. Der Vorgang der allgemeinen NEWTONschen Körperabkühlung und die Verdunstungsabkühlung bestehen nebeneinander und sind nur theoretisch auseinanderzuhalten, empirisch ist die Abkühlung eine aus beiden Prozessen resultierende. Ordnen wir der Temperatur ϑ den maximalen Dampfdruck δ zu und ist e der absolut ermittelte, so ist der Verdunstungswärmeaustausch

$$W_2 = k\,(\delta - e).$$

k ist ein Koeffizient, der unabhängig ist vom Dampfdruck, wohl aber andere Faktorenwirkungen enthält.

Der Gesamtwärmeumsatz ist demnach

$$W_1 + W_2 = l\,(\vartheta - t) + k\,(\delta - e).$$

Schreiben wir mit Umformung statt $(W_1 + W_2) = \alpha \vartheta'$, wo $-\vartheta'$ die Abkühlung für die Zeiteinheit ist und α die Wärmekapazität des Thermometers, so ist

$$-\alpha \vartheta' = k\,(\sigma - e) - l\,(t - \vartheta).$$

Der Endzustand der Abkühlung ist der, wo $\vartheta' = 0$ ist, ϑ wird zu t_1, (wie man in der Psychrometerformel zu schreiben pflegt) und der zugehörige Sättigungsdruck wird E statt δ. Wir gewinnen jetzt die Gleichung

$$k\,(E_1 - e) = l\,(t - t_1),$$

die umgestellt die Psychrometerformel

$$e = E_1 - \frac{l}{k}\,(t - t_1)$$

ergibt. An Stelle des in der Psychrometerformel sonst üblichen Ausdruckes Ab steht $\frac{l}{k}$. SCHUBERT hebt nun hervor, daß die Verdunstungs-geschwindigkeit nicht ohne weiteres entweder

$$V = (E - e) \text{ oder}$$
$$V = (t - t_1)$$

gesetzt werden darf, da die Koeffizienten l und k als Ausdruck der Luft-bewegung die Differenzen $(E - e)$ und $(t - t_1)$ verändern. Wohl sieht SCHUBERT in der Gleichung

$$-\alpha \vartheta' = k\,(\delta - c) - l\,(t - \vartheta)$$

ein Mittel, die Verdunstungsgeschwindigkeit (i. e. mutatis mutandis die Verdunstungsstärke) zu bestimmen. Wählt man den Zeitpunkt, in dem das sich abkühlende Thermometer die Temperatur t hat, die ebenfalls das trockene Thermometer des Psychrometers anzeigt, so wird $\vartheta = t$ und wir bekommen die Verdunstungsformel

$$-\alpha \vartheta' = k\,(E - e)$$

d. h. „wenn das feuchte Thermometer die Temperatur des trockenen zeigt, ist seine Abkühlungsgeschwindigkeit ein Maß für die Verdunstung". Die von SCHUBERT ermittelte Formel zur Bestimmung dieser Geschwin-digkeit liefert nur Annäherungswerte, wie wir gleich nachher sehen werden.

Versuchen wir nun das ganze Problem dieser Messung unter dem Ge-sichtspunkte zu betrachten, daß bei bewegter Luft die normalen Umstände sowohl für den Massenaustausch als für den Energieaustausch gegeben sind, so machen wir uns von der Vorstellung los, daß ruhige Luft normale, einfache Verhältnisse bietet. Was den Massenaustausch anlangt, sind wir uns völlig im klaren darüber, daß in Ruhe sich über einer verdunstenden Fläche eine Dampfhaube befindet, die verdunstungshemmend wirkt. Bei bewegter Luft kommt diese Kuppenbildung nicht zustande und zwar um so weniger, je stärker der Wind ist. Solange die Verdunstung nicht den limiting factors des verdunstenden Systems unterliegt (Größen-problem, Dampfdruck) nimmt mit zunehmender Luftbewegung die Ver-dunstung zu, die bei einer bestimmten Windgeschwindigkeit ihren Höchstwert erreicht. Diese Frage haben wir bereits eingehend erörtert und verweisen auf die Ergebnisse S. 37. Wie verhält es sich nun mit dem Energieaustausch in bewegter Luft? Die Forderung der starken Be-lüftung des feuchten Thermometers zu einer hinreichend genauen Be-stimmung der Luftfeuchtigkeit darf nicht außer acht gelassen werden. Die Psychrometerdifferenz vergrößert sich im Winde, wenn auch wesent-lich geringer als einer Verdunstungszunahme eines Evaporimeters ent-spricht. Beruht diese geringe Vergrößerung der Psychrometerdifferenz nun tatsächlich darauf, daß im Massenaustausch die Verdunstung am feuchten Thermometer nur proportional der Differenzzunahme gesteigert wird, oder ist der Energieaustausch im Winde solchen Bedingungen unterworfen, daß wir das Maß der Abkühlung nicht mehr als Maß der Verdunstung gebrauchen können, wie wir es in ruhiger Luft verwandten? Die Fragen lassen sich am besten und kürzesten mit Hilfe eines Versuches entscheiden, der uns zugleich die Zustände des Psychrometers im Massenaustausch und Energieaustausch in Ruhe und Wind angibt.

Der Versuch ist folgendermaßen ausgeführt worden. Ein kleines Thermometer wurde derart auf ein Wassergläschen aufgesetzt, daß die Hg-Bulbe als Oberfläche für die Gesamtverdunstung in Rechnung gesetzt werden konnte. Die Oberfläche, feuchtes Filtrierpapier, das von unten Wasser nachsaugen konnte, war 1 cm², dichte Paraffinierung sorgte dafür, daß das Wasserglas selbst keine Verdunstung hatte. Dieses feuchte Thermometer konnte auf der Wage abgewogen werden, neben der das trockene Thermometer zur Bestimmung der Psychrometerdifferenz stand. Die Tabelle 25 gibt die in Ruhe und verschiedener Windgeschwindigkeit gewonnenen Werte wieder.

Tabelle 25.

	Zeit	Gewicht	Gewichts-verlust in mg	t	t_1	Ps.-D.
Ruhe	10^{55} 11^{28}	51,390 51,380	10	13,8	12	1,8
Wind 1,3	11^{58}	51,325	55	13,9	10,8	3,1
2,8	12^{28}	51,255	70	14,0	10,8	3,2
7,3	12^{58}	51,160	95	14,1	10,9	3,2
Ruhe	2^{00}	51,135	25	14,1	12,1	2,0

Wir bekommen Werte, die mit den früheren (S. 35) übereinstimmen, relativ geringe Steigerung der Psychrometerdifferenz, etwa 60 vH, starke Steigerung der „Evaporation am Psychrometer", etwa 900 vH.

Ehe wir auf die Diskussion der Ergebnisse eingehen, rechnen wir die Werte auf Verdunstung (3. Spalte der Tabelle 26) pro Minute und pro cm² um, errechnen die Zahl der Kalorien, die notwendig sind, um die jeweilige Menge Wasserdampf, die wir empirisch durch Wägung festgestellt haben, zu verdampfen, indem wir die Kalorienzahl 600 wählen, die uns approximative Werte liefert (4. Spalte der Tabelle 26). Die zugehörigen Psychrometerdifferenzen ermöglichen uns die Angabe der Größe des thermischen Austausches im Sinne von BROWN und ESCOMBE (1905, S. 74). Wir haben die Gleichung

$$\frac{n\text{-Kalorien der Verdunstung}}{x\text{-Kalorien des Austausches} } = n°\,\mathrm{C}\ \text{Psychr.-Diff.,}$$

welche die in der 5. Spalte der Tabelle 26 enthaltenen Werte ergibt.

Tabelle 26.

		Verdunstung pro Minute und pro cm² in g	Kalorien-zahl	Kalorien des thermischen Austausches pro 1° Wärme-überschuß
Wind m/sek.	Ruhe	0,00033	0,200	0,105
	1,3	0,0018	1,100	0,355
	2,8	0,0023	1,400	0,437
	7,3	0,0032	1,900	0,596

Die graphische Darstellung (Abb. 19) dieser Zahlen, die wir so wählen, daß sich die 3 Kurven der Psychrometerdifferenz, des thermischen Austausches

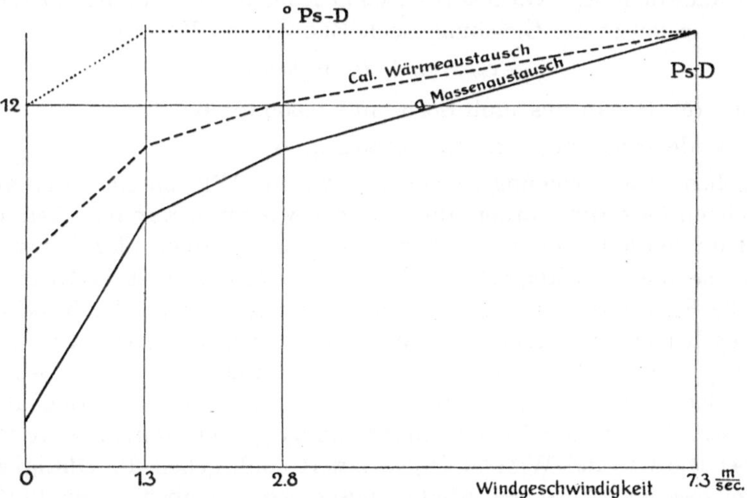

Abb. 19. Massen- und Wärmeaustausch und Psychrometerdifferenz bei der Verdunstung unter verschieden starker Luftbewegung. Vgl. Abb. 58.

und der *g*-Wasserverdunstung, in dem Punkte der starken Luftbewegung schneiden, zeigt uns am deutlichsten die Verhältnisse auf, die am Psychrometer in Ruhe und im Winde walten. Die Darstellung ist unter dem Gesichtspunkte, daß die bewegte Luft die normalen Bedingungen für Massenaustausch und Energieaustausch liefert, gewählt worden. Es ergibt sich ohne weiteres, daß die Verdunstung in *g* ausgedrückt im Winde eine starke Steigerung erfährt, somit in Ruhe um das feuchte Thermometer sich eine Dampfhaube bildet, welche die Verdunstung herabsetzt. Trotz dieser geschwächten Verdunstung stellt sich das feuchte Thermometer so tief ein, daß eine Verdunstungssteigerung diese Tempe-ratur nur um etwa 60 vH erniedrigen kann, während doch die Ver-dunstung um das 9 fache zunimmt. Mußten wir oben die Frage noch offen lassen, ob das feuchte Thermometer in Ruhe eine der Verdunstung proportionale Einstellung hat, oder im Winde, können wir nun an Hand der thermischen Austauschwerte einen Entscheid fällen. Sind Zahl der C^0-Abkühlung und Verdunstungsmenge im Winde proportional, so ist das Thermometer in Ruhe unterkühlt, die Psychrometerdifferenz also zu groß, oder aber sind die beiden Größen in Ruhe proportional, so ist die Differenz im Winde zu klein. Die thermischen Austauschwerte sind nun aber keineswegs konstant, sondern sie wachsen mit zunehmender Luftbewegung.

Die von BROWN und WILSON (1905) angegebene Formel des Wärmeaustausches e für 1^0 C Temperaturerhöhung in der Abhängigkeit von der Windgeschwindigkeit dürfte nur innerhalb sehr enger Grenzen gelten. Bezeichnet man den Wärmeaustausch in Ruhe mit e_r und den im Winde mit e_w, so lautet die Gleichung nach BROWN und WILSON

$$e_w = e_r + (k. \text{ m/sek.})$$

k wird für Helianthus multiflorus mit 0,000 171/60,

für Liriodendron tulipifera mit 0,000 174/60

angegeben. Die Gleichung ist von BROWN und WILSON empirisch auch zureichend bestätigt worden, doch werden wir im 3. Kapitel sehen, daß die Befunde die Gleichung nicht befriedigen. Von den pflanzlichen Systemen sei hier ganz abgesehen. Für das Psychrometer ist die Gleichung auf alle Fälle unzureichend. Rechneten wir auf Grund der Tabelle 26 auf den Ruhewert e bezogen die Werte von k bei bewegter Luft aus, so ergäbe sich keine Konstante. Die Gleichung muß höheren Grades sein und es ist die Sache des Physikers die Austauschwärmen mathematisch zu fassen. Die physikalischen Untersuchungen von CRICHTON-MITCHELL, die bei BROWN und WILSON (1905) zitiert sind, geben die Gültigkeitsgrenze des NEWTONschen Abkühlungsgesetzes (s. oben). Die Luftabkühlung wirkt direkt proportional der Windgeschwindigkeit, bei 5 m/sek. Die Form, die Größe des Systems und dergleichen mehr Faktoren bestimmen die Grenzen des Gesetzes. In welchem Maße die pflanzlichen Systeme diesem unterworfen sind, wird sich im 3. Kapitel zeigen.

Eine Fundamentalforderung muß aber vor allem erfüllt sein, daß der Wärmeaustausch sich so vollzieht, daß das Potential der thermischen Unterschiede unmittelbar an die Oberfläche der Thermometerbulbe selbst fällt, da wir ja den Unterschied zwischen der Verdunstungsabkühlung und der Luft eruieren wollen. Die aus der Verdunstung resultierende Abkühlung des Thermometers teilt sich auch der näheren Umgebung mit, so daß die um das Thermometer befindliche Luft kühler ist, als die Luft am trockenen Thermometer. Der Wärmeaustausch vollzieht sich also nicht direkt von der Temperatur des trockenen Thermometers zu der Temperatur des feuchten Thermometers, sondern er findet statt zwischen einer niedrigeren Temperatur, als das trockene Thermometer anzeigt und der Temperatur des feuchten Thermometers. Bei dem Massenaustausch müssen wir in Ruhe die Existenz einer Dampfhaube beachten, im Energieaustausch aber die Existenz einer Potentialerniedrigung. Zu diesen Annahmen zwingen uns die Ergebnisse der Versuche mit dem Psychrometer. Nur in bewegter Luft haben wir somit brauchbare, physikalisch einfache Zustände. Die Luftbewegung muß hinreichend stark sein, daß sich im Massenaustausch keine Dampfhaube als Widerstand zu bilden vermag, im Energieaustausch sich nicht eine Potentialerniedrigung durch Unterkühlung geltend macht[1]. Erfüllt ist diese Forderung, wenn die Kurven der Psychrometerdifferenz, des thermischen Austausches und des Massenaustausches eine Parallelität zur Abszisse aufweisen, was in unserem Falle zureichend der Fall war. Die Forderung der Psychrometerventilierung zur Bestimmung der wirklichen Luftfeuchtigkeit ist diesen Ausführungen gemäß folgerichtig, wenngleich mit der Korrektion des Faktors A in der Psychrometerformel, der mit steigendem Winde sich verkleinerte, eine Reduktion auf die Zustände in Ruhe angestrebt wurde. Die Ausführungen von SCHUBERT stehen mit den gewonnenen Ergebnissen in vollem Einklange.

In der Formel

$$-k\,(E_{\mathrm{1}}-e)=l\,(t-t_{\mathrm{1}}),$$

worin l und k Koeffizienten darstellen, in den hauptsächlich die Wirkung des Windes zum Ausdruck kommen soll, wird es von Vorteil sein, empirisch zu ermitteln, wie groß diese Koeffizienten in Ruhe und bei den einzelnen Windgeschwindigkeiten sind. SCHUBERT versucht die Geschwindigkeit der Verdunstung bei der Temperatur t, die auch das feuchte Thermometer besitzt, als Maß der Verdunstungskraft anzugeben.

In den folgenden Versuchen ist die Kurve der Abkühlung bei Ruhe und verschiedenen Windgeschwindigkeiten ermittelt worden. Die Methode wird später beschrieben, hier nur das Ergebnis.

Pappstücke von 2 cm Durchmesser, die in Wasser, dessen Temperatur über der Zimmertemperatur lag, durchtränkt worden waren (etwa 5°) sind der Verdunstung überlassen worden, wobei die Temperaturänderung mittels geeigneter thermoelektrischer Apparatur automatisch registriert wurde (s. S. 130 ff.). Die Pappstücke hatten also zu Beginn der Versuche eine höhere Temperatur als die Zimmertemperatur war, durch die Abkühlung nach dem NEWTONschen Abkühlungsgesetz und der Verdunstungskälte setzte eine Temperaturerniedrigung ein, die automatisch registriert mit intermittierender Feststellung der Zimmertemperatur die

---

[1] Darauf beruht mutatis mutandis auch das Geheimnis des Blasens eines Löffels heißer Suppe. In erster Linie wird dabei die warme Luft hinweggeblasen, so daß die Abkühlung viel rascher erfolgt.

Tabelle 27.

Nach n Sekunden	Abkühlung in C⁰		
	Ruhe	Windgeschwindigkeit	
		$1,3\,\dfrac{m}{sek.}$	$3,7\,\dfrac{m}{sek.}$
8 sek..	0,55	1,82	4,1
	I	3,3	7,5
16 sek..	1,05	3,27	6,17
	I	3,1	5,9
32 sek..	1,82	5,55	8,36
	I	3,0	4,6
48 sek..	2,46	7,09	9,55
	I	2,8	4,0
90 sek..	4,27	9,45	11,0
	I	2,2	2,5
Psychrometerdifferenz nach beliebiger Zeit	8	10	11
	I	1,25	1,37

zusammengestellten Diagramme der Abb. 20 lieferte. R bedeutet den Kurvenverlauf in unbewegter Luft, die beiden anderen Kurven sind die

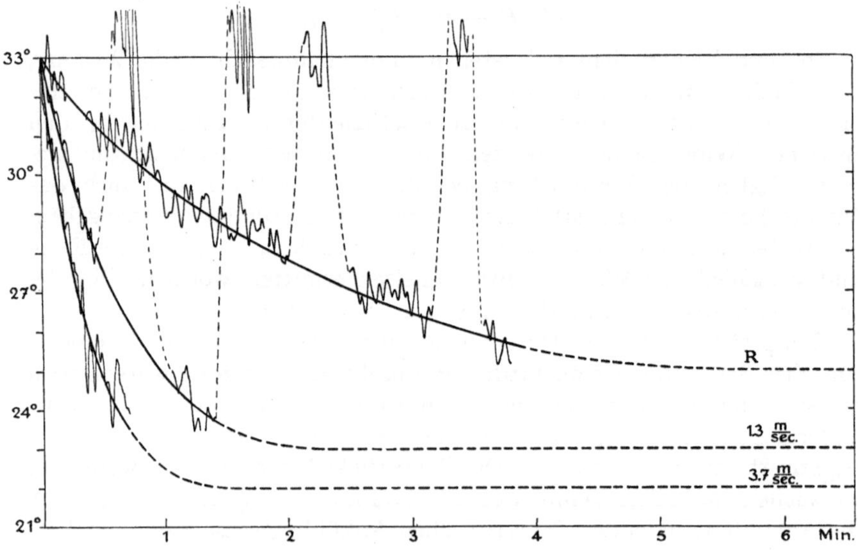

Abb. 20. Abkühlungskurven wasserdurchtränkter Pappstücke in unbewegter und bewegter Luft. Thermoelektrische Registriermessung. Siehe Tabelle 27.

Aufnahmen des Temperaturabfalles bei 1,3 m/sek. und 3,7 m/sek. Windgeschwindigkeit. Auf der Abszisse sind die Minuten angegeben, der Ordinate sind die C⁰ zugeordnet. Die konstruierten Endpunkte der

Kurven geben die tatsächlichen Psychrometerdifferenzen an. Es ist leider nicht möglich in kurzer Zeit sämtliche Kurven 6 Minuten lang aufzunehmen, oder mindestens so lange, bis sie in die Horizontale übergehen, da sich bei der Luftventilierung die Temperaturen ändern, was nicht erwünscht ist. Andere Aufnahmen über längere Zeiträume gaben die Berechtigung der gestrichelten, eingetragenen Verlängerungen, bei denen aber innerhalb der verstrichenen 20 Minuten der Versuchsdauer Psychrometerdifferenzveränderungen von nahezu 1^0 auftraten.

Es ist nun vor allem zu beachten: Je größer die Windgeschwindigkeit, desto steiler ist der Kurvenabfall, und desto eher wird die Kurve parallel der Abszisse. Mit der Parallelität ist aber zugleich die endgültige Psychrometerdifferenzeinstellung gegeben. Betrachten wir den Idealfall, wo die Kurve senkrecht zur Abszisse abfällt, die Geschwindigkeit der Verdunstung bei t also groß ist, daß nach unendlich kurzer Zeit so schon eine Parallelität zur Abszisse auftritt, so ist die Psychrometerdifferenz gleich der Verdunstungsgeschwindigkeit. Wir können also um so eher die Verdunstungsgeschwindigkeit gleich der Psychrometerdifferenz setzen, je stärker die Belüftung des Psychrometers ist. In Ruhe messen wir viel geringere Werte der Verdunstungsgeschwindigkeit als Psychrometerdifferenzen. Das von SCHUBERT angegebene Beispiel spricht ganz in unserem Sinne. Ist die Verdunstungsgeschwindigkeit im Winde bei $t=5{,}75$, so ist die Psychrometerdifferenz $5{,}7$, in Ruhe ist die Geschwindigkeit $1{,}05$, die Differenz aber $1{,}9$. Mit einem genügend stark ventilierten Psychrometer bekommen wir direkt brauchbare Werte für die Verdunstungsgeschwindigkeit. Wir können in der Formel von SCHUBERT

$$k\,(E_1 - e) = l\,(t - t_1)$$

l und k in starkem Winde $= 1$ setzen, niedrigere Werte müssen wir ihnen in schwachem Winde zuordnen, die kleinsten Werte aber in Ruhe, um die tatsächlichen Verdunstungsgeschwindigkeiten richtig anzugeben.

Die Erwägungen von HUBER (1924 u. 1926)[1] sind also völlig un-

---

[1] Eine Diskussionsbemerkung von Herrn B. HUBER bei meinem Vortrag über die Transpirationsmessungen der ökologischen Pflanzentypen auf energetischer Grundlage (Ber. d. Bot. Ges. Bd. 46, 1928 S. [18]) auf der Tagung der deutschen Botanischen Gesellschaft in Bonn 1928 zwingt mich hier zu folgender Erklärung: Die Zustandsbedingungen am Psychrometer benutzte ich als Ausgangspunkt meiner Untersuchungen, wobei ich die Unzulässigkeit der Psychrometerdifferenz als Verdunstungsmessung auseinandersetzte. Das einfache System des Psychrometers war mir Grundlage zur Analyse der Transpirationsenergetik. HUBER (1924) hat das Psychrometer als Verdunstungsmesser im Sinne von ULE (s. o.) in die ökologischen Transpirationsmessungen aufzunehmen versucht, ohne dabei die Wirkung des Windes auf Evaporimeter und Psychrometer richtig zu deuten Die viel stärkere Verdunstungssteigerung des Piche-Evaporimeters gegenüber der kaum sich ändernden Psychrometerdifferenz führte er auf ein Herausschleudern von

richtig. Eine Übereinstimmung von Werten der Psychrometerdifferenz und der Verdunstungsgeschwindigkeit in *Ruhe* sagt in keiner Weise etwas darüber aus, ob die Psychrometerdifferenz in *Ruhe* zu gebrauchen ist oder nicht, höchstens, daß immer derselbe Fehler auftritt. Gerade umgekehrt als HUBER die Forderung stellt, muß verlangt werden, daß in Ruhe das Psychrometer nicht als Verdunstungsmesser gebraucht werden kann, wohl aber in bewegter Luft. Es hat wenig Sinn die Verdunstungsgeschwindigkeit mit einem beliebigen Instrument in ruhiger Luft zu messen, um damit einen Maßstab für die Verdunstung von pflanzlichen Systemen zu bekommen. Bestimmt werden kann lediglich die Verdunstungsgeschwindigkeit von einem gut definierbaren physikalischen System im *Winde*, so daß ausscheiden die Wirkungen von: Dampfkuppenbildungen, Potentialerniedrigungen von thermischen Austauschen, Absättigungen, Zustände von Form und Lage der Systeme; kurzum es muß sozusagen die Verdunstung aus einem punktförmigen System erfolgen. In praxi ist dies um so eher verwirklicht, je stärker der Wind ist und je kleiner das System gewählt wird. Damit scheidet das Problem der Verdunstung in Ruhe und Wind als physikalische Messung aus und die Frage bleibt nur, wie verdunsten pflanzliche Systeme in ruhiger und bewegter Luft, deren Zustände wir mit physikalisch richtiger Methode hinsichtlich der Verdunstungsgeschwindigkeit (d. h. im Winde) geprüft haben.

Tabelle 28.

Abstand in mm	0	1	2	5	10	15	25	50	100	
Ruhe	25,3	26,5	—	28	30,8	—	34,6	34,3	—	Temp. in C°
Wind { Luvseite . . .	24,3	29,7	33,7	34,5	35	—	—	—	—	
Wind { Leeseite . . .	24,5	—	27	29	30,2	31,4	32,0	32,8	34,0	

Daß die Auffassung zu Recht besteht, daß um die feuchte Thermometerbulbe des Psychrometers sich nicht nur eine Dampfhaube bildet,

---

Wassertropfen aus dem Evaporimeter zurück. 1926 versuchte HUBER eine Richtigstellung, indem er auf die Untersuchungen von SCHUBERT (s. o.) bezug nimmt. In der ersten Arbeit bildete HUBER einen Quotienten Evaporation/Psychrometerdifferenz, der mit Ausnahme der ‚ungültigen Windwerte' ziemlich gut konstant war. In der zweiten Publikation wird aber ein Quotient Abkühlungsgeschwindigkeit/Psychrometerdifferenz gebildet, mit der Erklärung, daß das Psychrometer wohl in Ruhe, nicht aber im Winde zu Verdunstungsbestimmungen verwendet werden könnte. Auf diese Auffassung näher einzugehen ist nun überflüssig, da wir oben bereits eine ausführliche Darstellung der Verdunstung am Psychrometer gegeben haben. Herr HUBER warf mir Literaturunkenntnis vor, weil ich die unrichtige Behauptung seiner zweiten Publikation nicht grundlos unerwähnt ließ. Auf Grund meiner vorliegenden Untersuchungen muß ich meine Entgegnung aufrecht erhalten, daß mit der zweiten Publikation die erste nicht richtig gestellt worden ist, und mit Entschiedenheit den unberechtigten Vorwurf zurückweisen.

sondern zugleich eine abgekühlte Luftschicht sich erhält (in unbewegter Luft), konnten einwandfrei folgende Versuche entscheiden. Ausgeführt wurden dieselben mit der thermoelektrischen Apparatur, die wir später beschreiben werden. Während ein Thermoelement die Temperatur des trockenen Thermometers anzeigte, gab ein anderes, mit dem ersten übereinstimmendes, die Temperatur des feuchten an. In dem Versuch der Abb. 21 war die Temperatur des feuchten Thermometers 25,3. Ist das Element von dem Thermometer entfernt worden und in den verschiedenen Abständen

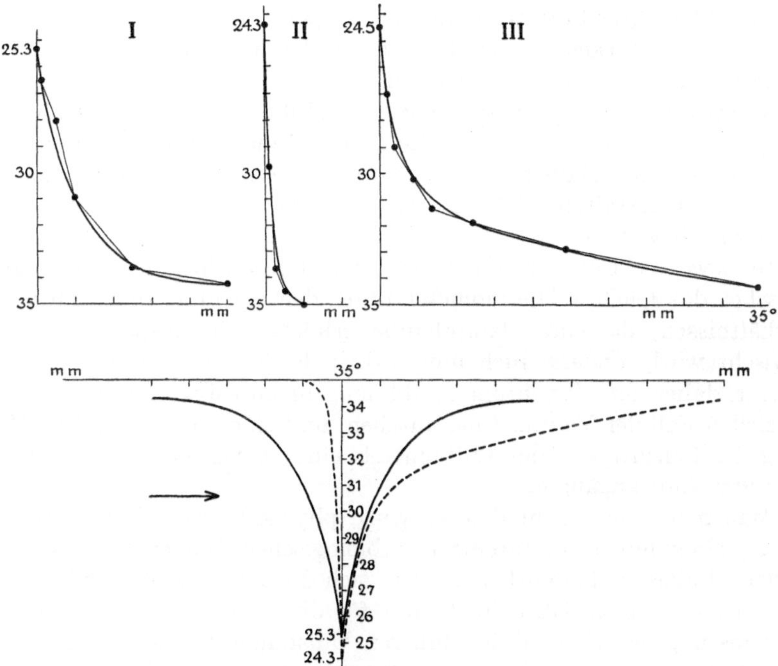

Abb. 21. Temperaturmessungen der das feuchte Thermometer umgebenden Luft in verschiedenen Abständen. Die Abstände sind in mm abgetragen.

(Tab. 28), die auf der Abszisse in Millimeter angegeben sind, die Temperatur der Luft ermittelt worden, so ergaben sich die in der Abb. 21, I angegebenen Werte, die durch die Kurve miteinander verbunden werden. Der Versuch ist mehrmals wiederholt worden und die Messung fand auf mehreren Seiten des feuchten Thermometers statt. Es unterliegt gar keinem Zweifel, daß die Luft in der Nähe der verdunstenden Thermometerfläche unterkühlt ist. Der Temperaturanstieg ist keineswegs proportional der Entfernung von dieser, vielmehr fällt die Kurve bis zum 2. mm sehr steil. Führen wir nun den Versuch in einem Winde von 3,7 m/sek. aus, so müssen wir die Temperatur der Luft auf der Luv- und Leeseite der Bulbe messen.

Die Abb. 21 II zeigt uns die Temperaturverhältnisse auf der Luvseite, während die Abb. 21 III diese auf der Leeseite wiedergibt. Ohne weiteres ist zu erkennen, daß durch die Luftbewegung die Temperatur der Luft, die eigentliche Außentemperatur dem Thermometer zugeführt wird, was sich nicht nur in einer Psychrometerdifferenzerhöhung ausdrückt (die Temperatur des feuchten Thermometers fällt von 25,3 auf 24,4 [Mittelwert]), sondern auch im Verlauf der Temperaturanstiege der umgebenden Luftschichten äußert. Der Temperaturanstieg auf der Luvseite ist ein wesentlich stärkerer im Bezug auf den Abstand 1 mm, als bei dem Versuch in unbewegter Luft, während die Temperaturkurve auf der Leeseite einen weniger starken Anstieg besitzt. In der Abb. 21 sind die Kurven sinngemäß zusammengestellt worden. Die ausgezogenen Kurven geben die Temperaturanstiege in den einzelnen Millimeter-Zonen in Ruhe an, die gestrichelten die in bewegter Luft. Die Windrichtung ist durch den Pfeil angegeben. Bildlich gesprochen wird durch die Luftbewegung die symmetrisch gestaltete „Kältehaube" der unbewegten Luft einer Rauchfahne gleich weggeweht.

In bewegter Luft ist somit nicht nur hinsichtlich des Massenaustausches das feuchte Thermometer unter den eigentlichen, natürlichen Verhältnissen, da eine Dampfhaube erhöhter Dampfspannung weggewischt wird, sondern auch hinsichtlich des Energieaustausches. Wir müssen daher eine Psychrometerablesung in unbewegter Luft als ganz speziellen Fall der Verdunstung ansehen, und eine absolut richtige Messung der Feuchtigkeit der Luft mittels eines Psychrometers ist nur in bewegter Luft angängig.

Man mache mir nicht den Vorwurf, physikalische Spitzfindigkeiten einer unbekümmerten, tatenfrohen biologischen Wissenschaft als unnötigen Ballast aufzubürden, wird es sich doch aus den folgenden Ausführungen ergeben, daß es nicht nur für die einwandfreie Messung der Verdunstungsverhältnisse der äußeren Umstände unerläßlich ist, diese Umstände zu beachten, sondern daß auch allein schon die Analyse des Transpirationsprozesses Einblick in den Massenaustausch und den Energieaustausch zugleich verlangt.

Hier sei aber schon künftigen Untersuchungen ein Weg gewiesen, der auf Grund der Versuchsergebnisse dieses Kapitels viel Erfolg verspricht.

Eine Messung der „Verdunstungskraft" ist für Transpirationsmessungen sinnlos, die genaueste Bestimmung des Wasserdampfgehaltes der Luft aber erste Forderung, wobei das ventilierte Psychrometer als Meßinstrument ausreichend ist. Ob die „Verdunstungskraft" mit einem Psychrometer oder einem Glas Wasser bestimmt wird, bleibt sich im Grunde gleich — die Systeme sind willkürlich gewählt; ihre Zustände und Reaktionen auf transpirierende Blätter nicht übertragbar. Neben den Messungen des Dampfdruckes der Luft, sind alle anderen, die Transpiration funktionierenden Faktoren quantitativ zu bestimmen, um zu wissen unter welchen äußeren Bedingungen die Transpiration stattfindet. Sind diese Faktoren hinreichend genau bestimmt, so wird die Transpirationsanalyse erfolgreich betrieben, wenn nunmehr außerdem die physikalischen Zustände des pflanzlichen Systems möglichst genau bestimmt werden.

Die Kenntnis der anatomischen Differenzierung mag ein Schlüssel für viele Fragen sein, vor allem aber müssen die physiologischen Leistungen quantitativ meßbar werden. Die Definition der physikalischen Zustände im und am Blatte selbst, als da sind: Temperatur, Dampfspannung, Diffusionswiderstand, unter denen die physiologischen Prozesse sich abspielen, müssen aber vorausgesetzt werden. Wenn die Versuchsanordnung so günstig ist, daß das *Blattsystem als „Psychrometer spezieller Konstitution"* gelten kann, sind wir schon ein gutes Stück in der Analyse fortgeschritten. Zu diesem Fortschritt suchte das 3. Kapitel beizutragen. Von vielen Seiten wird heute die physiologische Komponente erfolgreich bearbeitet und der Kolloidchemie ist mit der Stomataregulation ein Neuland geschaffen.

Das folgende 2. Kapitel enthält die Versuche über den Massenaustausch des Wasserdampfes bei den pflanzlichen Systemen, ohne Berücksichtigung der energetischen Seite des Vorganges. Es mußte zuerst eine Reihe von physikalischen Grundfragen mit umfangreichen Versuchen gelöst werden, so daß bei diesen Versuchen selbst die geforderte, vollständige Transpirationsanalyse noch nicht zu verwirklichen war. Die in diesem Sinne gemachten Untersuchungen sind im 3. Kapitel in Angriff genommen worden, als Auftakt zu künftigen Arbeiten.

Zweites Kapitel.

Der Massenaustausch der pflanzlichen Transpiration.

A. Einleitung.

Die Untersuchungen der physikalischen Grundlagen der pflanzlichen Transpiration sind in den letzten Jahren so gefördert worden, daß es mir nicht zu gewagt schien, die exakte Analyse der physikalischen Transpirationskomponente an pflanzlichen Systemen selbst in Angriff zu nehmen, zumal durch die vorliegende Arbeit weitere Einsicht in die physikalischen Zustände der Verdunstung ermöglicht wurde. Jeder Untersucher, der mit einigermaßen gut definierbaren physikalischen Modellsystemen Verdunstungsversuche ausgeführt hat und dabei die Erfahrung gewann, wie schwierig und mühsam die Gewinnung zuverlässiger, quantitativer Werte ist, entschließt sich ungerne, schwer definierbare pflanzliche Systeme einer exakten Transpirationsanalyse zu unterwerfen. Diese Einstellung erscheint dem Ökologen sehr sonderbar, der ohne Bedenken die Pflanzen an Ort und Stelle untersucht, was ganz berechtigt ist. Nur erscheinen aus solchen Versuchen abgeleitete Hypothesen dem Laboratoriumsphysiologen keineswegs ohne weiteres als richtig und meines Erachtens können *Theorien* über *physiologische Leistungen* nur im Laboratorium entschieden werden, denn mindestens müssen die Faktoren, unter denen die Transpiration stattfindet, definierbar, am besten konstant sein, um den verworrenen Knäuel der Zustände pflanzlicher Transpiration ein wenig entwirren zu können. STOCKER (1923), ein vorsichtig urteilender Ökologe, spricht selbst die Ansicht aus, daß „zur formelmäßigen Festlegung der Abhängigkeit der Transpiration wie auch der Evaporation von physikalischen Faktoren", der Weg „über exakte Laboratoriumsversuche führen muß". Die formelmäßige Festlegung heißt aber die Rekonstruktion von Versuchsresultaten ermöglichen können, wozu vor allem die genaueste Kenntnis aller Einzelfaktoren und ihre Wirksamkeit erste Bedingung ist.

Beispiele aus der Physik und Chemie ließen sich zur Genüge anführen, daß eine Analyse schrittweise gemacht werden muß, so daß man nicht etwa die elektrische Leitfähigkeit eines Drahtes, die von der Temperatur abhängig ist, auf freiem Felde untersucht.

Die Ökologie hat natürlich eigene Fragestellungen, ihr aber eigene *Untersuchungsprinzipien* zuzuerkennen, ist in keiner Weise gerechtfertigt, es sei denn, daß man philosophisch roh, Prinzip und Methode identifiziert. Einigen sich Physiologen und Ökologen oder um die Gegensätzlichkeiten verschiedener Einstellungen noch deutlicher zu machen, Transpirationstheoretiker und Kulturpflanzenzüchter auf die einfache Formulierung des Transpirationsproblems: Abgabe von Wasserdampf, so liegen alle Unterschiede nur in den Fragestellungen und in den Untersuchungsmethoden. Hält die Ökologie den analytischen Weg des Physiologen für richtig, so ist die Ungeduld des Ökologen, der auf die langwierigen Versuchsergebnisse der Laboratorien nicht warten kann, nicht dazu angetan, weittragende Hypothesen auf ungenauen Versuchen aufzubauen, die sich über exakte Daten hinwegsetzen. Wie häufig voreilige Spekulationen gegen mühsame Forschung eingetauscht wurden, muß nicht lange erst bewiesen werden.

Es lag nicht in meiner Absicht, mit dem folgenden umfangreichen Material sämtliche ökologischen Hypothesen zu revidieren, sondern die physikalische Transpirationsanalyse zu fördern. Die absoluten Transpirationswerte konnten aber zugleich eine Entscheidung in der Transpirationsfrage ökologischer Pflanzentypen bringen, die heute im Mittelpunkte der pflanzlichen Erforschung steht. Sind doch die ökologischen Pflanzentypen die speziellen Systeme pflanzlicher Gestaltung des Physiologen. Die Kritik von ökologischer Seite wird mit Nachdruck die vorliegenden Daten als „Laboratoriumsversuche" hinstellen und ihnen jede Gültigkeit „unter freiem Himmel" absprechen. Wenn von mir aber trotzdem im folgenden Kapitel auf Grund der vorliegenden Versuchsergebnisse und denen anderer Untersucher eine Verteidigung der Xerophytentheorie SCHIMPERS contra MAXIMOW unternommen wird, so war die Absicht nicht, Ökologie zu treiben, wozu mir die Berechtigung a priori fehlt. Da die Theorien von SCHIMPER und MAXIMOW aber in erster Linie sich mit der physikalischen Komponente der Transpiration befassen, war mir ein Umgehen der Theorien nicht möglich. Ohne weitere Umschweife sollen die Versuche selbst geschildert werden, die sich mit dem Massenaustausch der Transpiration befassen. Die energetische Seite der Transpiration wird im folgenden Kapitel gesondert behandelt.

B. Methodik der Versuche.

Die Experimente sind fast ausnahmslos in dem Versuchszimmer ausgeführt worden, wo die physikalischen Untersuchungen gemacht wurden, die im vorhergehenden Kapitel beschrieben sind. Das Zimmer diente zugleich mit der nötigen Apparatur den thermoelektrischen Messungen, worüber im folgenden Kapitel näher zu berichten ist. Die Außenbedingungen waren nahezu konstant (s. S. 133), wenn andere Bedingungen als die gewöhnlichen herrschten, so erfolgte eine kontinuierliche Messung, die bei den Einzelversuchen wiedergegeben werden. Außer der elektrisch-automatisch regulierbaren Heizung befanden sich 2 Tageslichtlampen von 500 W/220 V, die in etwa 2 m Entfernung von den Versuchspflanzen zum Leuchten gebracht werden konnten. Ein Windmotor, der Druckluft lieferte, mit Widerstandsvorschaltung von 3,8 m/sek., 5,5 m/sek. und 11 m/sek. in etwa 1 m Entfernung vom Windflügel, ergab in den BLACKMAN-KNIGHTschen Windkasten eingesetzt mit Saugluft geringere Windgeschwindigkeiten, max. 7,5 m/sek. Die Windgeschwindigkeit ist mit einem Schalenkreuzanemometer, so oft es nötig war, kontrolliert worden. Geringe Schwankungen, die vor allem durch starke Beanspruchung des Leitungsnetzes verursacht sein mochten, entgingen der Messung. Sie fallen aber nicht ins Gewicht, da 1. eine große Menge von Transpirationsbestimmungen im Winde gemacht wurden, und die Einflüsse innerhalb der Fehlergrenzen liegen, und 2. was als Ergebnis der Arbeit vorweggenommen sei, aber hinsichtlich der Befunde im Abschnitt E, S. 39 ganz verständlich erscheint, spielt es bei pflanzlichen Systemen gar keine Rolle ob die Luft ein wenig mehr oder weniger stark bewegt ist.

Um brauchbare Transpirationswerte zu erhalten, schien mir hinsichtlich der großen individuellen Verschiedenheit der Pflanzen eine Versuchsanlage auf breiter Basis vor allem erforderlich. Wie notwendig es ist, möglichst viele Pflanzen einer Art in den Versuch mit aufzunehmen, ist aus den Versuchsergebnissen ersichtlich. Auf Grund der Transpirationsraten einer einzigen Pflanze ist es einfach ganz unmöglich die Transpirationsstärke *einer Pflanzenart* anzugeben, was gar mancher Untersucher ohne Bedenken tat. Da die Versuchsbedingungen nahezu völlig konstant waren, ist ein Vergleich der verschiedenen Pflanzen, die nicht gleichzeitig untersucht wurden, statthaft. Die meisten Versuche sind von Januar—April ausgeführt worden, außer einigen ergänzenden im Mai und Juni.

Die Abwägung auf einer analytischen Wage auf 5 bzw. 10 mg genau, je nach der absoluten Höhe der Transpirationsbeträge, fanden in verschiedenen Intervallen statt. Die Umrechnung auf 1 stündige Transpirationsraten pro 100 cm², schien des Vergleiches wegen vorteilhaft und ist auch in die meisten graphischen Darstellungen aufgenommen worden. Doch muß hier nachdrücklichst betont werden, daß eine solche Umrechnung nur zulässig ist, wenn man nicht auf die Erfassung der physiologischen Komponente der Transpiration ausgeht. Transpiriert beispielshalber eine Pflanze in 15 min $x\,g$, so ist eine Berechnung auf 1 Stunde $4\,x\,g$ nicht ohne weiteres richtig, weil sich bei physiologischer Regulation tatsächlich wesentlich andere Werte ergeben können. In den graphischen Darstellungen ist zugunsten eines einfachen Vergleiches verschiedener Pflanzen untereinander die Abszisseneinheit jeweils angegeben.

Desgleichen ist eine Umrechnung auf 100 cm² Blattfläche ebenso in allen Fällen zu beanstanden, wo die Kutikulärtranspiration sehr stark ist, der Transpirationsexponent

$$n = \frac{2 \log T}{\log F} < 2$$

wird. Wie heute allgemein üblich, wurde als Oberfläche Ober- und Unterseite gleichwertig in Rechnung gesetzt, was völlig zulässig ist, da bei etwaiger verschiedener Transpiration von Ober- und Unterseite sich bereits eine Baueigentümlichkeit ausdrückt, die als Transpirationswiderstand aufzufassen ist. STOCKER und andere wählten auch diese Oberflächenwertung. Stengel, Sprosse und dergleichen sind je nach dem Grade der Holzung in die Oberflächenbestimmung mit einbezogen worden, in den meisten Fällen liegt eine völlige Vernachlässigung innerhalb der Fehlergrenze. Für unsere Untersuchung kommt naturgemäß nur eine Berechnung der Transpiration auf die Flächeneinheit in Betracht, wenngleich damit nicht gesagt sein soll, daß andere Berechnungen keinen Sinn hätten. Hier handelt es sich aber darum, in Erfahrung zu bringen, wie die einzelnen Systeme als Transpirationswiderstände wirken und dies läßt sich mit keiner anderen Bezugseinheit besser approximativ ausdrücken als mit der Berechnung der Flächeneinheit. Bedenken liegen auf keinen Fall vor, daß die Oberflächeneinheit nicht als zuverlässiges Maß dienen könnte, weil die Größe und die Form der Blätter bei einer Oberflächenberechnung ganz außer acht bleibt. Die Auffassung von BENECKE (1923), daß die Form und die Größe der Blätter in bewegter Luft für die Transpirationshöhe ganz gleichgültig ist, besteht ganz zu recht, wahrscheinlich wird auch in ruhiger Luft die Blattform keinen wesentlichen Einfluß auf die Transpiration haben. Versuche mit Pappmodellen können auf Blattsysteme nicht ohne weiteres übertragen werden!

Ein weiterer Umstand ist außerdem noch zu beachten. Die Versuchsanordnung verlangt Pflanzen, bzw. Pflanzenteile ganz bestimmter Größe, die vielleicht sogar aus dem natürlichen Verbande einer einheitlichen Pflanzendecke herausgerissen werden. Was also für einen einzelnen Baumzweig in einem isolierten Versuchsgefäß gültig ist, muß nicht für die Zweige am Baume gelten, oder gar für den ganzen Baum. Eine Übertragung der Versuchsergebnisse ist nur statthaft, wenn die Außenbedingungen voll beachtet werden.

Die Analyse muß eine ganze Reihe von Abgrenzungen erfahren, was aber keineswegs ihren Wert beeinträchtigt. Es mag mit ein Grund sein, daß der Ökologe sozusagen unter den natürlichen Verhältnissen arbeiten will; doch er verzichtet dabei auf die schrittweise Eliminierung der Einzelfaktoren, die uns allerdings wichtiger und fruchtbarer erscheint als die komplizierte ökologische Methode. Da die physikalische Analyse der

Transpiration im Vordergrund stand, mußte die Wirksamkeit von Faktoren ausgeschaltet werden, die den Gang der Untersuchung unnötig erschwerten. Die pflanzlichen Systeme durften so vor allem nicht unter ungenügender Wasserversorgung stehen und soweit es möglich war, ist dafür auch Sorge getragen worden. Die unter Wasser abgeschnittenen und in Wasser eingetauchten Sprosse hatten genügend Wasser zur Verfügung. Nach HUBER (1923) können abgeschnittene Sprosse maximale Transpiration haben.

IWANOFF (1928) findet bei abgeschnittenen Sprossen wenigstens kurz nach dem Abschneiden eine Transpirationssteigerung, was auf der Verminderung der kapillären Zugspannung in den Gefäßen beruhen mag. Wie lange diese Transpirationssteigerung anhält, muß noch untersucht werden. Bei Pinus silvestris war eine Transpirationssteigerung um 27 vH, bei Picea excelsa um 34 vH und bei Quercus pedunculata um 20 vH festzustellen. Auf alle Fälle sind die ermittelten Werte, die mit abgeschnittenen Sprossen erhalten wurden, nicht herabgesetzt, zumal ein durch Wassermangel verminderter Wasserstrom zu den Transpirationssystemen kaum vorhanden sein dürfte. Im all-

Abb. 22. Versuchspflanze von Olea europaea, s. Versuch 4. Die Versuche des 2. Kapitels sind fast ausschließlich mit auf solche Weise präparierten Pflanzen ausgeführt worden.

gemeinen sind nur ganz turgeszente Pflanzen zu den Versuchen herangezogen worden. Weitere Untersuchungen müssen darüber entscheiden, ob mit oder ohne Einschränkungen die Versuchsergebnisse ökologisch verwertbar sind: die physikalische Analyse forderte die Wahl meiner Versuchsanordnung.

Soweit es möglich war, sind bewurzelte Pflanzen zu den Versuchen verwandt worden, Einzelangaben befinden sich bei den Versuchsprotokollen. Die bewurzelten Pflanzen standen mit dem natürlichen Erdwurzelballen in überschüssigem Wasser. Die Abdichtung der Gefäße mußte vollständig sein. Anfängliche Mißerfolge bei Versuchen machten mich darauf aufmerksam, daß die Gefäße zumal bei Windversuchen nur absolut dicht zu verwenden waren, da die unter Umständen geringen Transpirationswerte viel geringer sind als die durch geringe Undichtigkeit entstehende Gefäßverdunstung. Wenn nichts anderes bei den Versuchen vermerkt ist, befanden sich die Pflanzen bzw. Pflanzensprosse in kleinen Glasgefäßen mit folgenden Ausmaßen: Durchmesser 2,5 cm, Höhe 4 cm (Abb. 22). Mittels eines paraffindurchtränkten Korken war das Gefäß völlig dicht abzuschließen. Der Korken trug eine kreisförmige Öffnung geeigneter Weite, durch die der Sproß der Versuchspflanze geführt wurde. In vielen Fällen ist der Sicherheit halber zwischen Kork und Sproß ein Stückchen Gummischlauch eingelegt worden, damit bei Anwendung größerer Windstärken nicht ein kapillärer Zwischenraum zwischen Kork und Sproß sich bilden konnte. Die geringste Undichtigkeit wurde gleich zu Beginn der Versuche deutlich. Die Präparierung der Versuchspflanzen fand bei gewöhnlicher Zimmertemperatur statt; darauf wurden die Pflanzen in das etwa 32° temperierte Versuchszimmer gebracht, so daß die Dampfspannung genügend groß war, etwa am Sproß anhaftendes Wasser zwischen Kork und Sproß kräftig herauszutreiben. In einigen Fällen trat unglücklicherweise mitten in den Versuchen ein solcher Fehler ein, was bei den über lange Zeiträume ausgedehnten Versuchen sofort als Versuchsfehler zu erkennen war. Alle Einzelheiten und Erfahrungen, die im Laufe der Zeit gesammelt wurden, wiederzugeben, halte ich für überflüssig, da jeder Untersucher mehr aus der eigenen Erfahrung lernt als aus umständlichen Schilderungen. Erwähnt sei noch, daß krautige Pflanzen mit Kakaobutter abgedichtet wurden, da das warme Paraffin auf die Sproßgewebe ungünstigen Einfluß ausübte. Mehrere Wasserpflanzen mit zahlreichen Wurzeln sind mit Paraffinöl am zweckmäßigsten abgedichtet worden.

Die Versuche sind fast alle so ausführlich wiedergegeben, daß sie als Grundlage für weitere Untersuchungen dienen können. Eine größere Reihe von Vorversuchen konnte ohne Nachteil ausgeschieden werden. Die Berechnung der Transpirationsraten in: mg auf 100 cm² Blattfläche pro Stunde, sind als Windwerte fettgedruckt in den Tabellen verzeichnet, während die mit gewöhnlichem Druck eingesetzten Zahlen Ruhewerte bedeuten. In den graphischen Darstellungen sind die Windwerte mit einem ● angedeutet, so daß eine rasche Orientierung leicht fällt. Leider war es nicht möglich alle Darstellungen in einheitlichem Maßstab wiederzugeben, da die einzelnen Transpirationsraten zu sehr voneinander verschieden sind. Da bei jeder Abbildung die absoluten Größenordnungen angegeben sind, wird jedermann mit Leichtigkeit die einzelnen Darstellungen auch absolut miteinander vergleichen können.

C. Versuche.

1. Rhododendron hybridum hort.

Versuch 1.

Der erste Versuch mit pflanzlichen Systemen ist mit Sprossen von
Rhododendron hybridum angestellt worden. 5 Zweige sind vormittags
von einem und demselben Busch abgeschnitten worden. Ehe die Zweigstücke geeigneter Größe (Höhe etwa 6 cm, Zahl der Blätter
7—11) in die Glasgefäße präpariert wurden, fand ein erneutes
Abschneiden der Zweige unter Wasser statt. Nach der Präparation standen die Versuchspflanzen 3 Stunden lang an
dem natürlichen Standort. Der Versuch begann am 11. Januar 14 Uhr und dauerte ununterbrochen bis 12. Januar
15 Uhr. Die Abwägung geschah stündlich, die Windgeschwindigkeit betrug 3,7 m/sek. Die in der Tabelle verzeichneten Werte sind auf 100 cm² Blattoberfläche umge-

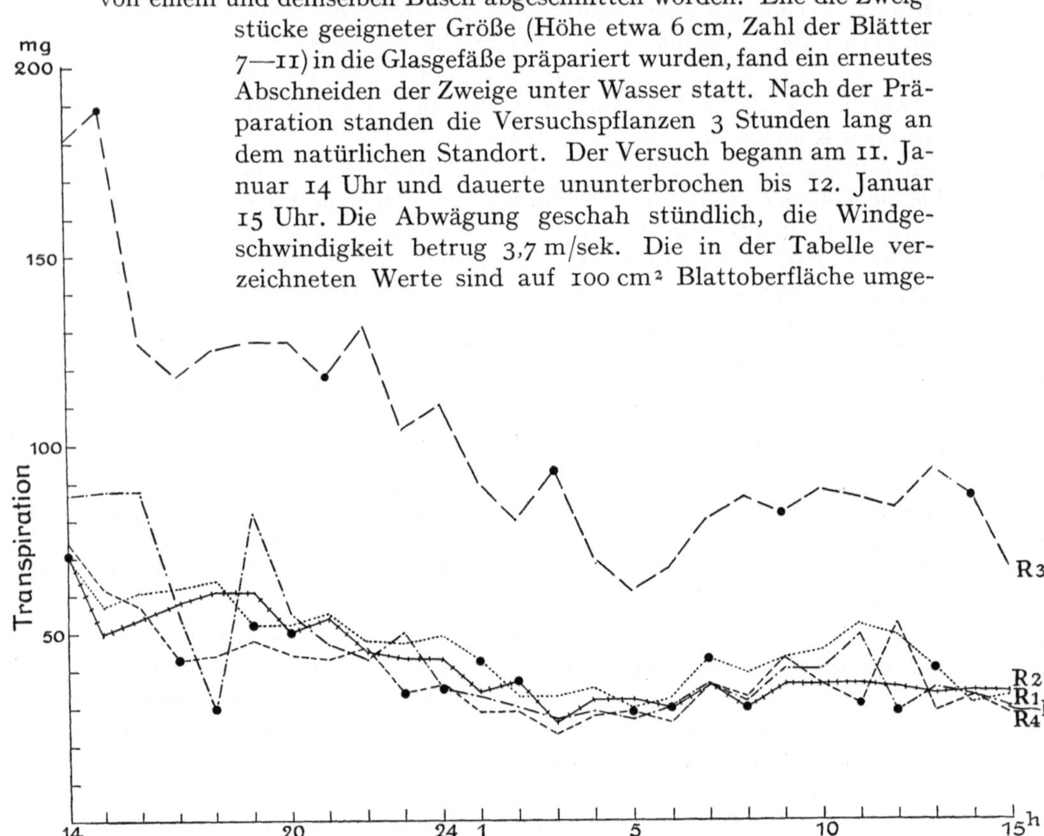

Abb. 23. Rhododendron hybridum. Transpirationsverlauf in Ruhe und Wind während 26 Stunden
(Abszisse). Auf der Ordinate sind die stündlichen Transpirationsraten in mg pro 100 cm² Blattfläche
abgetragen. Die ● bezeichneten Werte ergaben sich bei Einwirkung des Windes von 3,7 m/sek.
Geschwindigkeit. (Für die folgenden Abbildungen sind dieselben Angaben gültig.)

rechnet pro Stunde in mg. Die Zahlen der Tabelle und die graphische
Darstellung dieser zeigen, wie notwendig es ist, 1. eine große Zahl von
Pflanzen zu untersuchen und 2. den Gang der Transpiration möglichst
lange zu verfolgen. Weisen doch die einzelnen Pflanzen solche Unterschiede auf, daß man auf Grund des Transpirationsganges einer Pflanze

keine zuverlässigen Schlüsse ziehen kann. Einmal unterscheiden sich die Pflanzen schon ganz wesentlich in ihren absoluten Transpirationsraten. Die Ursache zu ermitteln lag nicht im Rahmen der Untersuchung, um einen Versuchsfehler handelte es sich nicht, da die Pflanze 3 mit der höchsten Transpiration bei einem Versuche im Freiland, Abb. 24, nicht mehr transpiriert als die anderen, aber hernach im Versuchszimmer ebenfalls wieder am meisten transpiriert.

Ein Blick auf die Abb. 23 genügt, um die Forderung zu rechtfertigen, daß der Einfluß des Windes auf die Transpiration nicht an Hand von einigen Versuchen studiert werden kann. Eine Reihe von Untersuchungen über den Einfluß des Windes auf die Transpiration geben nur 1 bis 2 Werte an, welche positiv oder negativ ausgewertet werden können[1]. Hätten wir beispielshalber Pflanze 5 um 17 Uhr in Ruhe untersucht, um 18 Uhr aber im Winde, so lautete das Versuchsergebnis: der Wind hemmt die Transpiration bei Rhododendron. Wäre dagegen Pflanze 3 um 2 Uhr in Ruhe untersucht worden und um 3 Uhr im Winde, so käme man zu einem ganz entgegengesetzten Resultat. Einwandfrei läßt sich

Tabelle 29.

Rhododendron hybridum. Tageslichtlampen $T\,27°$ rel. Feuchtgk. 35 vH.				
Pflanze: 1	2	3	4	5
71	72	181	74	87
57	50	**189**	62	88
61	54	127	57	88
62	58	118	**43**	64
64	61	125	44	**30**
52	61	127	48	82
52	**50**	127	44	55
55	54	**118**	43	47
48	45	131	46	43
47	43	104	**34**	50
49	43	110	36	**35**
42	34	90	29	33
33	**37**	80	29	30
33	26	**93**	23	27
35	32	70	28	29
30	32	61	**29**	27
32	30	67	26	**30**
43	36	80	36	36
39	**30**	86	33	32
43	36	**82**	43	40
45	36	88	36	40
52	36	86	**31**	49
49	35	83	52	**29**
40	33	93	29	35
31	34	**86**	33	33
33	34	67	28	30

The row-label column on the left reads vertically: **Windgeschwindigkeit 3,7 m/sek.**

[1] Siehe die Versuche von Wiesner (1887), Bernbeck (1904) und Renner (1910).

aber auf Grund des umfangreichen Versuchsmaterials sagen, daß der
Wind auf die Transpiration von Rhododendron keinen Einfluß hat. Wir
haben hier eine erste Bestätigung der Ableitung unserer Modellversuche,
daß der Wind auf Porentranspiration von der Größe der Stomata ohne
Einfluß ist. Die Abb. 23 zeigt daß die absolut höchsten Werte nach dem
Überbringen in das Versuchszimmer registriert wurden, was hinsichtlich der Stomataregulation ganz verständlich ist.

Am 14. Januar sind die Versuche mit einer weiteren 6. Pflanze fortgesetzt worden. Begonnen wurde der Versuch im Freiland, d. h. unter

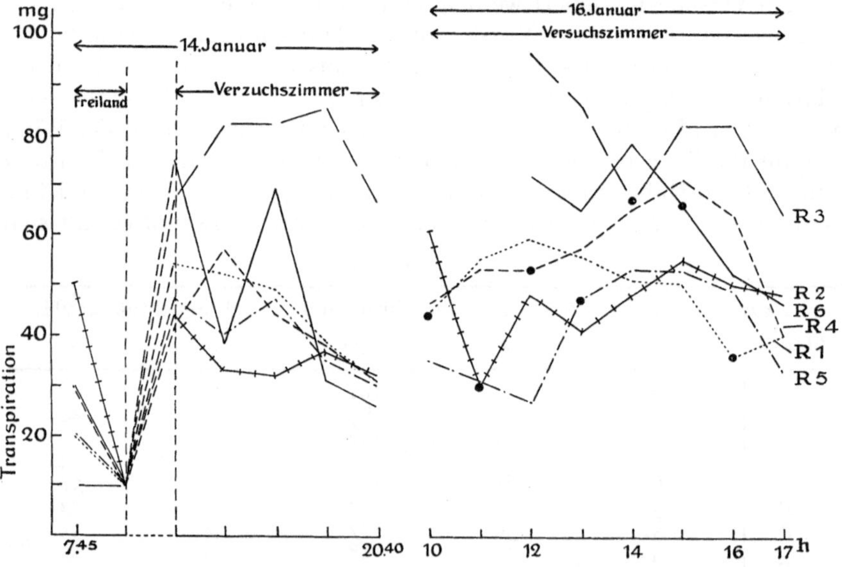

Abb. 24. Rhododendron hybridum. Transpirationsverlauf in Ruhe und Wind. Vgl. Abb. 23.
Freilandwerte 10fach vergrößert.

einem durch ein Glasdach geschützten Standort auf dem Dache des
Laboratorium, wo die ganze Apparatur des Versuchszimmers aufgestellt
werden konnte. Die beiden ersten Werte wurden gewonnen 7,45 und
9,45 Uhr. Hernach wurde der Versuch im Versuchszimmer weitergeführt
mit einer Stunde Zwischenpause, die zum Umzuge der Apparatur nötig
war. Die graphische Darstellung zeigt die gewonnenen Werte, die auf
dieselbe Einheit umgerechnet sind. Eine Induktion des Windes unter-
blieb, um möglichst Einblick in die Streuung der Werte ohne Windwirkung zu bekommen. Wir können auch bei ununterbrochener Ruhe
ebenso große Schwankungen der stündlichen Transpirationswerte sehen
wie in der Abb. 23. Am 16. Januar wurden dieselben Pflanzen in derselben Weise abwechselnd in Wind und Ruhe untersucht mit gleich-
artigem Versuchsergebnis. Wir können hier auf die Wiedergabe der

Werte verzichten und uns mit der graphischen Darstellung begnügen
(Abb. 24). Die Transpiration der Pflanze 3, die schon im ersten Versuch,
Tabelle 29 und Abb. 23, absolut höher lag, liegt auch bei den folgenden
Versuchen mit einigen Ausnahmen über den anderen Transpirations-
werten. Fernerhin wird es notwendig seinein möglichst umfangreiches
Versuchsmaterial zu verwenden, um nicht irrige Schlüsse zu ziehen.

Um ein gewisses Bild von dem Widerstand der Transpirationssysteme
von Rhododendron bzw. der relativen Größe der Transpiration gegenüber der komparablen Evaporation zu erhalten, bildete ich aus Karton
möglichst genau das Blattsystem in Größe und Form eines Rhododen-
dronzweiges nach, wobei der Zweig selbst aus Eisendraht konstruiert
wurde. Wie ungenau und wenig zuverlässig ein gewöhnlicher Evapori-
meterwert ist, geht schon aus den Ausführungen auf S. 18ff. hervor.
Modell und Pflanze standen unter denselben Verdunstungsbedingungen.
Pro 100 cm² Oberfläche pro Stunde wurden folgende Raten verdunstet:

Die Verdunstung des Modells zeigt relativ geringe Schwankungen,
während die Pflanze viel größere Ausschläge zeigt. Die Bildung eines
Quotienten M/P zeigt wievielmal mehr ein System verdunstet, das
maximalen Dampfdruck hat und keine Verdunstungswiderstände besitzt. Die Verdunstung einer flächengleichen Evaporationsschale betrug

Tabelle 30.

	Modell	Pflanze	Quotient M/P
Ruhe	1 516	50	30,3
	1 473	43	34,2
	1 423	43	33,1
Wind 3,7 m/sek.	7 815	50	156,3
	7 772	32	243,0
Ruhe.	1 637	46	35,4

570 mg pro Stunde pro 100 cm². Es ist also ohne weiteres ersichtlich,
daß man kein zuverlässiges Bild von der relativen Transpiration erhält,
wenn man die Evaporation einer Wasserschale als Vergleichsgröße wählt.
Verdunstet das Modell etwa 30 mal mehr (Ruhewerte) als Rhododendron,
so die Evaporationsfläche nur 10 mal mehr. Es erübrigt sich hier eine weitere Erklärung, da wir bereits im 1. Kapitel darüber diskutierten. Im
übrigen sei auf die Elementarversuche von SEYBOLD (1927) verwiesen.

Um das Ergebnis sicherzustellen, daß der Wind ohne transpirations-
fördernden Einfluß auf xeromorphe Systeme ist, war es nicht nur erforderlich, ein und dieselbe Pflanzenart in langen Zeiträumen hinsichtlich der Transpiration zu untersuchen, sondern auch möglichst verschiedene Typen der Gestaltung heranzuziehen, um den Gültigkeitsbereich der These festlegen zu können.

2. Laurus nobilis L.

Versuch 2.

Der folgende Versuch mit 6 Zweigen eines Laurusbaumes wurde
9,30 Uhr begonnen in einem durch Tageslicht erhellten Zimmer. Die
beiden Tageslichtlampen des Versuchszimmers brannten von 16,30 Uhr
an. Die Temperatur schwankte zwischen 15 und 16°, die Psychrometer-

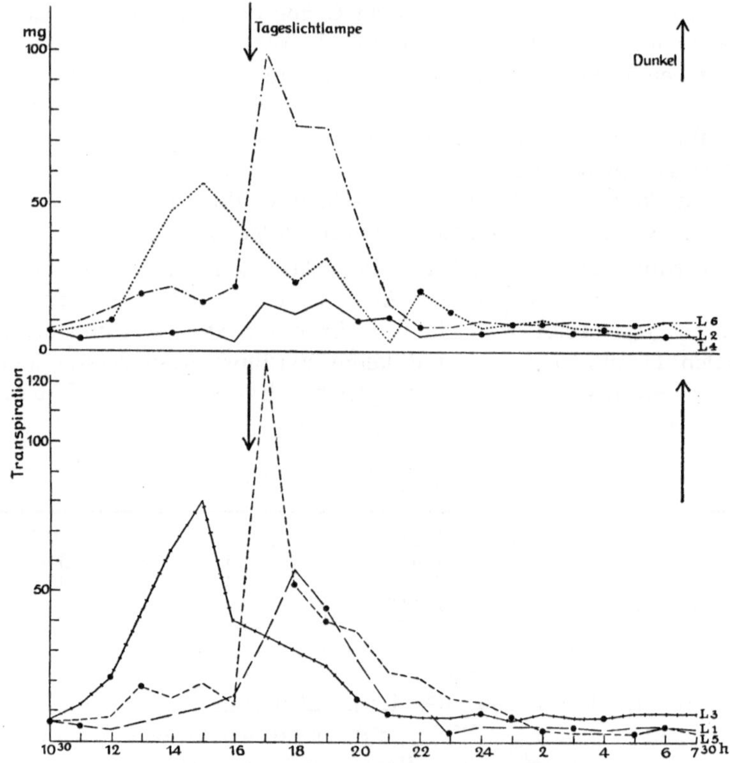

Abb. 25. Laurus nobilis. 22-stündiger Transpirationsverlauf in Ruhe und Wind. Von 9³⁰ bis 16³⁰
wurde der Versuch im Dunkeln, von 16³⁰ bis 7³⁰ im Lichte ausgeführt. Weitere Einzelheiten
s. Tabelle 31 und Text.

differenz betrug im Mittel 4,5° mit geringen Schwankungen. Die Windstärke war 5,7 m/sek. Die Tabelle und die graphische Darstellung geben
die Versuchsresultate wieder, die Pflanzen 1, 3, 5 und 2, 4, 6 wurden der
Übersichtlichkeit halber getrennt gezeichnet. Durch Zufall sind leider
bei dem maximalen Transpirationsanstieg der Pflanzen 3,5 und 6 keine
Windinduktionen erfolgt, was von erhöhtem Interesse gewesen wäre,
doch zeigt der folgende Versuch daß auch bei hoher Transpiration kein
Windeinfluß vorhanden ist (Versuch 41, Alisma und Laurus, Laurus-

zweig 6). Die Laurus-Versuche bestätigen die von Rhododendron. Abgebrochen wurde der Versuch am anderen Tag 7,30 Uhr. Mit stündlicher Transpirationsbestimmung wurde der Versuch ohne Unterbrechung durch die Nacht fortgesetzt (Abb. 25).

3. Erica arborea L.

Versuch 3.

Allein schon hinsichtlich der ökologischen Untersuchungen mit ericoiden Pflanzen schien mir ein Versuch mit solchen Blättern wichtig. Unter Wasser abgeschnittene Zweige mit durchschnittlich 1600 Blättern wurden in der üblichen Weise präpariert und hernach einem ununterbrochenen 26 stündigen Versuche unterworfen. Der Versuchsbeginn war 21. Januar 11 Uhr, beendet wurden die stündlichen Abwägungen

Tabelle 31.

			Lanrus nobilis, $T = 15$—16^0, Ps.-D. $= 4{,}5^0$			
Pflanze:	1	2	3	4	5	6
	6	**7**	7	6	6	8	diffuses Sonnenlicht
	5	**4**	12	8	7	10
	4	5	**21**	**10**	8	14
	—	5	—	—	**18**	**19**
	—	**6**	63	47	14	21
	11	7	80	56	10	**16**
	15	3	40	45	12	**21**
	34	16	—	33	126	99	Tageslichtlampen
	57	12	—	**23**	**52**	75
	44	17	25	31	**40**	74
	27	**10**	**14**	16	36	43
	12	11	**9**	3	23	16
	13	5	8	**20**	21	**8**
	3	6	8	**13**	14	8
	5	6	**9**	8	13	10
	5	7	7	**9**	**8**	9
	5	7	9	10	4	**9**
	5	**6**	8	8	3	10
	4	6	**8**	**7**	3	9
	5	5	9	6	**3**	**9**
	5	**5**	9	10	5	10
	4	5	9	4	3	10	dunkel

(Linke Spalte: Windgeschwindigkeit 5,7 m/sek.)

am 22. Januar 13 Uhr. Die Tageslichtlampen brannten von 11—24 Uhr, von 0—7 Uhr herrschte Dunkelheit, hernach sind die Lampen wieder eingeschaltet worden. Die Tabelle 32 ist in der Abb. 26 graphisch dargestellt worden und zwar der Übersichtlichkeit halber so, daß die Pflanzen 1, 2, 3 und 4, 5, 6 getrennt gezeichnet wurden. Die Temperatur betrug mit geringen Schwankungen 29°, die Feuchtigkeit 35 vH. Was bei den Versuchen mit Rhododendron gesagt wurde, läßt sich hier wiederholen. Es ließen sich viele Fälle herausgreifen, die für eine Steigerung der Transpiration im Winde sprächen, aber ebensoviele Fälle sind vorhanden, wo im Wind eine Verzögerung eintritt (s. Pflanze 5, 20 Uhr, Pflanze 6,23 Uhr). Die individuellen Schwankungen der Transpirationsraten sind so groß, daß man bei geringem Versuchsmaterial nur zu leicht

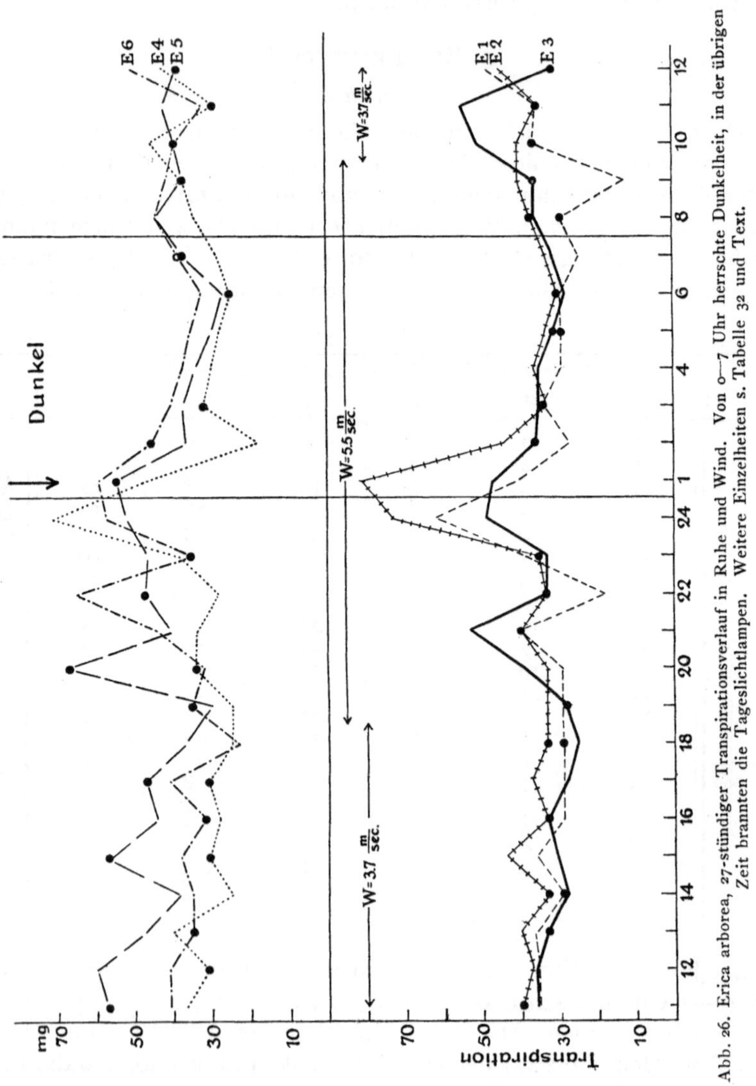

Abb. 26. Erica arborea, 27-stündiger Transpirationsverlauf in Ruhe und Wind. Von 0—7 Uhr herrschte Dunkelheit, in der übrigen Zeit brannten die Tageslichtlampen. Weitere Einzelheiten s. Tabelle 32 und Text.

zu einer irrigen Auffassung kommen kann. Entscheidbar ist die Frage, ob der Wind die Transpiration begünstigt, nur, wenn der Gang der Transpiration über eine möglichst lange Zeit verfolgt wird und intermittierend bewegte Luft auf die Pflanzen einwirkt. Es ließe sich der Einwand machen, daß die Zeiträume, die zwischen zwei Wägungen liegen, viel zu groß gewählt sind, so daß unter Umständen der Wind bei seiner ersten Einwirkung eine Transpirationsförderung bedingt, der eine Transpirationsverzögerung folgt, so daß hinterher als Mittelwert eine Transpirationsrate resultiert, die wenig von dem Ruhewerte abweicht. Zu entkräftigen war dieser Einwand mit den Versuchsobjekten und der begrenzten Empfindlichkeit der Wage nicht, da die Gewichtsverluste maximal nur 100 mg betrugen. Zu entscheiden war die Frage aber mit anderen Systemen und mit einer anderen Methode. Die indirekte thermoelektrische Messung eignete sich zur Analyse der Transpiration im Winde ganz vorzüglich. Im folgenden Kapitel werden wir uns eingehend mit der Frage zu beschäftigen haben.

Tabelle 32.

Pflanze:	1	2	3	4	5	6	
	36	40	36	37	57	41	
	36	37	36	31	60	41	
	36	40	33	40	47	35	
	29	33	28	25	37	35	
	36	44	31	31	57	38	Tageslichtlampen
	29	33	33	28	44	32	
	29	37	38	31	47	41	
	29	33	25	25	37	23	
	29	33	28	25	30	35	
	29	33	39	34	67	32	
	40	40	53	34	40	44	
	18	33	33	28	47	65	
	38	35	33	38	46	35	
	62	73	49	71	52	57	
	40	81	47	46	54	59	
	27	44	36	18	36	45	dunkel
	34	33	35	32	37	40	
	29	36	35	30	34	37	
	29	33	31	28	30	35	
	29	30	28	25	27	32	
	24	33	31	28	37	38	
	29	37	36	34	44	44	
	12	40	36	37	37	41	Tageslichtlampen
	36	40	51	45	39	39	
	35	35	55	29	42	32	
	48	45	31	42	38	50	

Erica arborea. $T = 29^\circ$, $F = 35$ vH — Windgeschwindigkeit 3,7 m/sek. (obere Reihen); Windgeschwindigkeit 5,5 m/sek. (untere Reihen).

4. Olea europaea L.

Versuch 4.

Das Versuchsergebnis von 6 Zweigen von Olea europaea stimmt mit denen der anderen Pflanzen überein ($T = 30^\circ$ so $F = 30$ vH Tageslichtlampen). Die individuellen Schwankungen der Pflanzen sind recht beträchtlich, treten aber ganz unabhängig vom Winde auf. Die Windgeschwindigkeit wurde bei diesem Versuche in 3facher Stärke angewandt, ohne daß sich die Transpiration verstärkte oder verringerte. Es ließen sich Fälle herausgreifen, wo wir im Winde den Nachbarwerten gegenüber eine Steigerung hätten, aber umgekehrt sehen wir in der Tabelle 34 und ihrer graphischen Darstellungen Abb. 27 (Pflanze 6 ist hier der Übersichtlichkeit halber weggelassen worden) Fälle genug, wo wir von einer Transpirationsverminderung reden müßten Es ist unerläßlich bei der Beurteilung der Transpiration möglichst viele Transpirationsraten zu ermitteln, um nicht in Spekulationen zu verfallen.

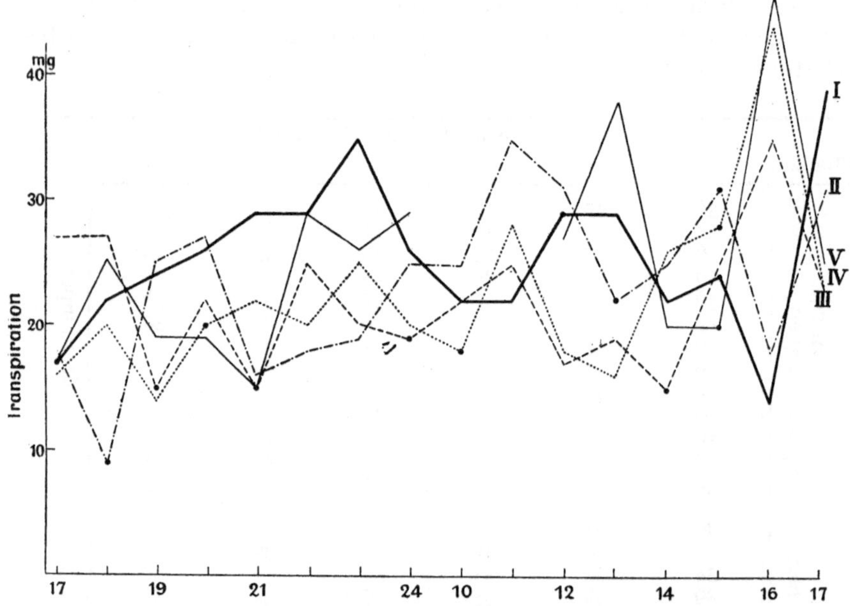

Abb. 27. Olea europaea. Transpirationsverlauf in Ruhe und Wind. Versuchsdauer am 16. Januar von 16—24 Uhr, am 17. Januar von 9—17 Uhr; s. Tabelle 34.

Begonnen wurde der Versuch um 17 Uhr und mit stündlicher Abwägung bis Mitternacht fortgesetzt. Anderen Tages um 10 Uhr ist der Versuch wieder aufgegriffen worden. Es erschien mir von Interesse zu sehen, wie sich eine Modellpflanze von Olea in Ruhe und Wind verhält. Unter den gleichen Bedingungen wurden Modelle von Olea 2 und Olea 3 untersucht mit folgendem Ergebnis:

Tabelle 33.

	Olea 2	Modell 2	M/P	Olea 3	Modell 3	M/P
Ruhe. . . .	27	2270	84	23	2150	93
Wind 3,7 m/s	27	16060	590	17	10544	620

Tabelle 34.

Olea europaea.

Pflanze:	1	2	3	4	5	6

16. Januar. Tageslichtlampen $T = 30^0$, $F = 30$ vH.

Windgeschwindigkeit		1	2	3	4	5	6
3,7 m/sek.		**17**	18	27	16	17	13
		22	**9**	27	20	25	18
		24	25	**15**	14	19	13
		26	27	22	**20**	19	18
		29	16	15	22	**15**	15
		29	18	25	20	29	**18**
		35	19	20	25	26	50

17. Januar

5,5 m/sek.	26	25	**19**	20	29	**18**
	22	25	22	**18**	—	13
	22	35	25	28	—	20
	29	31	17	18	27	15
	29	**22**	19	16	38	18
11 m/sek.	22	25	**15**	26	21	**13**
	24	**31**	25	**28**	**21**	22
	14	18	35	44	48	26
	39	31	23	23	25	25

Die Werte der Pflanzen sind vom 17. Januar als Mittelwerte eingesetzt, von den Modellen sind ebenfalls mehrere Bestimmungen gemacht worden. Wir verweisen auf die Erörterungen bei Rhododendron
S. 80.

5. Ilex aquifolium L.

Versuch 5.

Bei den bisherigen Versuchen war Konstanz der Außenbedingungen
mit erste Bedingung der Analyse, so daß die Versuche „Laboratoriumsversuche" im besten Sinne des Wortes waren. Um den Versuchen
eine allgemeine Gültigkeit zu verleihen, entschloß ich mich auf dem
flachen Dache des Laboratoriums unter einem gegen Regen schützenden
Glasdache einige Versuche zu machen, deren Ergebnis in den Tabellen 35
u. 36 verzeichnet sind. Die Temperatur war im Mittel 7⁰, die Feuchtigkeit 92 vH. Der Versuch ist die Nacht durch fortgesetzt worden, wobei
leider die im Winde verweilenden Pflanzen mit starkem Reif befallen
wurden, so daß sie für einige Zeit aus dem Versuch ausscheiden mußten.
Am 31. Januar fand die Fortsetzung des Versuches in einem sonnenlicht-
erhellten Zimmer statt, die Weiterführung des Versuches geschah am
1. Februar im selben Raum, mit etwas anderen Außenbedingungen.
Am 2. Februar sind die Pflanzen im Versuchszimmer untersucht worden,
unter den üblichen Bedingungen. Die Einzelheiten sind der Tabelle 35

und der Abb. 28 zu entnehmen. Unter recht verschiedenartigen Bedingungen ergibt sich immer das nämliche Resultat wie im Versuchs-

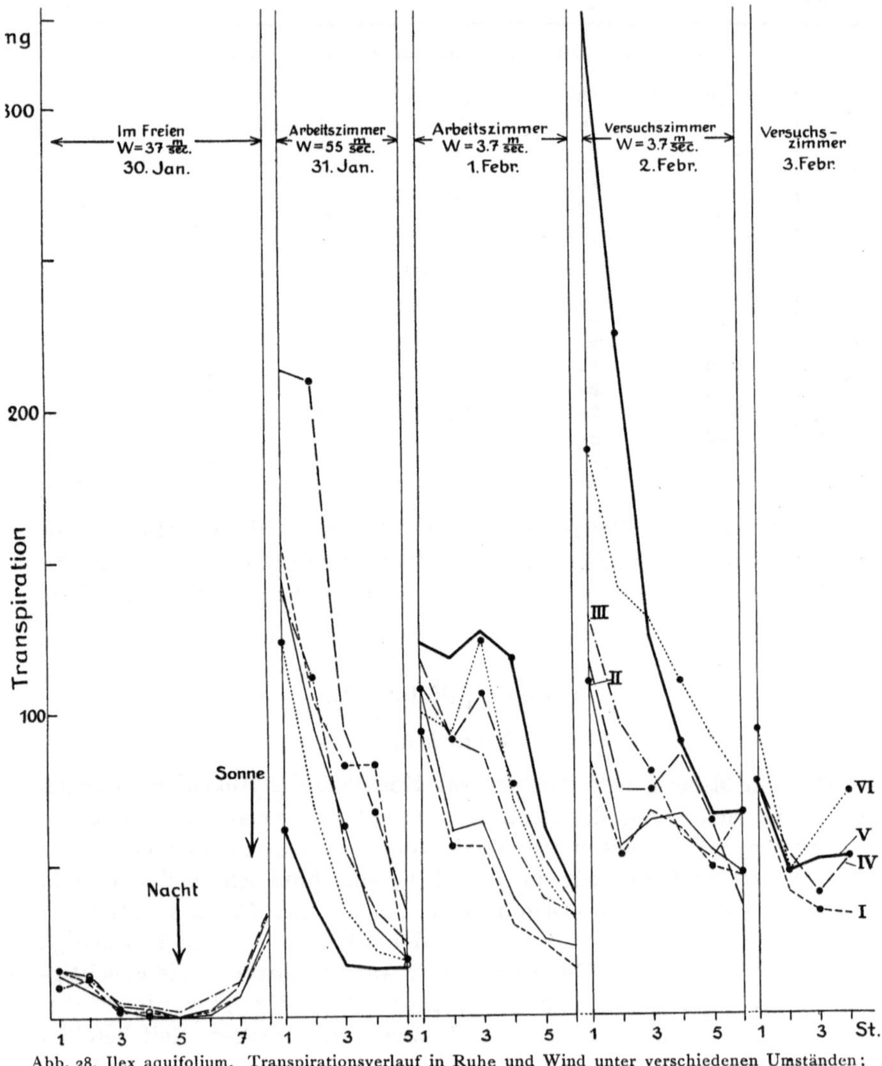

Abb. 28. Ilex aquifolium. Transpirationsverlauf in Ruhe und Wind unter verschiedenen Umständen;
s. Tabelle 35.

zimmer, so daß die Ergebnisse der bisher geschilderten Versuche nicht
als Spezialfälle angesehen werden können. Mit dem folgenden Versuch
mit Quercus ilex gewinnen wir eine Erhärtung der Resultate.

Tabelle 35.

Ilex aquifolium L.

Pflanze:	1	2	3	4	5	6	
30. Januar (Laboratoriums-Dach). $T=7°$, $F=92$ vH							
16	14	**10**	**16**	24	22	
12	9	**13**	**14**	18	13	
2	**3**	5	4	3	3	
2	**1**	4	3	2	3	
0,5	0,7	2	0,4	—	—	
2	1	—	2	—	—	
7	7	11	10	—	—	
*26	*29	*33	*34	—	—	
31. Januar diffuses Sonnenlicht. $T=18$—$20°$, $F=40$—50 vH							
157	145	141	214	**62**	**124**	
104	95	**112**	**210**	37	69	
83	**63**	55	95	17	36	
83	30	35	**67**	16	22	
17	**19**	24	35	16	19	
1. Februar diffuses Sonnenlicht. $T=20°$, $F=50$ vH							
94	**108**	110	118	123	100	
56	61	**91**	92	118	94	
56	64	86	**106***	127*	**124***	
30	39	57	**76**	**118**	70	
24	25	39	51	62	46	
16	23	33	35	40	32	
2. Februar Tageslichtlampen. $T=29°$, $F=35$ vH							
84	**110**	132	118	333	**187**	
53	56	96	74	**226**	141	
67	64	**80**	**74**	125	131	
61	66	59	86	**90**	**110**	
49	54	52	**64**	66	91	
46	**47**	68	36	67	76	
3. Februar Tageslichtlampen. $T=29°$, $F=35$ vH							
71	—	—	**76**	77	**94**	
41	—	—	53	**47**	**46**	
34	—	—	**40**	51	60	
33	—	—	52	**52**	**73**	

Links: Windgeschwindigkeit — 3,7 m/sek., 5,5 m/sek., 3,7 m/sek. Rechts: Nachtwerte.

* Direktes Sonnenlicht.

6. Quercus ilex L.

Versuch 6.

Der Versuch mit Ilex aquifolium wurde mit *Quercus ilex* wiederholt, da eine Bestätigung der Ergebnisse bei anderen Arten den Einwand des Sonderfalles am besten zerstreuen konnten. Es sind 4 gleichartige Zweigstücke ausgewählt und für den Versuch zweckmäßig hergerichtet worden. Am 1. Februar 16,30 Uhr wurde bei Temperatur 21° und Feuchtigkeit 42 vH beim Leuchten der Tageslichtlampen zweistündlich die Abwägung vorgenommen; nach Abschluß des Versuches kamen die Pflanzen ins Freie und anderen Tages fand die Fortsetzung statt. Die

Temperatur war 7°, die Feuchtigkeit 80 vH. Nach der ersten Stunde herrschte vollkommener Sonnenschein (10 Uhr), was sich in einem beträchtlichen Kurvenanstieg der Pflanzen 3 und 4 bekundet. Am 3. Februar wurde um 14 Uhr der Versuch im Versuchszimmer wieder

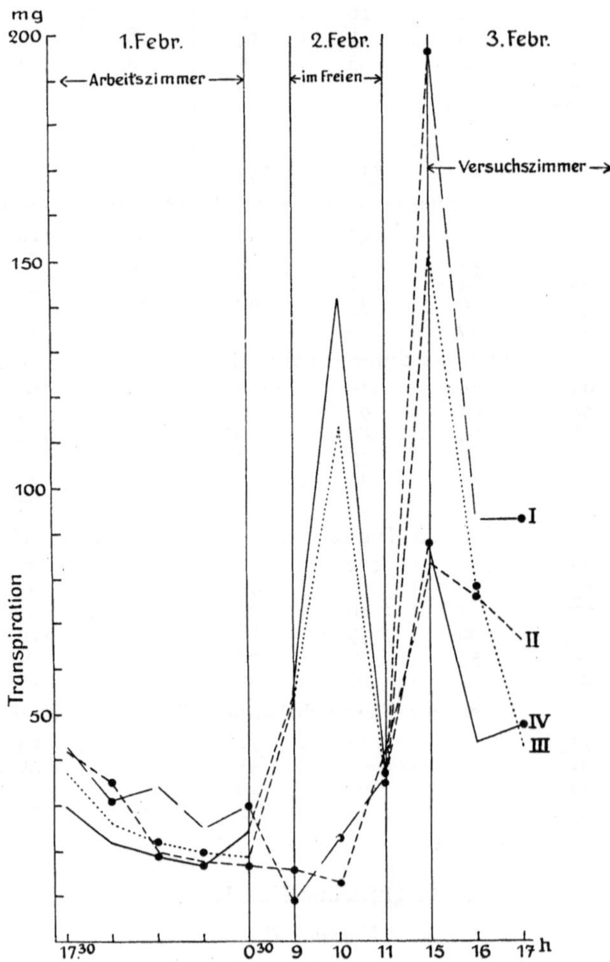

Abb. 29. Quercus ilex. Transpirationsverlauf in Ruhe und Wind unter verschiedenen Umständen; s. Tabelle 36.

aufgenommen, wo die Temperatur 29° und die Feuchtigkeit 30 vH betrug. Während des Versuches brannten die Tageslichtlampen (Tab. 36, Abb. 29). Wir können in der ersten Stunde starke Transpirationswerte registrieren, wobei auffallenderweise die Pflanze I einen extrem hohen Wert im Winde hat, während sie tags zuvor im Freien bei Windwirkung ganz extrem niedrige Raten aufwies. Haben die Pflanzen 1, 2, 3 im Versuchszimmer (hohe Temperatur, niedriger Dampfdruck der Luft, Tageslichtlampen) eine größere Transpiration als im Freien, so weist die Pflanze 4 im Freien eine maximale Transpiration auf. Wie schwierig die Analyse der physiologischen Komponente ist, kann auch aus diesem Verhalten der einzelnen Pflanzen ersichtlich sein! Für ökologische Untersuchungen wird es somit ganz unerläßlich sein, möglichst viele Pflanzen einer und derselben Art in die Versuche aufzunehmen.

Tabelle 36.

Quercus ilex.

Pflanze:	1	2	3	4
1. Februar. Tageslichtlampen $T = 21^0$, $F = 42\,vH$				
43	42	37	30	
31	35	26	22	
34	20	22	19	
25	18	20	17	
30	17	19	24	
2. Februar. Sonnenschein $T = 7^0$, $F = 80\,vH$				
9	16	52	54	
23	13	113	142	
37	42	35	36	
3. Februar. Tageslichtlampen $T = 29^0$, $F = 30\,vH$				
196	84	152	88	
93	76	78	44	
93	66	43	48	

(Row-label bracket at left: Windgeschwindigkeit 5,7 m/sek.)

7. Sempervivum Haworthii hort.

Versuch 7.

Den Sukkulenten gewährt man auch heute hinsichtlich der Transpiration die Sonderstellung eine eingeschränkte Transpiration zu haben. WIESNER (1887) sprach aber den schwach transpirierenden Sukkulenten im Winde die relativ stärkste Verdunstung zu, so daß es sehr angebracht schien, einige Versuche mit Sukkulenten auszuführen. Auch hinsichtlich ökologischer Untersuchungen an Wüstenpflanzen schien es erwünscht, den Einfluß des Windes auf die Sukkulenten zu studieren. FITTING (1911) und STOCKER (1928) heben die in der Wüste herrschenden Winde (*Chamsinstürme*) für die Beurteilung des Wasserhaushalts als wichtigen Faktor hervor.

Die absolut geringen flächenrelativen Raten sind aus den folgenden Tabellen ersichtlich; daß sie aber ausgesprochen niedriger wären als die vieler Xeromorphen, kann keineswegs behauptet werden. Was die Windwirkung anlangt, lassen wir am besten die Zahlen sprechen, und ein Blick auf die graphische Darstellung der Tabelle 37, Abb. 30, genügt, um die

Tabelle 37.

		Sempervivum Haworthii		
	Pflanze:	I	2	3
		9. März. Tageslichtlampen $T = 30^\circ$, Ps.-D. 10°		
Windgeschwindigkeit — 11 m/sek. 5,7 m/sek.		**18**	67	43
		25	**50**	41
		22	53	**31**
		20	**52**	34
		18	52	**27**
		13	45	28
		13	**57**	26
		16	58	**26**
		10. März		
		18	47	**52**
		12	42	32
		11. März		
		27	**38**	55
		13	55	**27**
		16	45	58
		12. März		
5,7 m/sek.		**16**	35	**54**
		16	**30**	31
		13	38	**22**
		12	**23**	31
		5	28	**17**
		12	**30**	25
		13	30	**19**
		13	**25**	27
		13. März		
		12	**21**	43
		10	30	**23**
		16	**27**	31

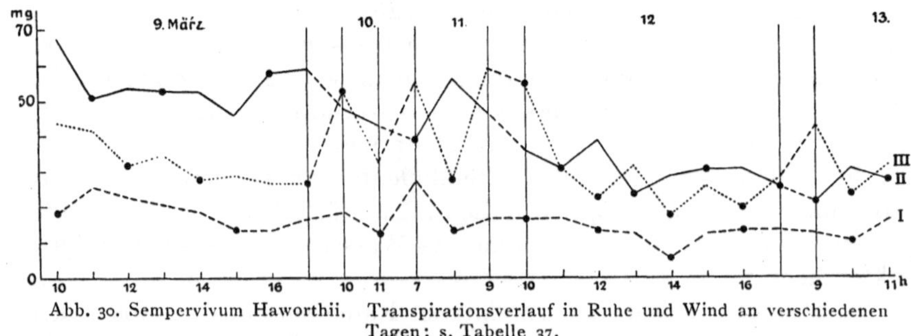

Abb. 30. Sempervivum Haworthii. Transpirationsverlauf in Ruhe und Wind an verschiedenen Tagen; s. Tabelle 37.

Behauptung Wiesners zu entkräften. Die Kurven zeigen wie die anderer Xeromorphen genügend Anstiege, um zu der Auffassung verführt zu werden, den Xerophyten im Winde die relativ stärkste Transpiration zuzusprechen. Am Schluß des Kapitels kommen wir auf dieses Verhalten noch eingehender zu sprechen.

Die drei Pflanzen sind in der üblichen Art zu den Versuchen präpariert worden, indem sie mit dem Erdwurzelballen in die Versuchsgefäße umgeflanzt wurden, um 14 Tage später zu den Experimenten verwendet zu werden. Vom 9.—13. März fanden täglich einige Transpirationsbestimmungen statt, die näheren Angaben mögen der Tabelle und der graphischen Darstellung entnommen werden.

8. Nopalea coccinellifera (Mill.) S. Dyck.

Versuch 8.

Der Versuch mit drei Opuntienpflanzen führte zu denselben Ergebnissen wie die beiden anderen, die mit Sukkulenten angestellt wurden. Die flaPnzen waren bewurzelt und bekamen nach etwa 4 Wochen kräftige neue Triebe. Nach der Präparation wurden die Pflanzen in das Gewächshaus zurückgestellt und am 5. März um 15 Uhr mit dem Versuch begonnen. Abgebrochen ist er um 24 Uhr; die Abwägung wurde dreistündlich vorgenommen. Am 7. März 9,30 Uhr ist die Wägung einstündlich bis 18,30 Uhr fortgesetzt worden. Aus der Tab. 38 und ihrer graphischen Darstellung Abb. 31 ist ganz eindeutig zu entnehmen, daß der Wind bei den Kakteen ebenfalls keine transpirationsfördernde Wirkung ausübt. Die absoluten Gewichtsverluste sind nicht besonders niedrig, wenigstens treffen wir bei manchen

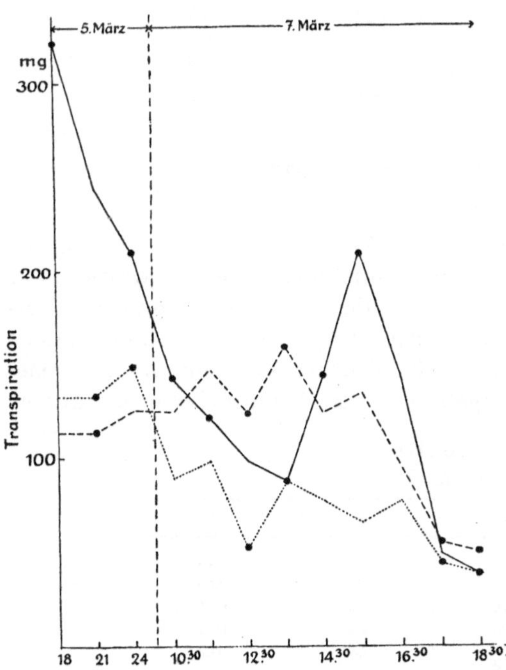

Abb. 31. Nopalea coccinellifera (Opuntia). Transpiration in Ruhe und Wind; s. Tabelle 38.

anderen Xerophyten mindestens ebenso niedrige Werte an. Die Windgeschwindigkeit von 11 m/sek. mag noch von den Chamsinstürmen übertroffen werden, auf jeden Fall entnehmen wir dem Versuche, und dem vorhergehenden, daß die Transpirationssysteme der Sukkulenten durch den Wind keine Steigerung des Wasserdampfaustausches erfahren. Die Feststellung der Tatsache ist für die Analyse der Transpiration genügend und teleologische Diskussionen ersparen wir uns am besten von vornherein.

Tabelle 38.

Pflanze:	1	2	3
Nopalea coccinellifera.			
5. März. Tageslichtlampen $T = 30^0$, $F = 30$ vH			
5,7 m/sek.	322	114	133
	244	114	133
	211	125	150
7. März			
11 m/sek.	144	125	89
	122	148	100
	100	125	55
	89	159	89
	144	125	78
	211	136	67
	144	—	78
	55	57	44
	39	53	39

(Linke Randbeschriftung: Windgeschwindigkeit)

9. Cotyledon Desmetiana Hemsl.

Versuch 9.

Die folgende Tabelle 39 enthält die Versuchsergebnisse von drei bewurzelten Pflanzen von Cotyledon Desmetiana. Die Präparation war dieselbe wie bei Sempervivum, zwischen dem Umpflanzen und dem Versuchsbeginn verstrichen 2 Wochen. Eine graphische Darstellung können wir uns ersparen, da die Werte übersichtlich sind und nichts Neues bieten, vielmehr ganz die Ergebnisse von Sempervivum bestätigen.

Tabelle 39.
Tageslichtlampen, $T = 30^0$, Ps.-D. 10^0.

Pflanze:	1	2	3
3,5 m/sek.	—	78	155
	—	86	96
	96	78	111
11 m/sek.	90	66	104
	55	66	92
	48	49	77
	42	53	81
	45	58	96

Sind bisher nur xeromorphe Systeme in die Untersuchungen mit einbezogen worden, so waren weitere Versuche mit meso- und hygromorphen Systemen erforderlich. Zum indirekten Beweis, der für die xeromorphen Systeme eruierten Tatsache, daß der Gang der Transpiration völlig unabhängig vom Winde verläuft, mußten nichtxerophytische Pflanzen in der gleichen Weise untersucht werden; die Ergebnisse dienen aber zugleich zur Kenntnis der Transpiration hygro- und mesomorpher Transpirationssysteme. Um die Reaktionen verschiedener Pflanzen unter denselben äußeren Bedingungen untersuchen zu können, sind die Pflanzen meist gleichzeitig beobachtet worden.

10. Eranthis hiemalis Salisb. und Rosmarinus officinalis L.

Versuch 10.

Der Versuch wurde 13,50 Uhr bei Tageslicht im Arbeitszimmer begonnen, 16,50 Uhr im Versuchszimmer bei Tageslichtlampen fortgesetzt. Die Eranthispflanzen sind mit dem Erdwurzelballen im Garten aus-

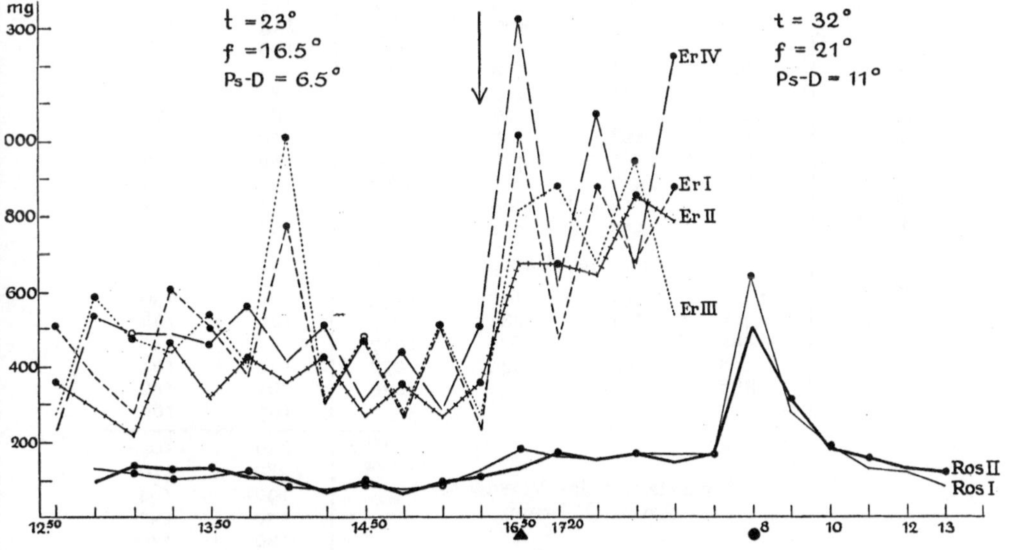

Abb. 32. Eranthis hiemalis und Rosmarinus officinalis. Transpirationsverlauf in Ruhe und Wind. Der Pfeil gibt die Einschaltung der Tageslichtlampen an; s. Tabelle 40.

gegraben und in die gebräuchlichen Glasgefäße eingesetzt worden. Die Zweige von Rosmarinus wurden unter Wasser abgeschnitten. Die Wägung geschah pro 15 Minuten. Die Tabelle 40 enthält die auf 1 Stunde pro 100 cm^2 Oberfläche umgerechneten Transpirationswerte.

In der Abb. 32 ist die Tabelle graphisch dargestellt. Die ●-bezeichneten Werte sind die im Winde gewonnenen, die ersten 6 Viertelstunden war die Windgeschwindigkeit 3,8 m/sek, die folgenden 5,5 m/sek. Eine Transpirationssteigerung im Winde ist bei Eranthis unverkennbar, während Rosmarinus im Winde keine oder nur ganz schwache Steigerung erfahren hat. Die absoluten Transpirationswerte sind bei Eranthis im allgemeinen höher, doch können wir bei der Fortsetzung der Versuche mit Rosmarinus, die nachts über im Freien gestanden hatten (Temperatur etwa 10°) ebenso hohe Transpirationswerte sehen, wie bei Eranthis. Die Werte fallen aber in der dampfarmen Luft sehr rasch. Die Einzelwerte beider Pflanzenarten schwanken ziemlich beträchtlich, die Mittelwerte sind in Tabelle 56 eingetragen.

Tabelle 40.

Pflanze:	Eranthis hiemalis				Rosmarinus off.	
	1	2	3	4	1	2
20. Februar. Sonnenlicht $T = 23^\circ$, Ps.-D. 6,5°						
13,50 Uhr — Windgeschwindigkeit 3,8 m/sek.	508	357	271	231		
	373	285	593	538	125	92
	271	214	476	487	113	134
	610	464	440	487	100	127
	508	321	542	461	105	127
	373	428	407	564	120	103
Windgeschwindigkeit 5,5 m/sek.	780	357	1016	410	80	98
	308	428	308	513	70	65
	476	269	476	308	80	92
	271	357	271	436	70	65
	508	269	508	282	85	92
	237	357	271	513	125	103
Tageslichtlampen. $T = 32^\circ$, Ps.-D. 11°						
	♠1017	678	817	1333	180	130
	475	678	881	615	160	168
	881	646	678	1077	150	152
	678	857	949	677	170	168
	881	786	542	1230	165	146
					167	168
8 Uhr					640	504
					280	316
Fortsetzung des Versuches am 21. Februar					190	184
					130	152
					120	130
					80	118

11. Laurus nobilis L. und Alisma Plantago L.

Versuch 11.

Sechs Zweige von Laurus nobilis sind unter denselben Bedingungen untersucht worden wie zwei ganze, bewurzelte Pflanzen von Alisma plantago. Die Lauruszweige sind in der üblichen Weise in die Versuchsgefäße eingesetzt worden, die Alismapflanzen kamen mit Paraffinölabdichtung in Bechergläsern zu Verwendung. Die Berechnung der Stundenwerte auf 100 cm² Blattfläche sind in Milligramm in der Tabelle wiedergegeben. Der Versuch mit Laurus wurde 7,30 Uhr, der mit Alisma 10 Uhr begonnen, zeitlich decken sich die Versuchsdaten nicht. Trotzdem sind die Pflanzen miteinander vergleichbar, mindestens solange nicht der Schwerpunkt auf die physiologische Komponente verlegt wird. In die graphische Darstellung Abb. 33 ist Alisma mit um $^1/_2$ verkleinerten Werten aufgenommen worden. Die absolut größere flächenrelative Transpiration ist durchwegs sichergestellt und hinsichtlich der anatomischen Gestaltung der Systeme nicht verwunderlich. Der Einfluß des Windes auf die Transpiration macht sich nur bei dem hygromorphen Alisma geltend, während die Transpiration von Laurus ganz unabhängig vom Winde verläuft, wie wir im vorhergehenden Versuch bereits feststellen konnten. Die Extremwerte liegen in unbewegter Luft bei Laurus wiederum sehr weit auseinander, während sie bei Alisma viel geringeren Abstand zeigen. Auf dieses Verhalten xeromorpher und hygromorpher Systeme kommen wir später im Zusammenhang zu sprechen (Tab. 41).

12. Impatiens parviflora D. C. und Pistacia Lentiscus L.

Versuch 12.

Bewurzelte Impatienspflanzen einem so ausgeprägt „xerischen Klima" auszusetzen, wie es in meinem Versuchszimmer herrschte, schien so wenig Erfolg zu haben, wie viele andere Versuche, die mit mesophytischen Pflanzen gemacht worden waren, mit dem Ergebnis, daß sie schon nach wenigen

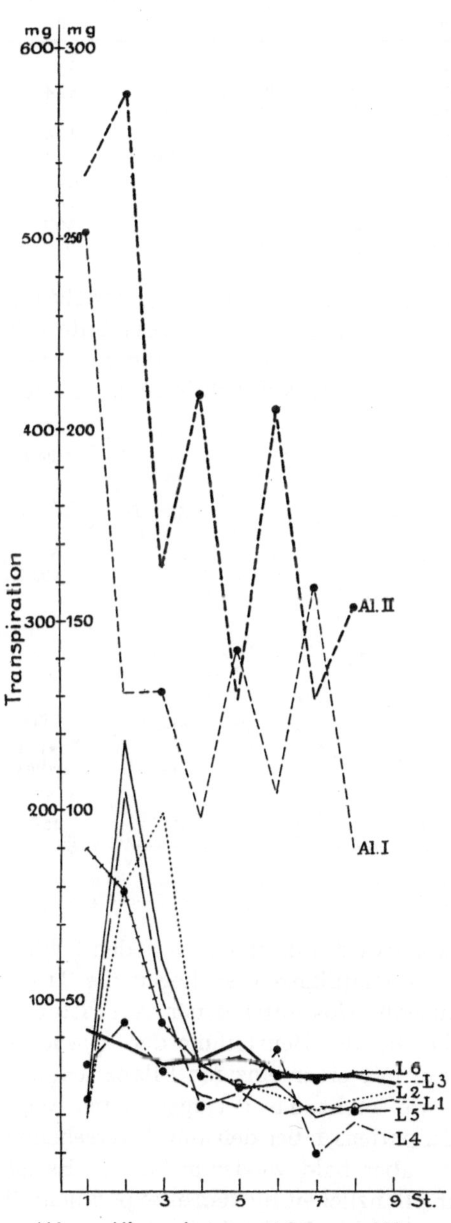

Abb. 33. Alisma plantago und Laurus nobilis. Transpirationsverlauf in Ruhe und Wind; s. Tab. 41.

Tabelle 41.
Tageslichtlampen $T = 31°$, Ps.-D. 10°.

Pflanze:	Laurus nobilis						Alisma Plantago	
	1	2	3	4	5	6	1	2
Windgeschwindigkeit 3,7 m/sek.	24	19	42	**33**	21	90	**503**	533
	118	81	38	**44**	105	**79**	262	**574**
	61	99	33	**31**	50	**44**	**262**	328
	33	**30**	34	25	**22**	33	197	**418**
	27	**28**	39	22	26	35	**284**	258
	28	25	**30**	**37**	20	31	208	**410**
	19	21	30	**10**	22	**29**	**317**	258
	22	24	30	18	**21**	31	180	**307**
	24	26	28	14	21	31	—	—

Stunden vollständig welk wurden. Die Pflanzen in völlig gewelktem Zustande zu untersuchen, lag außerhalb meiner Aufgabe; es lohnte sich aber zweifelsohne, die Frage einer weiteren exakten Prüfung zu unterziehen, zumal TUMANOW (1927) dieses Problem kürzlich in seiner ganzen Tiefe dargestellt hat. Die Pflanzen von Impatiens sind mit zwei unter Wasser abgeschnittenen Zweigen von Pistacia in einen Parallelversuch mit einbezogen worden. Die Tabelle 42 und die Abb. 34 veranschaulichen die Transpirationsintensität der mesomorphen und xeromorphen Pflan-

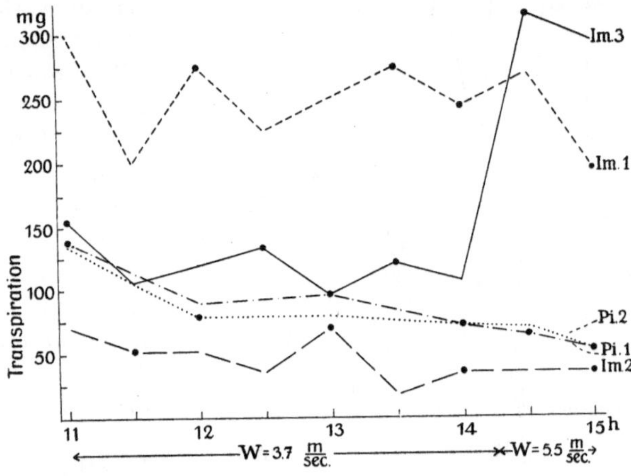

Abb. 34. Impatiens parviflora und Pistacia Lentiscus. Transpirationsverlauf in Ruhe und Wind; s. Tabelle 42.

zen. Transpirieren Impatiens 1 und 3 etwa das dreifache von den beiden wenig voneinander abweichenden Pistaciapflanzen, so liegen die Transpirationsraten von Impatiens 2 ausnahmslos unter denen von Pistacia. Dies zeigt, wie vorsichtig man daher bei der Beurteilung der Versuchsergebnisse sein muß, zumal wenn nur mit einer einzigen Pflanze experimentiert wird. Bei Impatiens 2 war nicht das geringste einer Welkung zu sehen, wohl aber zeigte Impatiens 1 bei den mit * versehenen Werten ein deutliches Welken, das aber bald wieder aufhörte. Es ist ganz außerordentlich schwierig mit pflanzlichen Systemen experimentell zu arbeiten und sicherlich ist es angebracht, die Analyse schrittweise zu betreiben, wenn es auch an Mühe und Zeit gleich große Anforderungen stellt. Der Einfluß des Windes bei Impatiens ist sehr unregelmäßig, bei Pistacia ist ein solcher nicht festzustellen.

Tabelle 42.

Pflanze:	Impatiens parviflora			Pistacia Lentiscus	
	1	2	3	1	2
Tageslichtlampen $T = 31°$, Ps.-D. 10°.					
Windgeschwindigk. 3,7 m/sek.	300	71	158	138	133
	200*	53	109	—	—
	275*	53	121	89	80
	225*	35	133	—	—
	250	71	97	97	80
	275	18	121	—	—
	244	35	107	73	73
5,5 m/sek.	269	35	315	65	70
	194	35	267	53	53

* Welkend.

13. Chelidonium majus L., Taxus baccata L. und Hedera Helix L.

Versuch 13.

In diesem Versuche sind drei verschiedene Pflanzen gleichzeitig untersucht worden. Von Chelidonium standen mir junge Pflanzen zur Verfügung, von Taxus und Hedera sind Zweigstücke verwendet worden.

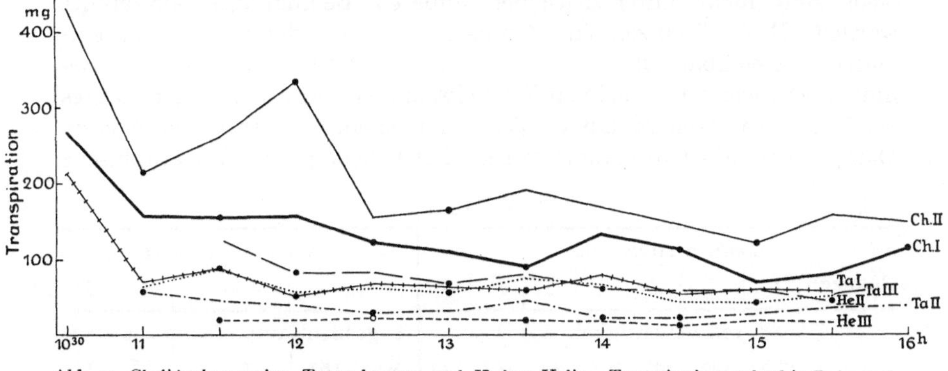

Abb. 35. Chelidonium majus, Taxus baccata und Hedera Helix. Transpirationsverlauf in Ruhe und Wind. S. Tabelle 43.

Das mesophytische Chelidonium hat jedenfalls die absolut höhere Transpiration, wenngleich zeitweilig die Unterschiede zwischen Chelidonium und Taxus auch weniger groß sind, Tab. 43, Abb. 35. Auffallend ist, daß das mesophytische Chelidonium ebensowenig wie die beiden anderen Systeme im Winde eine Transpirationssteigerung erfahren, was sich aus den Tabellenwerten und der graphischen Darstellung ersehen läßt. Dieses Verhalten braucht aber nicht wunder zu nehmen, da wir bei dem stark formdifferenzierten Blatte von Chelidonium kaum eine Dampfkuppenbildung erwarten können. Wir können hier auf die Versuche mit Pappmodellen verweisen (s. S. 16), wo wir im Winde eine um so geringere Verdunstungssteigerung wahrnahmen, je zerteilter die Fläche war.

Tabelle 43.

Windgeschwindigkeit	Chelidonium majus		Taxus baccata			Hedera Helix	
Pflanze:	1	2	1	2	3	1	2
1,3 m/sek.	267	429	214	—	—	—	—
	156	214	71	59	65	—	—
	156	260	91	46	90	127	21
	156	333	52	39	57	83	21
	122	155	68	30	61	84	22
3,7 m/sek.	111	165	65	33	57	69	22,5
	89	190	58	46	74	79	19
	133	—	78	20	65	61	16
	111	143	52	20	41	56	11
	67	119	58	26	41	58	16
	78	155	55	33	49	43	12
	111	143	—	33	—	—	—

14. Datura suaveolens H. B. und Nerium Oleander L.

Versuch 14.

Die beiden Versuchsreihen mit Nerium Oleander und Datura suaveolens sind nicht unter denselben äußeren Bedingungen ausgeführt worden. Beide Pflanzen sind demnach nicht in jeder Hinsicht miteinander vergleichbar. Es war nicht möglich, Datura den extremen Bedingungen, wie sie in meinem Versuchszimmer herrschten, ohne starkes Welken auszusetzen, so daß der Versuch in einem Zimmer mit geringerem Dampfdruckdefizit ausgeführt wurde. Die Tabelle 44 und ihre graphische

Tabelle 44.

Windgeschwindigkeit 1,7 m/sek.	Datura suaveolens						
Pflanze:	1	2	3	4	5	6	7
$T = 23°$ rel. Feuchtigkeit 40 vH							
	236	298	347	205	205	453	343
	525*	580*	335	231	205	680	307
	254*	298*	814	410	205	366	560
	368*	376*	551	385	154	767	705
	481*	486	527	359	179	610	325
	228*	282	958	538	141	349	343
	271	282	671	282	—	—	—
	122	172	814	410	—	—	—
	131	172	407	282	—	—	—
	149	220	503	333	—	—	—

Windgeschwindigkeit 1,7 m/sek., 5,6 m/sek.	Nerium Oleander				
Pflanze:	1	2	3	4	5
Tageslichtlamp. $T = 30°$ rel. 25 vH					
	181	121	154	166	113
	67	85	77	61	77
	56	74	92	41	77
	76	131	92	27	87
	68	131	104	29	70
	66	135	89	35	97
	73	103	100	33	150
	79	88	99	46	110
	36	31	55	53	46
	87*	159*	121	48	120*

* Leicht welk.

Darstellung Abb. 36 kann aber in hervorragender Weise dazu dienen, den Einfluß des Windes auf hygromorphe (mesomorphe) Systeme und auf xeromorphe Systeme zu zeigen. Die Transpiration von Nerium verläuft ganz unabhängig vom Winde, während die von Datura eine starke Abhängigkeit vom Winde aufweist. Besonders interessant ist aber, daß der Transpirationsgang schwach transpirierender Daturapflanzen, die

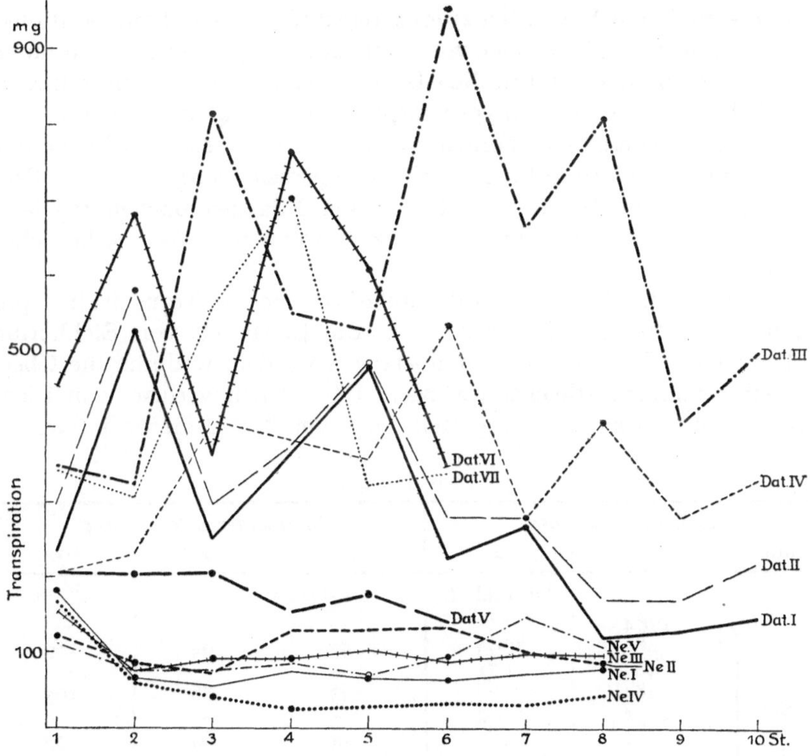

Abb. 36. Datura suaveolens und Nerium Oleander. Transpirationsverlauf in Ruhe und Wind; s. Tabelle 44.

sich in einem Welkungsstadium befinden, ebenfalls keinen Windeinfluß verrät. Zu erklären ist dieses Verhalten damit, daß der Dampfdruck in diesen Systemen sehr schwach ist, so daß der Wind keine über der Blattfläche sich befindende Dampfkuppe wegwischen kann. In welchem Maße Stomataregulationen eine Rolle spielen, sei dahingestellt; ehe darüber weiter diskutiert werden kann, müssen zweckentsprechendere Versuche angestellt werden.

Die Transpiration von Nerium fand bei 30° und 25 vH relativer Feuchtigkeit statt, der Versuch wurde um 12,00 Uhr begonnen.

Die Tageslichtlampen brannten. Die Versuche mit Datura wurden bei einer Temperatur von etwa 23° und einer relativen Feuchtigkeit von 40 vH bei diffusem Sonnenlichte ausgeführt. Versuchsbeginn 12,05 Uhr.

15. Eichhornia speciosa Kunth, und Metrosideros tomentosa A. Rich.

Versuch 15.

In diesem Versuche wurden zwei extrem differenzierte Transpirationssysteme verwandt. Die Zweige von Metrosideros (xeromorph) sind unter Wasser abgeschnitten und in die Glasgefäße eingesetzt worden, während von Eichhornia speciosa (hygromorph) zwei völlig intakte Pflanzen in 150 cm³-Bechergläser gebracht wurden. Die Wasserschicht ist mit einer 1 cm dicken Paraffinölschicht übergossen worden. Diese Präparierungsmethode bewährte sich gut, die Pflanzen blieben tagelang in normalem Zustande, ohne zu welken, wenn man das verbrauchte Wasser ersetzte.

Die Werte der Tabelle sind die Relativzahlen der Transpiration pro Stunde pro 100 cm²-Blattoberfläche. Die Blattstiele von Eichhornia sind mit einer Paraffinölschicht überzogen worden, wodurch die Oberflächenbestimmung erleichtert wurde. Die Gewichtsverluste von Eichhornia sind ¹/₂stündlich festgestellt, die von Metrosideros stündlich.

Tabelle 45.

	Eichhornia speciosa		Metrosideros tomentosa		
Pflanze:	1	2	1	2	3
Dunkel $T = 32°$, Ps.-D. 10°					
	1784	557	—	—	—
	484	1693	57	94	110
	494	671	—	—	—
	484	1028	63	88	103
	1532	602	—	—	—
	502	483	54	69	92
Tageslichtlampen					
	484	511	—	—	—
	1046	619	55,5	80	87
	586	1085	—	—	—
	586	494	40	59	57
	696	585	—	—	—
	800	580	38,5	50	52
	460	489	—	—	—
	766	495	41,5	40	40
	676	1753	—	—	—
	1372	818	32	40	43
	822	886	—	—	—
	1468	619	38,5	46	40
	627	1437	—	—	—
	864	665	35	44	45

Die Zeile links: *Windgeschwindigkeit 2,7 m/sek.*

Aus der Tabelle 45 und der graphischen Darstellung 37 ist ohne weiteres ersichtlich, daß 1. die absoluten Transpirationswerte von Eichhornia viel höher liegen als die von Metrosideros und daß 2. der Wind allein auf

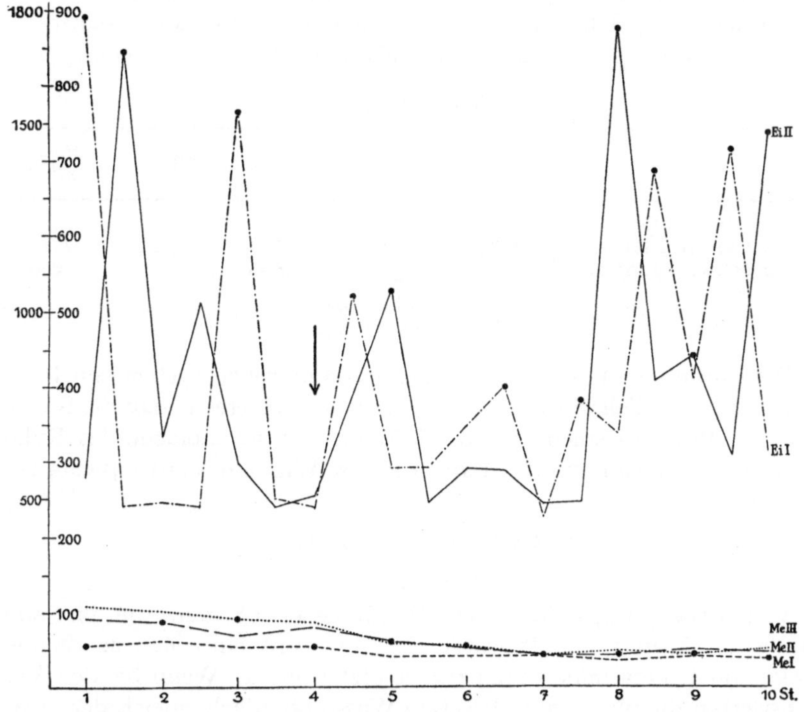

Abb. 37. Eichhornia speciosa und Metrosideros tomentosa. Transpirationsverlauf in Ruhe und Wind; s. Tabelle 45.

das hygromorphe System einen transpirationssteigernden Einfluß hat. Der Versuch bestätigt somit das Ergebnis anderer Experimente.

16. Pistia Stratiotes L.

Versuch 16.

Hielten die völlig intakten Pflanzen von Eichhornia speciosa die Atmosphäre meines Versuchszimmers ohne jegliche Schädigung aus, so war dies bei den in ähnlicher Weise präparierten Pflanzen von Pistia Stratiotes nicht der Fall. Die bewurzelten Pflanzen sind in 150 cm^3 Erlenmeyerkolben wasserdampfdicht eingeschlossen worden. Die Pflanzen welkten sehr rasch und, um möglichst einwandfreie Resultate zu bekommen, wurden zwei Wägungen innerhalb 20 Minuten vorgenommen. Hernach ist der Versuch nicht weiter fortgesetzt worden. Die Tabelle 46 enthält die Angaben des Versuches, der mit abgeschnittenen

Blättern nochmals wiederholt wurde. Verglichen ist die Transpiration mit der Verdunstung eines 36 cm² großen Pappdeckelstücks, das unter den nämlichen Bedingungen sich befand, wir können also „relative Transpirationswerte" angeben, denen aber meinerseits nur der Wert zugesprochen wird, daß selbst eine maximal transpirierende Pflanze wie Pistia die Verdunstung einer freien Wasserfläche nicht erreicht.

Tabelle 46.

	Pflanze 1	Pflanze 2	Blatt 1	Blatt 2	Pappstück
Pro Stunde pro 100 cm² Fläche	4113	1667	1667	4583	2317
Windgeschw. 3,7 m/sek.	1452	3500	3806	1333	9500

$$T/E: \quad \text{Ruhe: } 0{,}66 \quad \text{Wind: } 0{,}42$$

Der Einfluß des Windes ist bei dem hygromorphen System von Pistia nicht verwunderlich, doch ist der Hinweis von Interesse, daß die Steigerung bei Pistia in einem 3,7 m/sek Wind nur das 2,6fache des Ruhewertes beträgt, während das Pappstück im Winde das etwa 4fache verdunstet.

17. Lemna minor L.

Versuch 17.

Von zwei Glasgefäßen vom Durchmesser 68 mm, die bis zum Rande mit Wasser gefüllt waren, ist eines mit einer nahezu dichten Decke von Lemna minor-Pflanzen besetzt worden. Wenn bei den Versuchswerten die mit Lemna besetzte Wasseroberfläche gleich der Oberfläche von Lemna selbst gesetzt wurde, so ist der Fehler etwa 5 vH. Daß den Versuchen trotz dieses Fehlers Gültigkeit zukommen kann, ist aus dem Ergebnis ersichtlich.

Die Transpiration bzw. die Verdunstung pro Stunde und pro 100 cm³ Oberfläche ergab nach wiederholtem Abwägen in mg nebenstehende Werte:

Tabelle 47.

	freie Wasserfläche	Lemna minor
Tageslichtlampen, $T = 32°$, $F = 30$ vH		
Ruhe	1875	1970
Wind 1,2 m/sek.	14437	6593
3,7 m/sek.	28000	8125
7,2 m/sek.	33750	8437

Die graphische Darstellung der Werte Abb. 38 erinnert an die Kurven, die wir im 1. Kapitel auf S. 35 einer eingehenden Diskussion unterzogen haben. Die Steigerung der freien Wasserfläche im Winde entspricht ganz der der Pappstücke, wenngleich die Steigerung etwas stärker ist. Der

Wind bedingte eine leichte Kräuselung der freien Wasserfläche, wodurch natürlich eine leichte Oberflächenvergrößerung gegeben ist. Bei der zusammenhängenden Lemnafläche war eine Kräuselung nicht vorhanden. Es erscheint sehr sonderbar, daß in unbewegter Luft die Lemnafläche mehr transpiriert als die gleich große Wasserfläche. Zu erklären ist aber dieser Umstand einfach dadurch, daß die Oberfläche bei Lemna effektiv größer ist als bei dem Evaporationsgefäß. Die Unterschiede sind sehr gering, so daß auf diesen Umstand kein großes Gewicht gelegt werden kann. Von einem Index $T/E > 1$ kann auf keinen Fall die Rede sein. Worauf wir hier aber besonders achten müssen: das Verhalten der Transpiration von Lemna im Winde. Die Lemna- und die Wasserkurve divergieren mit zunehmender Windgeschwindigkeit, und das Transpirationssystem von Lemna bildet schon bei einer Windgeschwindigkeit von 3,7 m/sek für den Wasserdampfaustausch limiting factor. Die weitere Steigerung ist minimal.

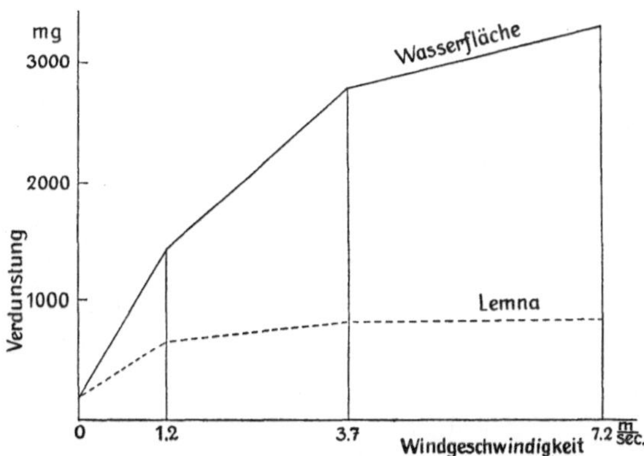

Abb. 38. Abhängigkeit der Transpiration von Lemna minor und der Verdunstung einer flächengleichen Wasserfläche von der Windgeschwindigkeit; s. Tabelle 47.

Was wir früher mit Modellsystemen deutlich machen konnten, läßt sich hier am pflanzlichen System empirisch feststellen. Schwacher Wind hat auf das System dieselbe Wirkung wie ein starker; ist er hinreichend stark, die Dampfkuppe über dem System wegzuwischen, ohne eine maximale Absättigung von der Luv- zur Leeseite zu erfahren, so kann die Transpiration bei konstanten Bedingungen der Außenwelt und des Systems nicht vergrößert werden, wie groß auch die Windgeschwindigkeit sein mag. Eine Übertragung der Versuchsergebnisse auf einen mit Lemna besiedelten Teich in der Natur ist nur zulässig unter Beachtung der Größenordnung der Flächen und dergleichen Faktoren.

18. Tropaeolum majus L., Nerium Oleander L., Poinsettia pulcherrima Grah. und Rhododendron hybridum hort., Pistia Stratiotes L., Eichhornia speciosa Kunth.

Versuch 18.

Die meisten der bisherigen Versuche sind in sehr dampfdruckschwacher Atmosphäre ausgeführt worden; das „Klima" des Versuchszimmers ist mit gutem Recht xerisch zu nennen. Zur Vervollständigung der Versuche schien mir die Gegenprobe von Wichtigkeit, die Transpiration der verschiedenen Transpirationssysteme in feuchtem ,,Klima" zu untersuchen. Zu diesem Zwecke diente mir das Avenaversuchszimmer des Laboratoriums. Die Feuchtigkeit schwankte gering. Die Tempera-

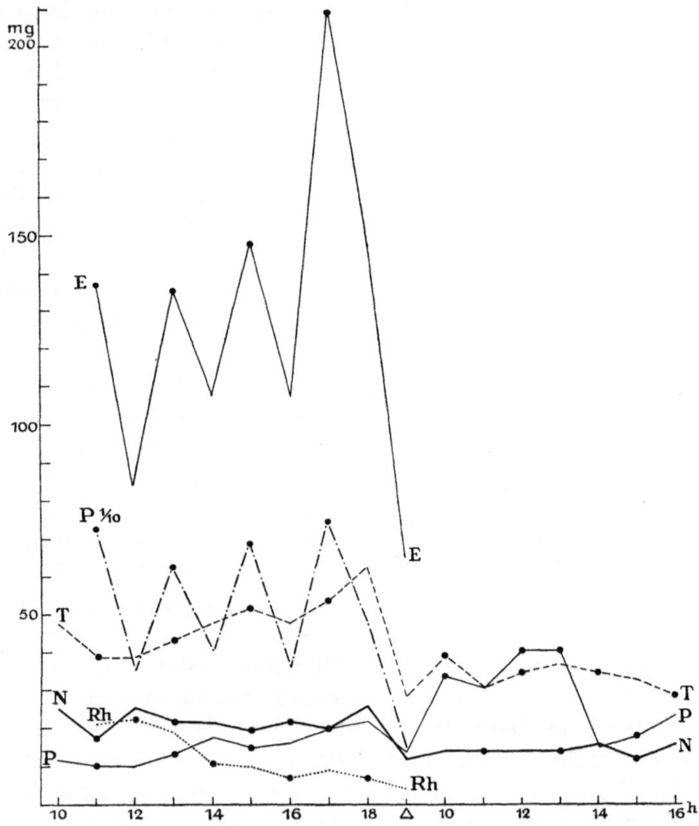

Abb. 39. Tropaeolum majus (T), Nerium Oleander (N), Poinsettia pulcherrima (P), Rhododendron hyb. (Rh), Pistia Stratiotes (P¹/₁₀) und Eichhornia speciosa (E). Transpirationsverlauf in Ruhe und Wind. Die Transpirationsraten von Pistia sind um ¹/₁₀ verkleinert eingezeichnet; s. Tabelle 48.

tur war 26,1°, die Psychrometerdifferenz 2° ± 0,5°. Die Versuche wurden an zwei aufeinander folgenden Tagen ausgeführt, doch da die Bedingungen konstant blieben, können die Werte in der Tabelle 48 gut miteinander verglichen werden, wie es auch angängig ist, sie in eine graphische Darstellung (Abb. 39) aufzunehmen. Der Einfachheit halber sind nur jeweils die Pflanzen 1 dargestellt. Tropaeolum, Nerium und Poinsettia sind gleichzeitig untersucht worden, ebenso Rhododendron, Pistia und Eich-

Tabelle 48.

Pflanze:	Tropoaelum majus		Nerium Oleander		Poinsettia pulcherr.		Rhododendron		Pistia Stratiotes		Eichhornia speciosa	
	1	2	1	2	1	2	1	2	1	2	1	2
	47,5	20,3	25,2	22,8	11,5	9,5	—	—	—	—	—	—
	38,8	29,3	17,4	24,9	10,0	9,5	21,3	11,3	734	343	137	88,8
	38,8	36,0	25,2	33,2	10,0	11,2	22,3	12,1	350	703	84,6	167
	42,9	30,0	21,3	29,0	13,0	16,0	18,4	8,0	622	343	135	105
	47,5	29,3	21,3	36,3	17,3	9,5	10,6	7,2	402	750	108	195
	51,4	36,0	19,4	31,0	14,4	17,6	9,7	8,0	688	380	148	108
	47,5	38,3	21,3	16,6	15,9	12,8	6,8	4,0	360	647	108	182
	53,5	38,3	19,4	20,7	20,0	17,6	8,7	5,6	744	375	210	126
	62,6	40,5	25,2	20,7	21,5	17,6	6,8	7,2	472	847	148	244
	28,0	26,1	11,6	10,4	13,6	24,8	3,9	3,0	152	136	65,2	76,1
	38,8	34,0	13,6	10,4	33,2	16,0	—	—	—	—	—	—
	30,3	29,3	13,6	10,4	30,3	43,2	—	—	—	—	—	—
	34,5	27,0	13,6	8,3	40,0	33,6	—	—	—	—	—	—
	36,7	36,0	13,6	14,5	40,0	38,4	—	—	—	—	—	—
	34,5	36,0	15,5	8,3	14,4	24,0	—	—	—	—	—	—
	32,4	36,0	11,6	12,4	17,3	22,4	—	—	—	—	—	—
	28,0	40,5	15,5	12,4	28,1	25,7	—	—	—	—	—	—

Windgeschwindigkeit 1,3 m/sek.

hornia. Von Nerium und Rhododendron sind Zweigstücke, von Tropaeolum und Poinsettia frisch mit dem Erdwurzelballen umgepflanzte Exemplare verwendet worden, während Pistia und Eichhornia in der früher beschriebenen Weise, in Bechergläsern mit Paraffinöl abgedichtet, zum Versuche dienten. Die Abwägung wurde stündlich vorgenommen. Windgeschwindigkeit betrug während des ganzen Versuches 1,3 m/sek. Mit Ausnahme der mit Δ verzeichneten „Nachtmittelwerte" brannten während des Versuches die beiden 500 W-Tageslichtlampen.

In der graphischen Darstellung ist die Kurve von Pistia um $1/10$ verkleinert dargestellt. Ersichtlich ist aus der Darstellung, daß die Hygrophyten Pistia und Eichhornia jedenfalls die absolut größte Transpiration aufweisen und ganz unverkennbar eine Transpirationssteigerung im Winde. Die minimalen Transpirationswerte fallen in die Nacht, was auch für die anderen Pflanzen gilt. Tropaeolum hat eine wesentlich geringere Transpiration als die Hygrophyten, zumal das zweite

Exemplar, das ein wenig welk war. Die Transpirationsraten von Poinsettia liegen aber weit unter denen von Nerium und auch Rhododendron. Wenigstens am 1. Tage. Am 2. Tage erhebt sich aber die Transpiration von Poinsettia sogar zeitweilig über die von Tropaeolum, um aber hernach stark abzufallen zu der Größe von Nerium. Aus diesem Verhalten ist zu entnehmen, wie angebracht es ist, lang andauernde Versuche zu machen, denn ohne Zweifel lautet das Versuchsergebnis des 1. Tages, daß die Transpiration von dem mesophytischen Poinsettia geringer ist als die der Xerophyten! Es ist außerordentlich schwierig, mit einigen Zahlen eine Hypothese zuverlässig zu fundieren. Wie wir im folgenden Kapitel 4 sehen werden, ist ein einzelnes Versuchsergebnis nicht ohne weiteres zwingend. Wurden außerdem bei Versuchen noch abgeschnittene mesophytische Pflanzen verwandt, die kurz nach dem Abschneiden in einen Welkungszustand übergehen, so ergab sich häufig mit welkenden Mesophyten eine absolut höhere Xerophytentranspiration. Der vorliegende Versuch spricht auf keinen Fall für die stärkere Xerophytentranspiration, zumal wenn die Maximalwerte verglichen werden. Zu erwähnen ist noch, daß die xeromorphen Systeme auf Wind nicht, die mesomorphen kaum reagieren.

D. Versuchsergebnisse.

1. Diskussion über die Transpiration in bewegter und unbewegter Luft.

Nachdem wir möglichst ohne theoretische Erörterungen die Versuche besprochen und über die Versuchsergebnisse anderer Untersucher hinweggesehen haben, soll jetzt die Literatur kurz besprochen werden. Mit der Literatur der „absoluten Transpirationsraten" der verschiedenen Blattsysteme befassen wir uns in einem besonderen Kapitel, das als Verteidigungsschrift der Xerophytentheorie von SCHIMPER eine Sonderstellung verdient.

Es kann sich hier nicht darum handeln, alle Literaturangaben für und wider Windeinfluß zu erörtern, da mehr Meinungen geäußert als Versuchsdaten mitgeteilt wurden. BURGERSTEIN (1904, 1920) und SEYBOLD (1929) stellten die Ergebnisse dieser Mitteilungen dar, so daß hier nur die Arbeiten zu beachten sind, die experimentelle Beiträge zur Transpirationsanalyse enthalten. Es sind dies vor allem die Arbeiten von UNGER (1861), WIESNER (1867), BERNBECK (1907 und 1924) und RENNER (1910)[1], die zum Teil neben physikalischen Untersuchungen pflanzliche Systeme zu den Versuchen heranzogen. Seltsam ist, daß

---

[1] Einige Daten LOFTFIELDS (1921) lassen keinen, oder nur geringen Einfluß des Windes auf die Transpiration erkennen.

vor allem in der ökologischen Literatur die Frage, ob der Wind die
Transpiration beeinflußt oder nicht, apodiktisch entschieden werden
sollte, was zu den widerlichsten Polemiken führte. Da von den einzelnen Untersuchern verschiedene Objekte ins Auge gefaßt wurden, sind
die oft „gegensätzlichen Ergebnisse" gar nicht vorhanden.

UNGER (1861) gibt einen ausführlichen Versuch von Digitalis purpurea wieder, der in Abb. 40 eine graphische Darstellung erfahren hat.

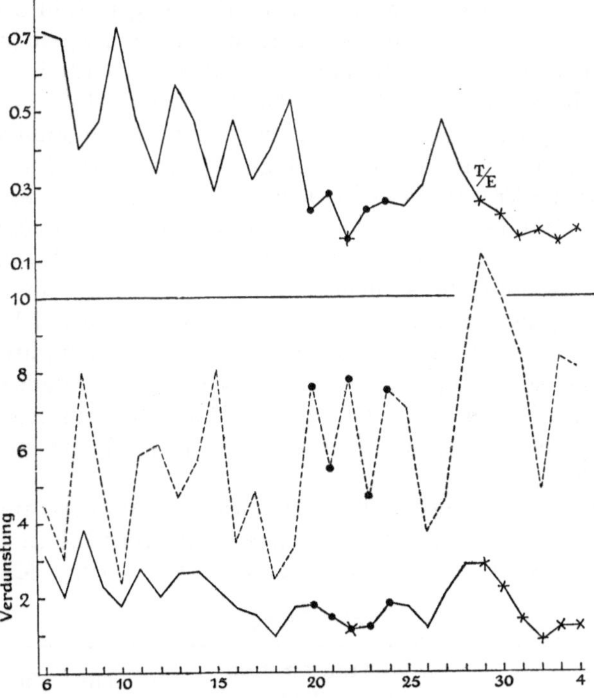

Abb. 40. Digitalis purpurea L. nach UNGER (1861). Transpirationsverlauf vom 6. Juli bis 4. September.
Die Transpirationsraten der Windeinwirkung sind mit ● bezeichnet, ✕ bedeutet Trockenheit des Bodens.

Sind die Versuchsbedingungen auch nicht konstant, so zeigt die Kurve
der Digitalistranspiration doch ganz deutlich eine völlige Unabhängigkeit der Transpiration vom Winde. Mit den vorliegenden Untersuchungen steht dieses Ergebnis in bestem Einklang. In die Abb. 40
ist die Evaporationskurve und die Indexkurve T/E aufgenommen
worden, auf die wir schon früher Bezug nehmen konnten. Die Arbeit
von UNGER ist leider ganz in Vergessenheit geraten, und viele Jahrzehnte
wären an Spekulationen ärmer, aber an fruchtbaren Untersuchungen
reicher geworden, wenn man die Transpirationsanalyse im Sinne von
UNGER weitergeführt hätte. UNGER definierte, wie SACHS, klar, daß die

pflanzliche Organisation den physikalischen Vorgang der Transpiration modifiziert, so daß eine Entscheidung über die Einwirkung der äußeren Faktoren nicht mit einem bündigen Ja oder Nein möglich ist.

WIESNER (1887) setzte die Analyse der Windtranspiration fruchtbar fort, indem er vor allem bestrebt war, die stomatäre (interzelluläre WIESNERS) und die kutikuläre (epidermoidale WIESNERS) scharf zu trennen. Die Ergebnisse seiner Untersuchung sind bei SEYBOLD (1929) zusammengestellt. Die angewandte Windstärke war 3 m/sek. Die Zeitabschnitte der einzelnen Transpirationsbestimmungen wählte WIESNER je nach den Objekten verschieden lang, und sie sind nicht unter denselben Außenbedingungen ausgeführt worden, so daß die absoluten Werte nicht direkt vergleichbar sind. Die Gewichtsverluste sind nur in vH des Frischgewichts ausgedrückt, Oberflächenbestimmungen fehlen aber. Die steigende Anordnung der Transpirationswerte im Winde als $n$fache Größe der Transpiration in Ruhe ergibt, daß die xeromorphen Pflanzen im Winde eine relativ stärkere Transpirationssteigerung haben, als die mesomorphen. WIESNER faßte seine Resultate zusammen: Die absolute Wassermenge, die ein Pflanzenteil im Winde abgibt, ist größer, als wenn die Pflanze in unbewegter Luft sich befindet. Hat Saxifraga sarmentosa im Winde eine geringere Transpiration gegenüber der Ruhe, so soll das auf einem im Winde eingetretenen Spaltenschluß zurückzuführen sein. Die größte Transpirationssteigerung erfahren im Winde diejenigen Pflanzen, die in Ruhe die geringste Transpiration haben.

WIESNER schenkt dieser Tatsache erhöhte Aufmerksamkeit und sucht sie durch einen Versuch zu erhärten. Abwechselnd in Ruhe und Wind wird ein Blatt von Goldfussia glomerata je nach 5 Minuten ab-

Tabelle 49.

	Transpiration in mg	Verh. Ruhe : Wind
Ruhe	16	
Wind	20	I : 1,2
Ruhe	11	
Wind	8	I : 0,7
Ruhe	4	
Wind	7	I : 1,7
Ruhe	3	
Wind	6	I : 2
Ruhe	2	
Wind	6	I : 3
Ruhe	1	
Wind	6	I : 6
Ruhe	0,5	
Wind	5	I : 10

gewogen und das Verhältnis von zwei aufeinander folgenden Werten, also Ruhewert: Windwert, gebildet.

Dieses Versuchsergebnis suchte WIESNER durch einen Modellversuch zu erhärten, indem er eintrocknendes Gummiarabikum verdunsten ließ. Wir haben bereits bei den Versuchen, S. 36 gesehen, daß der Befund nur ein Spezialfall ist, die richtige Deutung des Versuches haben wir bereits gegeben, worauf hiermit verwiesen sei. Was aber die pflanzlichen Systeme anlangt, die in Ruhe eine sehr schwache Transpiration haben, so wird diese im Winde relativ viel stärker gesteigert als die von in Ruhe stark transpirierenden Systemen. An Hand der von WIESNER mitgeteilten Versuchsbedingungen kann an den Versuchen wenig Kritik geübt werden. Ein Hauptfehler der Versuche ist zweifelsohne der, daß WIESNER im allgemeinen nur eine Bestimmung in Ruhe, dann eine in Wind und eine zweite in Ruhe machte, um dann den Versuch abzubrechen. Die vorliegenden Versuche zeigen, daß mit solchen Bestimmungen in kurzen Zeiträumen wenig zuverlässige Schlüsse gezogen werden können. WIESNER war gezwungen die in Ruhe und Wind schwach transpirierenden Pflanzen wesentlich länger Ruhe und Wind auszusetzen. Sind die Versuchsgefäße nicht völlig dicht gewesen, so muß die Steigerung im Winde um so deutlicher zum Ausdruck kommen, je länger der Wind einwirkt. Die eigenen anfänglichen Mißerfolge, die bereits erwähnt worden sind, veranlaßten mich, die Versuchsgefäße völlig dicht abzuschließen, um nicht die Verdunstungssteigerung des Gefäßes als Transpirationssteigerung zu registrieren. Rein theoretisch erscheint WIESNERS Befund ganz unverständlich, zumal der Grenzfall bei minimaler Verdunstung in Ruhe im Winde eine maximale Verdunstung besäße, die in Ruhe o gesetzt, im Winde relativ groß sein müßte. Die eigenen Untersuchungen bestätigten in keinem Falle WIESNERS Ergebnisse; desgleichen sprechen auch die indirekten thermoelektrischen Transpirationsmessungen nicht für seine Befunde. Aus den zahlreichen physikalischen Untersuchungen des 1. Kapitels konnten wir eindeutig ablesen, daß eine freie Wasserfläche im Winde die relativ stärkste Steigerung erfährt, und nur der Versuch S. 36 konnte WIESNERS Befund als Spezialfall erklären, der aber sicherlich auf die pflanzlichen Systeme nicht anwendbar sein wird. Gerade die schwach transpirierenden Systeme der Sukkulenten transpirieren ohne Einfluß des Windes.

Ehe wir auf die heute ganz allgemein als richtig befundene Hypothese BERNBECKS von der Wirkung des Windes eingehen, seien die Ergebnisse von RENNER (1910) in der folgenden Tabelle wiedergegeben. Genauere Angaben über die herrschenden Transpirationszustände fehlen leider, so daß schon aus diesem Grunde den Zahlen kein zuverlässiger Wert zukommt. Außerdem arbeitete RENNER mit einzelnen abgeschnittenen Blättern und setzte die Versuche nicht abwechselnd mit

„Ruhe" und „Wind" über größere Zeiträume fort, was wir als erste Forderung für zuverlässige Werte stellen müssen.

Tabelle 50.

	Ruhe	Wind	n-fach des Ruhewertes
Nuphar luteum.	0,025	0,110	4,6
Nuphar luteum.	0,0167	0,083	5,0
Hydrangea hort.	0,012	0,021	1,8
Archangelica officinalis	0,033	0,12	4
Gentiana lutea	0,018	0,044	2,5
Gentiana lutea	0,0143	0,045	3
Rhododendron hybr. hort.	0,0013	ca. 0,0013	1

Obwohl RENNER sich sehr um die Erfassung der physiologischen Komponente der Transpiration dieser Pflanzen mühte, vermögen seine Spaltöffnungsmessungen keinen weiteren Einblick in die Verhältnisse zu geben. Den relativen Werten können wir wohl entnehmen, daß die hygromorphe Nuphar im Winde die relativ stärkste Transpirationssteigerung erfährt, während die anderen Mesophyten bereits eine geringere Steigerung zeigen, die bei Rhododendron ganz fehlt. Die Deutung, die RENNER seinen Versuchen gegeben hat, ist vollkommen richtig, wenngleich er nicht apodiktisch ausgesprochen hat, daß die Porensysteme im Winde keine oder nur eine geringe Transpirationssteigerung erfahren.

Den Ergebnissen von RENNER ist aber nicht die nötige Beachtung geschenkt worden, und vor allem stützte sich die Ökologie mehr auf die Versuche von BERNBECK (1907, 1924), die den Einfluß des Windes ganz anders als bisher deuten ließen. Hielt man bisher die Einwirkung des Windes im physikalischen Sinne als eine Transpirationssteigerung infolge der in Ruhe sich bildenden Dampfkuppenbildung, so warf BERNBECK die Frage auf, ob die Wirkung des Windes nicht darauf beruhen könne, daß durch das Biegen der Blätter im Winde die dampfgesättigte Interzellularluft aus den Stomata ausgepreßt würde, was zu ganz enormen Transpirationssteigerungen führen kann. Diese Auffassung hat BERNBECK (1907) nur ganz mutmaßlich ausgesprochen, denn seine eigenen Versuche, die sich ebenfalls nur über kurze Zeiträume ausdehnten, schienen ihm nicht hinreichend zuverlässig. Die Versuchsangaben sind sehr unvollständig, über die Dauer der Versuche, über die Außenbedingungen der Transpiration usw. werden wir im Unklaren gelassen, so daß die Versuche auch eine ganz andere Ausdeutung erfahren können. Am besten erschien es mir daher, die Versuche BERNBECKS zu wiederholen, um in Erfahrung zu bringen, bei welchen Windgeschwindigkeiten „große weiche Blätter anfangen, durch mechanische Biegungen katastrophale Wasserverluste zu erleiden" (STOCKER 1923[1]).

Die maximale Windgeschwindigkeit, die ich mit meinem Windmotor erzielen konnte, war 12 m/sek.; verglichen wurde jeweils ein Blatt, das frei im Winde sich biegen konnte und ein anderes, das unter ganz gleichen Umständen zwischen einer Drahtverstrebung fixiert worden war, so daß Biegungen nicht möglich sein konnten. Die Versuche wurden ausgeführt mit *Helianthus annuus, Calystegia sepium, Cucurbita Pepo* und *Tropaeolum majus*.

Die Gewichtsverluste der folgenden Versuche wurden 10 minutlich festgestellt in mg. Die Temperatur war konstant 16°, die relative Feuchtigkeit 80 vH. Das Versuchszimmer war mit einer Deckenlampe elektrisch erhellt, die Versuche wurden unmittelbar nach dem Verbringen der Blätter in das Versuchszimmer begonnen.

Helianthus annuus, drei abgeschnittene Blätter:

	Ruhe	Wind 12 m/sek.	
		befestigt	frei
	0,520	0,850	0,780

Transpirationsverhältnis des befestigten Blattes: unbefestigten Blatt

$$1,08 : 1,$$

Oberfläche der beiden Blätter

$$1,07 : 1,$$

Frischgewicht der beiden Blätter

$$1,05 : 1.$$

Aus diesem Versuch, der wiederholt wurde mit einem befestigten Blatt und einem frei im Winde sich bewegenden, in einem Winde von 7,7 m/sek. zeigte bei dem frei beweglichen keinerlei Transpirationssteigerung. Der Transpiration der Ruhe gegenüber sehen wir wohl eine geringe Steigerung. Das Blatt stimmte flächeninhaltlich mit dem befestigten Blatt überein.

Calystegia sepium:

	Ruhe	Wind 7,7 m/sek.	
		befestigt	frei
	0,100	0,100	0,110

Transpirationsverhältnis des befestigten Blattes: unbefestigten

$$1 : 1,1,$$

Oberfläche der beiden Blätter

$$1 : 1,05,$$

---

[1] v. FABER (1927) spricht gar von einer 20 fachen Transpirationssteigerung im Winde. Bei dieser Berechnung scheinen die BERNBECKschen Zahlen zugrunde zu liegen, denn freie Wasserflächen dürften kaum so enorme Steigerungen erfahren.

Frischgewicht der beiden Blätter

1 : 1,03.

Die Steigerung ist so minimal, daß sie innerhalb der Fehlergrenze liegt.

Cucurbita Pepo:

Ruhe	Wind 11 m/sek.	
	befestigt	frei
0,180	0,180	0,210

Transpirationsverhältnis des befestigten Blattes: unbefestigten

1 : 1,16,

Oberfläche der beiden Blätter

1 : 1,06,

Frischgewicht der beiden Blätter

1 : 1,13.

Wiederholung:

Wind 7,7 m/sek.		Wind 12 m/sek.	
befestigt	frei	befestigt	frei
0,100	0,90	0,230	0,320
0,100	0,110	—	—

Transpirationsverhältnis der beiden Blätter (fest: frei)

7,7 m/sek. 1 : 1,
12,0 m/sek. 1 : 1,4,

Oberfläche der beiden Blätter

1 : 1,15,

Frischgewicht der beiden Blätter

1 : 1,18.

Der Wind von 12 m/sek. beschädigte die beiden Blätter, von den frei beweglichen wurden zwei Hauptnerven abgeknickt, während das befestigte in der Drahtverstrebung einige Schürfungen aufwies. Eine Windgeschwindigkeit von 7,7 m/sek. hatte keinen stärkeren Einfluß bei einem der beiden Blätter. Bei weiteren Versuchen ließ sich im Winde bei den befestigten Blättern leider nie ganz vermeiden, daß Schürfungen auftraten, so daß die Vergleichszahlen nicht zuverlässig erschienen. Mit *Tropaeolum majus* wählte ich eine andere Versuchsanordnung. Sechs Einzelblätter sind wasserdampfdicht in die gebräuchlichen Versuchsgefäße eingesetzt und anderen Tags in völlig turgeszentem Zustande in den Versuch aufgenommen worden. Die Blätter waren verschiedenen Windgeschwindigkeiten ausgesetzt, indem sie in verschiedenem Abstande vom Windfächer standen. Das Versuchsergebnis enthält die Tabelle 51.

Tabelle 51.

Wind-geschwin-digkeit	1. Blatt	Wind-geschwin-digkeit	2. Blatt	Wind-geschwin-digkeit	3. Blatt	Wind-geschwin-digkeit	4. Blatt	Wind-geschwin-digkeit	5. Blatt	Wind-geschwin-digkeit	6. Blatt
8	0,026	8	0,017	8	0,077	3	0,022	2	0,030	0	0,040
0	0,022	0	0,017	0	0,040	2	0,022	8	0,030	6	0,040
0	0,026	0	0,022	6	0,061	12	0,069	12	0,160	—	—

Die Werte sind auf 100 cm² Blattoberfläche in mg umgerechnet worden. Als Mittelwerte aus den sehr schwankenden Werten erhalten wir

Windgeschwindigkeit   0   2   3   6   8   12 m/sek.
      0,030   0,026   0,022   0,050   0,038   0,160 (0,069)

Bis zu einem Winde von 8 m/sek. sehen wir nur einen kleinen Transpirationsanstieg, der sicherlich auf die gesteigerte Kutikulärtran-

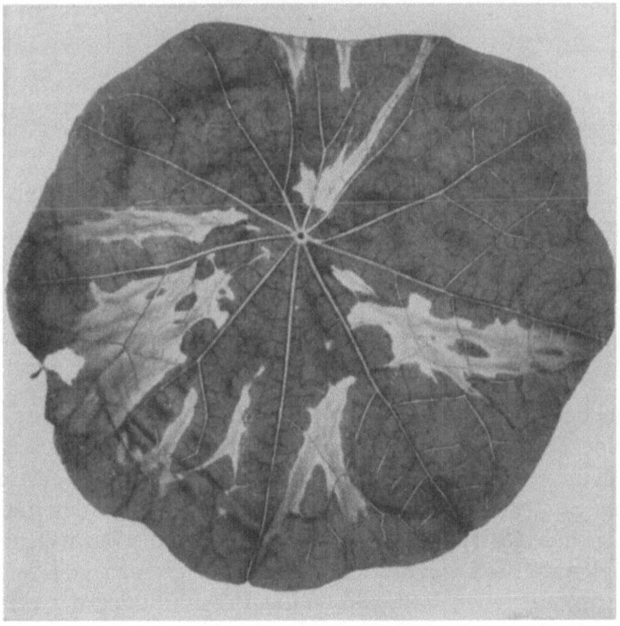

Abb. 41. Tropaeolum majus. Das 5. Blatt des Versuches (Tabelle 51), wobei die Einwirkung eines Windes von 10 m/sek. 1 Stunde währte. Die hellerscheinenden Stellen sind die Quetschungen, aus denen das Zellwasser ausgetreten ist. Am linken Rande der Blattlamina ist eine kleine Zerfetzung ersichtlich.

spiration zurückzuführen ist. Erst bei einem Winde von 12 m/sek. tritt eine starke Wasserdampfabgabe ein, die aber durch die starke Beschädigung der Blätter bedingt ist. Die Abb. 41 gibt das Blatt 5 nach der

Exposition in dem 12 m/sek.-Wind wieder. Da die Abwägung stündlich vorgenommen wurde, befand sich das Blatt 5 eine volle Stunde in dem starken Winde. In diesem ist das Blatt tütenförmig zusammengepreßt worden, so daß in den Geweben Quetschungen auftraten, die das Zellwasser austreten ließen.

Es unterliegt gar keinem Zweifel, daß der Wind die Gewebe von zartgebauten Blättern deformieren kann wie in dem vorliegenden Falle oder wie bei Cucurbita, wo die Hauptrippen abgeknickt worden sind. Damit ist aber das System verändert. Die kutikuläre Transpiration wird durch den ausgepreßten Zellsaft eine viel stärkere. Die graphische Darstellung (Abb. 42) vergegenwärtigt die herrschenden Zustände, die,

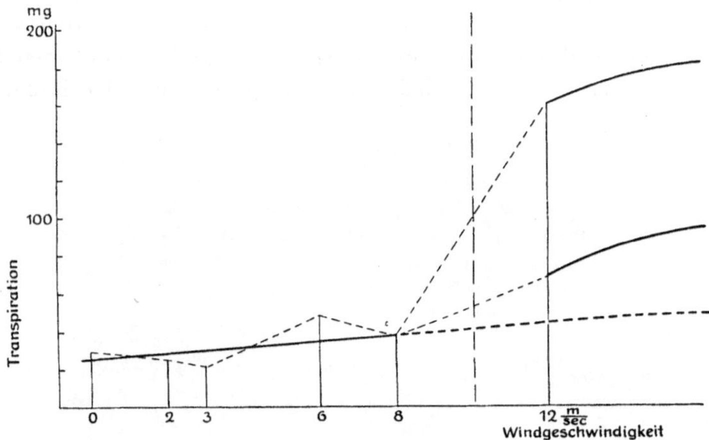

Abb. 42. Darstellung der Transpiration bei wachsender Windgeschwindigkeit, unter Anlehnung an die Ergebnisse der Tabelle 51.

schematisch betrachtet, ganz allgemeingültig sein dürften. Erleidet das System keine Deformation, so wird die Transpiration nach der „ausgezogenen Kurve" mit steigender Windgeschwindigkeit verlaufen, tritt jedoch eine Systemveränderung ein, so transpiriert das deformierte System nach den gestrichelt gezeichneten Kurven. Bei welchen Windgeschwindigkeiten die Deformation eintritt, hängt ganz von der Struktur der Blätter ab, auf jeden Fall sind zu der Beschädigung der pflanzlichen Systeme starke Winde notwendig.

Wir dürfen aber nicht außer acht lassen, daß wir die Pflanzen auch im vorliegenden Falle ganz abnorm großen Windgeschwindigkeiten ausgesetzt haben, die in der Natur am natürlichen Standort nur als Ausnahmefall auftreten dürften. Die Windgeschwindigkeitsangaben von meteorologischen Stationen kommen nicht ohne weiteres für die pflanzlichen Systeme in Betracht. Eine Untersuchung von URSPRUNG (1904) zeigt, wie stark die Angriffsflächen der Blätter durch Drehungen und Biegungen der Blattstiele vermindert werden, was in den vorliegenden Versuchen nicht der Fall war, da die Versuchsanordnung die Bewegungen des Blattstieles so gut wie ganz aufhob. Wie dem auch sei, die Windwirkungen, wie BERNBECK sie verallgemeinern will, kommen für die Transpiration nicht in Frage. Die Schädigungen sind Probleme der Pathologie; von einem Auspressen der Interzellularluft kann bei den Windgeschwindigkeiten (bis mindestens 8 m/sek.) nicht die Rede sein, was schon hinsichtlich der Tatsache sehr unwahrscheinlich ist, daß durch ein Biegen der Blattlamina durchaus keine Volumveränderung stattfinden muß. Dieser Beweis wäre erst zu erbringen. Die spekulativen Erörterungen, die STOCKER (1923 und 1928) an die Vermutungen BERNBECKS knüpft, entbehren vorderhand der exakten Beweisführung; mir erscheint die selektive Funktion der Winterstürme auf ericoide und nicht ericoide Blätter sehr gesucht. Daß die Blätter allein der Winterstürme wegen xeromorph sind, muß ebenfalls bewiesen werden, insofern sich die Ökologie nicht mit modernen Zweckmäßigkeitshypothesen begnügen will.

Die Untersuchung von GRADMANN (1923) über die Windschutzeinrichtungen an Spaltöffnungen werden ebenfalls sehr oft so verallgemeinert, was GRADMANN selbst nicht getan hat. Die Arbeit über die Windschutzeinrichtungen der Spaltöffnungen suchte vor allem einige Zusammenhänge zwischen Blattbau und Gaswechsel, besonders in bewegter Luft, herauszustellen. Leider berücksichtigte GRADMANN bei der Auswertung seiner Versuchsresultate viel zu wenig die Momente zulässigen Vergleiches, die er selbst in der Einleitung des III. Abschnittes erwähnt. Abgesehen davon, daß die absoluten Größenverhältnisse seiner Modelle keinen bündigen Schluß auf die Dynamik des Gaswechsels bei der Größenordnung der Spaltöffnungen zulassen, hat GRADMANN schwer miteinander vergleichbare Modelle konstruiert. Im einzelnen auf die mangelhaft definierten Versuche einzugehen, ist nicht erforderlich, eine Erwähnung muß nur der Versuch finden, der GRADMANN als Stütze für die Behauptung dient, daß die emporgehobene Spaltöffnung nicht als transpirationsfördernd im Sinne von HABERLANDT (1918) angesehen werden kann, vielmehr daß die eingesenkte Spaltöffnung im Winde eine ungleich größere Transpiration als die komparable, emporgehobene hat. Teleologisch orientierte Untersucher versäumten nicht, diesen Befund in die moderne Ökologie aufzunehmen.

Die Abb. 43 gibt die Modelle und ihre Größenangaben wieder, die GRADMANN zu seinem Versuche verwandte. Im Mittel war das Verhältnis der Verdunstung, Leiste: Trichter (im Winde)

$$1 : 3,84.$$

Der Raum der Kartonaufsätze ist in beiden Fällen gleich groß, in beiden muß auch der gleiche Dampfdruck herrschen, da aus den Gefäßen G dieselbe Menge Wasser entweicht

$$V p = k.$$

Zu vergleichen haben wir somit nur die Flächen, an denen die Moleküle aus dem System in die Luft übertreten. Die GRADMANNschen Modelle haben ein Flächenverhältnis $F_1 : F_2$ von

$$1 : 5,3.$$

Die Modelle sind demnach nicht so konstruiert, daß man entscheiden könnte, ob der Trichter oder die Leiste mehr transpirierten! In dem vorliegenden Falle kann man nur konstatieren, daß die Leiste, d. h. die emporgehobene Spaltöffnung, flächenrelativ *mehr* verdunstet als der Trichter bzw. die eingesenkte Spaltöffnung. Die Versuche von GRAD-

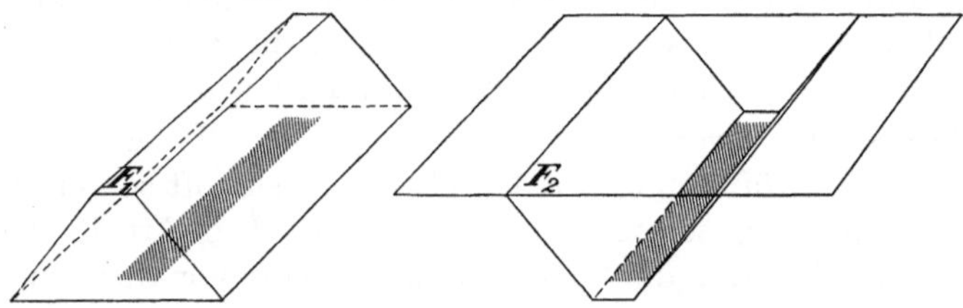

Abb. 43. Die Größenverhältnisse der Verdunstungsmodelle von GRADMANN (1923). Die Flächen der zu vergleichenden Verdunstung sind $F_1 : F_2 = 1 : 5,3$. Die Schraffierung gibt den Spalt an, mit welchem die Kartonmodelle an die Wasserschalen grenzten.

MANN sprechen auf keinen Fall für die Transpirationshemmung der emporgehobenen Spaltöffnung. Es ist daher auch überflüssig, auf die Erörterungen von GRADMANN, die er an den unbrauchbaren Versuch knüpft, näher einzugehen, da es meines Erachtens wenig Sinn hat, mit großen Modellen die Diffusionsverhältnisse der Stomata zu untersuchen. Ohne Zweifel muß eine Verlängerung des Stomataporuskanals als Erhöhung des Diffusionswiderstandes aufgefaßt werden, es kommt aber noch ganz darauf an, wie groß der Dampfdruck am Grunde des Kanals ist, so daß man nicht ohne weiteres nach dem anatomischen Befunde der Stomata auf die Größe der Transpiration schließen kann. Solange es unmöglich ist, Modelle von der Größenordnung der Stomata zu bauen, erscheint mir die vergleichend anatomisch-physiologische Betrachtung im Sinne von HABERLANDT (1918) immerhin ausreichend, erste Richtlinien zu geben für die Beziehungen, die zwischen architektonischer Gestaltung bestimmter Pflanzentypen und den Transpirationsverhältnissen bestehen, zu geben. Aber bündige Schlüsse aus der anatomischen Gestaltung für die Transpirationsgrößen ziehen zu wollen, verbietet jede kritische Forschung.

Als gesicherte Tatsache können wir auf Grund der eigenen Versuche mit pflanzlichen Systemen, was die Einwirkung des Windes auf die Größe der Transpiration anlangt, verzeichnen, daß auf xeromorphe Systeme der Wind ohne Einfluß ist, weil die Kutikulärtranspiration äußerst gering ist und die stomatäre Transpiration unabhängig verläuft von bewegter und unbewegter Luft. Zu dieser These sehen wir uns berechtigt hinsichtlich der physikalisch evident gemachten Unabhängigkeit der Verdunstung vom Winde bei kleinen Poren und vor allem hinsichtlich der umfangreichen Versuchsergebnisse mit xeromorphen Systemen.

Haben die hygromorphen, pflanzlichen Systeme im Winde eine Transpirationssteigerung erfahren, so können wir mit gutem Recht diese auf die Kutikulärtranspiration zurückführen, die den Gesetzen relativ großer freier Wasserflächen bis zu einem gewissen Grade folgt.

Die Analyse der Physik der Transpiration ist noch keineswegs zu Ende geführt, vielmehr müssen weitere Untersuchungen die Größenordnungen der Transpiration exakter bei den einzelnen pflanzlichen Systemen darzustellen versuchen, vor allem unter Berücksichtigung der physiologischen Komponente, die hier sehr stiefmütterlich behandelt worden ist. Da aber durch die Kompliziertheit der Systeme die Analyse eine Abgrenzung verlangt, können die vorliegenden Versuche nicht Anspruch auf die vollständige Lösung der Transpirationsfrage machen, wohl aber werden sie dazu beitragen können, die physikalische Komponente der pflanzlichen Transpiration zu fördern.

2. Diskussion über die absoluten Transpirationsgrößen der verschiedenen Pflanzentypen.

Das vorliegende Versuchsmaterial kann neben der Eruierung der Windwirkung auf die transpirierenden, pflanzlichen Systeme vornehmlich dazu dienen, eine Vergleichsreihe absoluter Transpirationsraten aufzustellen. Damit bekommt man Einblick, welch starke Diffusionswiderstände die anatomisch-histologische Differenzierung der Epidermis den wasserdampfabgebenden Geweben, die vor allem neben anderen physiologischen Prozessen die Assimilation besorgen, bietet. Dieses Problem hängt unmittelbar mit dem eben diskutierten über die Windwirkung zusammen.

Die Analyse der Transpiration achtet vorsichtig auf die physikalische Forderung, die Wasserdampfabgabe in bewegter und unbewegter Luft getrennt zu untersuchen. Die absoluten Transpirationsraten sind daher auch gesondert aufgeführt, während die ökologischen Daten den Außenbedingungen gemäß die „beiden Transpirationen" natürlich nicht einzeln auseinanderhalten. Die großen Schwankungen der Werte lassen die Bildung von Mittelwerten nur bedingt zu, und die häufig gestellte Forderung, die Extremwerte der Transpiration festzuhalten, ist auch

hier beachtet worden. In der Tabelle 56 sind aber die Mittelwerte gebildet worden aus den Versuchen, die unter annähernd den gleichen
Außenbedingungen (Versuchszimmer, der Tabellen 29 ff.) angestellt wurden. Die Blattdicke und die Stärke der Kutikula (äußere Epidermiswand) sind in die Tabelle mit aufgenommen worden, die wachsende Dicke
der oberseitigen Kutikulae (Epidermiswand) lieferte eine kontinuierliche
Reihe, nach der die Transpirationsraten in erster Linie verglichen sein
mögen. Eine der wichtigsten Differenzierungen der Epidermis hinsichtlich der Transpiration ist zweifelsohne die Zahl und die Ausbildung
der Stomata.

Die Zahl der Stomata läßt aber über die Transpirationsgrößen keine
sicheren Schlüsse zu. Vergleichen wir beispielshalber Alisma plantago
mit etwa 30 Spalten pro mm² und Ilex aquifolium mit etwa 200 Spalten,
so sieht man, daß mit der Zahl der Stomata allein wenig Berechtigung
vorhanden ist, auf die Transpirationsintensität zu schließen. Bei Berücksichtigung der Spaltengrößen innerhalb großer Zeiträume, am besten bei
einer 24 stündigen Beobachtung, ließen sich weit bessere Anhaltspunkte
gewinnen. Diese viel Sorgfalt erfordernde Untersuchung gehört der
physiologischen Komponente der Transpiration an. Daß die Porenweite
aber nicht direkt parallel der Transpiration gehen muß, läßt sich der
Untersuchung von KNIGHT (1917) entnehmen, im übrigen verweisen wir
auf die zusammenfassende Darstellung von SEYBOLD (Ergebnisse der
Biologie, Bd. 6).

Bilden wir außerdem noch den Quotienten

$$W/R = \frac{\text{Mittelwert der Transpiration im Winde}}{\text{Mittelwert der Transpiration in Ruhe}},$$

so erhalten wir die in der Spalte 7 mitgeteilten Werte. Diese sind um so
zuverlässiger je mehr Bestimmungen vorliegen. Die Xerophyten und
die Sukkulenten haben nur in einigen Fällen einen Quotienten 1; er
kann um 0,2 verändert sein, was aber ganz ohne Bedeutung ist. Aus den
vorhergehenden Tabellen kann ersehen werden, daß von den stark
abweichenden Werten relativ wenig Bestimmungen vorliegen. Ist der
mesophytische Quotient wenig >1, so ist er bei den Hygrophyten ganz
wesentlich höher. Die Mittelwerte des Versuches 18, der in sehr feuchter
Luft ausgeführt worden ist, sind in Tabelle 52 zusammengestellt.

Tabelle 52.

	Ruhe	Wind	W/R
Pistia Stratiotes	327	716	2,2
Eichhornia speciosa.	102	176	1,7
Tropaeolum majus	37	36,8	1
Poinsettia pulcherrima	20	21	1
Nerium Oleander.	19	17,5	0,9
Rhododendron hybridum . . .	9,6	9,9	1

Tabelle 53.

	Blatt-dicke in μ	Dicke der Kutikula und äußeren Epidermiswand in μ		Transpirations-Mittelwerte der Werte in		Quotient der Ruhe- und Wind-werte W/R.
		Ober-seite	Unter-seite	Ruhe	Wind	
Hygrophyten						
Lemna minor	160	0,12	0,8	1970	6593 (8437)	3,3 (4,3)
Pistia Stratiotes.	100	0,65	0,42	1556	3810	2,4
Eichhornia speciosa . . .	450	0,80	0,80	634	1268	2,0
Alisma Plantago.	190	4,20	3,30	278	384	1,4
Mesophyten						
Impatiens parviflora. . .	190	0,65	0,65	144	159	1,1
Hibiscus roseum.	160	0,80	0,80	—	—	—
Cestrum corymbosum . .	90	1,60	0,80	—	—	—
Datura suaveolens. . . .	290	1,60	0,80	284	524	1,8
Chelidonium majus . . .	100	2,5	0,80	167	169	1,01
Tilia glabra	85	2,5	1,60	—	—	—
Eranthis hiemalis	150	2,5	1,60	659	978	1,5
Tropaeolum majus . . .	170	2,5	1,60	—	—	—
Poinsettia pulcherrima. .	100	3,3	1,60	—	—	—
Sukkulente						
Sempervivum Haworthii .	1,2 cm	0,80	0,80	32	26	0,8
Nopalea Coccinellifera (SPROSS).	1 cm	2,7	27	110	127	1,1
Cotyledon Desmetiana. .	0,6 cm	4,2	4,2	78	78	1
Xerophyten						
Drymis Winteri	315	4,20	4,20	—	—	—
Ficus rubiginosa.	440	4,50	4,50	—	—	—
Rosmarinus officinalis . .	250	6,60	2,50	186,5	209	1,1
Hedera Helix	250	6,60	2,50	49,1	43,5	0,9
Pistacia Lentiscus	315	6,70	3,30	83	84	1
Erica arborea	250	7,50	7,50	38	36,5	0,9
Laurus nobilis	250	8,30	6,50	41	32	0,8
Taxus baccata	370	8,30	8,30	58	64	1,1
Rhododendron hybridum	290	8,30	4,20	69	58	0,85
Quercus ilex	300	10	3	80	96	1,2
Nerium Oleander	420	10	6,7	89	80	0,9
Ilex aquifolium	540	12,5	12,5	85	81	0,9
Metrosideros tomentosa .	315	12,5	3,3	56	56	1,0
Olea europaea	420	14,6	7	24	19	0,8

(Bei den Mesophyten: $T = 23°$, $F = 40\%$)

Von großem Interesse ist die Tatsache, daß der Quotient W/R bei den Hygrophyten in feuchter Luft kleiner wird, gegenüber trockener. In der Tabelle 53 und 54.

ist W/R trockene Luft W/R feuchte Luft

	ist W/R trockene Luft	W/R feuchte Luft
Pistia	2,4	2,2
Eichhornia . .	2,0	1,7

Die absoluten Transpirationswerte sind naturgemäß niedriger in der feuchten Atmosphäre:

	Transpiration trockene Luft		Transpiration feuchte Luft	
	Ruhe	Wind	Ruhe	Wind
Pistia	1,556	3810	327	716
Eichhornia. .	634	1268	102	176

Mit abnehmender absoluter Transpiration nähert sich bei hygromorphen Blättern der Quotient mehr und mehr 1, da der Wind in dampfgesättigtem Zustande keine „Dampfhaube" über dem System wegzuwischen vermag. Physikalisch ist dieser Befund ganz verständlich, ob er ökologisch ausgewertet werden kann, müssen weitere Untersuchungen ergeben.

Was nun die Differenzierung der Epidermis selbst anlangt, von der Ausbildung der Epidermis selbst abgesehen, läßt sich in der Reihe nicht verbergen, daß die schwach transpirierenden Xerophyten eine relativ stärkere Kutikula besitzen, was aus vielen anderen Untersuchungen sich bereits ergeben hat (s. ALTENKIRCH 1894 und STOCKER 1923). Die Dicke der Epidermis ist selbstverständlich nur bedingt ein Anhaltspunkt zu vergleichenden Untersuchungen. Die Sukkulenten besitzen ein sehr schwach ausgebildetes „Integument", und haben doch eine stark herabgesetzte Transpiration. Die physiologischen Zustände der Membrankolloide lassen sich nicht einfach der Massenausbildung nach beurteilen.

Über einige Versuche der alten hiermit im Zusammenhang stehenden Streitfrage, ob Haarausbildungen und Wachs sich passiv am Transpirationsprozeß beteiligen, möge später berichtet sein, um den Faden nicht ganz zu verlieren.

Die Mittelwerte enthüllen uns weiter keine Gesetzmäßigkeit, bilden jedoch ohne Zweifel ein starkes Argument *für* die Theorie von SCHIMPER. Trockengewichts- und Frischgewichtsbestimmungen der Versuchspflanzen erfolgten außerdem, die unter Umständen noch weiter ausgewertet werden können. Gegebenenfalls überlasse ich das Zahlenmaterial gerne einem an der Frage interessierten Untersucher. Die Berechnungen auf das Frischgewicht extrem differenzierter Blattsysteme zeigten, wie die Berechnungen von WALTER (1926) aus den Zahlen von STOCKER (1923, 1924, 1925), daß die Anordnung der Pflanzen gleichsinnig ist mit ihren frischgewichtsrelativen Transpirationsraten.

Wohl aber können wir aus den Extremwerten der Transpiration ein Gesetz ableiten, wozu außerdem aus der Literatur einige treffliche Belege zu entnehmen sind, mit denen zweckdienliche Umrechnungen vorgenommen wurden.

Hat die Luftbewegung auf die Stomata keinen Einfluß, so haben wir doch jederzeit während der Versuchszeit große Schwankungen in den Transpirationsraten feststellen können, was von der Apertur der Stomata abhängig ist. Je kleiner diese wird, um so mehr wird die Transpiration fallen. Dieses Verhalten kommt um so klarer zum Ausdruck, je geringer die kutikuläre Transpiration ist, die bei konstanten äußeren Bedingungen und unveränderlichen Systemzuständen (kein inciping drying) eine konstante Größe hat. Je geringer die kutikuläre Transpiration ist, um so mehr liegen die *Transpirationsmaxima* und *Minima* auseinander, was bei xeromorphen Systemen der Fall ist. Ehe eigene Daten wiedergegeben werden, soll eine Tabelle von G. L. CLAPP (1908) sinngemäße Umrechnung erfahren. Wir benutzen die MH^2G-Werte der standard conditions. Darunter sind die aus den Versuchen gewonnenen Raten, bezogen auf m^2 g Wasserverlust pro Stunde verstanden. Die Versuchsbedingungen sind bei allen Pflanzen dieselben, Temperatur 19—21°, relative Feuchtigkeit 45—55 vH. Die Schwankungen der Lichtstärke mögen mehr oder weniger starke Verschiebungen der Werte bedingen. In der 1. Spalte der umgerechneten Tabelle von CLAPP sind die Quotientenwerte: Maximum der Transpiration/Minimum der Transpiration für jede Pflanze angegeben. In der 2. Spalte sind die Werte eingetragen, die wir erhalten, wenn wir die einzelnen Minimumwerte der verschiedenen Pflanzen durch den von Hedera Helix dividieren, der absolut am geringsten ist (MH^2G 4,755). Wir erhalten also Relativwerte der Minimaltranspiration. Vergleichen wir die Werte der Spalte 1 mit denen der Spalte 2, so ist augenscheinlich, daß zu hohen $\frac{\text{Maximum}}{\text{Minimum}}$-Werten niedrigere Minima der Pflanzen gehören, mit anderen Worten, *je größer der Abstand von Maximum und Minimum, desto geringer die kutikuläre Transpiration.* Wenngleich einige Ausnahmen vorhanden sind, die sich nicht ohne weiteres auf die Spaltenzahl zurückführen lassen, sondern noch andere Momente ins Gewicht fallen, so kann diese Tabelle als empirischer Beweis zureichend sein. Eine Proportionalität zwischen Stomata*zahl* und Transpirationsgröße besteht hinsichtlich der Verschiedenheit in Größe und Architektonik natürlich nicht. Rein theoretisch sind diese Verhältnisse ohne weiteres verständlich, wenn wir die Grenzfälle beachten. Die freie Wasserfläche hat

$$\frac{\text{Maximum}}{\text{Minimum}} = 1,$$

wenn die äußeren und systemeigenen Bedingungen konstant bleiben. Je stärker die kutikuläre Transpiration ist, um so eher ist der Wert 1 erreicht. Siehe Tabelle 57. Ein Porensystem mit dem maximalen Wert N hat bei Verschluß derselben den Wert 0.

$$\frac{\text{Maximum}}{\text{Minimum}} = \infty.$$

Dieses Verhalten gibt uns ein Kriterium an die Hand, mit welcher Art von Transpirationssystemen wir es zu tun haben, bei Xeromorphen müssen die Extremwerte weiter auseinanderliegen als bei Hygromorphen, die Quotienten aber höher sein; die Mesomorphen nehmen eine Mittelstellung ein.

Tabelle 54.

	$\dfrac{\text{Max.}}{\text{Min.}}\ \text{m}^2\text{HG}$	$\dfrac{\text{Minim. Pflanze X}}{\text{Minimum Hedera}}$
Hedera Helix	7,5	1
Tropaeolum majus.	7,4	2
Abutilon striatum	6,6	1,5
Heliotropium peruvianum	5,8	2,4
Pelargonium Zonale	5,3	1,8
Pelargonium domesticum.	5,2	3,3
Tradescantia zebrina.	5,0	1,4
Ficus elastica	5,0	1,8
Zea Mais	4,5	1,4
Lupinus albus.	4,4	4,2
Vicia Faba	3,9	5,5
Cucurbita Pepo	3,4	2
Senecio mikanoides	3,4	3,3
Primula sinensis.	2,7	3,0
Fuchsia speciosa.	2,5	4,8
Coleus Blumei.	2,3	2,5
Lycopersicum esculentum	2,3	3,3
Salvia involucrata	2,2	4,7
Phaseolus vulgaris.	2,0	1,5
Euphorbia pulcherrima.	1,9	7,4
Helianthus annus	1,9	9
Pelargonium peltatum	1,9	4,3
Senecio Petasitis.	1,5	5
Begonia argenta guttata	1,5	5,0
Ipomoea purpurea.	1,4	2,6
Cineraria stellata	1,3	4,5
Impatiens Holstii	1,2	5,6
Ricinus communis	1,2	5,7
Cestrum elegans	1,1	3
Chrysanthemum frutescens	1,1	10

Diese Überlegungen setzen natürlich ruhige Luft voraus. Daß die stark kutikulär transpirierenden Systeme im Winde eine starke Steigerung erfahren, wurde schon erörtert, die Maximalwerte solcher Systeme sind demnach viel schwankender als die von xeromorphen Systemen, die von dem Windeinfluß unabhängig sind.

Otis (1924) gibt in seiner Untersuchung mit emersen Pflanzen einige Versuchsdaten an, die wir uns hier zunutze machen können. Die Zahlen stammen aus Versuchen im Freien; absolut sind die Maxima und Minima viel weiter auseinander liegend als in den Versuchen von Clapp und den eigenen, was daher rührt, daß bei Otis' Freilandversuchen die Außenbedingungen nicht konstant waren und schon durch die meteorologischen Bedingungen die Extreme stark auseinander gerückt wurden. Wir ordnen nun die Pflanzen nach einer steigenden Reihe des Quotienten

$$Q = \frac{\text{Maximalwert der Transpiration}}{\text{Minimalwert der Transpiration}}$$

an und erhalten folgende Anordnung (Tab. 55, s. auch Abb. 5).

Tabelle 55.

	Maximalwert	Minimalwert	Q
Freie Wasserfläche.	2,281	0,789	2,9
Castalia odorata Ait.	2,280	0,605	3,7
Scirpus validus Vahl.	3,690	0,244	15,1
Scirpus americanus Pers..	3,198	0,122	26,1
Typha latifolia L.	2,129	0,054	39,2
Sagittaria latifolia W.	1,050	0,011	95,5
Pontederia cordata L.	1,812	0,012	150,0

Die freie Wasserfläche weist den geringsten Quotienten auf, wenig größer ist der von Castalia odorata. Da die Evaporation keine Konstante ist, können wir nicht ganz zuverlässig der Tabelle entnehmen, daß der Quotient um so kleiner ist, je stärker die Kutikulärtranspiration sein muß, ganz abgesehen davon, daß die Evaporationsfläche sich nicht unter denselben Verdunstungsbedingungen befand, wie die Pflanzen. Aber so viel läßt sich mit Sicherheit entnehmen, daß die sehr stark transpirierenden Pflanzen mit hoher Maximaltranspiration, also Scirpus validus, Sc. americanus, Castalia odorata und Typha latifolia auch die niedrigsten Quotienten haben (s. Abb. 5).

In den Tabellen 56 u. 57 sind die Extremwerte der eigenen Transpirationsversuche dargestellt und für die Hygro- und Mesophyten die Maximum-Minimum-Quotienten in Ruhe und im Winde gesondert gebildet worden, während für die Xerophyten, deren Transpiration vom Winde unabhängig verläuft, ein Quotientenwert genügte. Bei den Xeromorphen ist jeweils als Minimum und Maximum die in den Versuchen auftretende kleinste und größte Zahl aufgenommen worden, ungeachtet ob die beiden Werte von einer oder von zwei Pflanzen stammen, was vom physikalischen Standpunkte der Transpirationsanalyse aus gerechtfertigt ist. Die Versuchsexemplare der Hygro- und Mesophyten sind gesondert aufgeführt worden, da die individuellen Schwankungen sehr groß sein können. Die Quotienten der Mittelwerte liegen bei den Meso- und Hygrophyten tiefer als bei den Xerophyten.

Das Maximum-Minimum-Gesetz der Transpiration sei vorderhand als Tatsache hingenommen. Die physikalische Beurteilung wurde bereits gegeben und der physiologische Anteil, vor allem die Stomataregulation muß weiter unter diesem Gesichtspunkt untersucht werden; von selbst werden sich dann ökologische Anwendungen ergeben.

Obwohl bereits eine Reihe von Untersuchungen, die zum Teil in Vergessenheit geraten sind, experimentell nachgewiesen haben, daß ein Wachsüberzug transpirationshemmend wirkt, stellte ich noch einige Ver-

Tabelle 56.

Pflanze:	Ruhe			Wind			Mittelwerte	
	Min.	Max.	Q	Min.	Max.	Q	QR	QW
Lemna minor . . .	1970	1970	1	8437	8437			
Pistia Stratiotes . .	1333	1667	1,2	3500	4583	1,2	1,2	1,2
Eichhornia spec. 1 .	460	822	1,8	766	1784	2,3	1,95	1,75
„ „ 2 .	483	1028	2,1	753	886	1,2		
Alisma Plantago 1 .	180	262	1,4	262	503	1,9	1,75	1,9
„ „ 2 .	258	533	2,1	307	574	1,9		
Impatiens parvifl. 1 .	200	300	1,5	194	275	1,4	2,7	1,9
„ „ 2 .	18	71	3,9	35	71	2,0		
„ „ 3 .	97	276	2,8	133	315	2,4		
Datura suaveolens 1	121	368	3,0	271	525	1,9	1,7	1,6
„ „ 2	172	367	2,1	282	580	2,1		
„ „ 3	335	671	2,0	814	958	1,2		
„ „ 4	205	385	1,9	410	538	1,3		
„ „ 5	141	205	1,4	179	205	1,1		
„ „ 6	349	453	1,3	610	767	1,2		
„ „ 7	307	343	1,1	506	705	1,3		
Chelidonium majus 1	67	156	2,3	89	267	3,1	2,65	2,95
„ „ 2	143	429	3,0	119	333	2,8		
Eranthis hiemalis 1 .	475	678	1,4	881	1017	1,1	1,3	1,15
„ „ 2 .	646	786	1,2	678	857	1,2		
„ „ 3 .	542	817	1,5	881	949	1,1		
„ „ 4 .	615	677	1,1	1077	1333	1,2		

Tabelle 57.

Pflanze	Minimum	Maximum	$Q=\dfrac{\text{Maximum}}{\text{Minimum}}$
Sempervivum Haworthii	5	67	13,4
Nopalea coccinellifera	39	322	8,3
Cotyledon Desmetiana	42	155	3,7
Rosmarinus officinalis	80	640	8,0
Pistacia Lentiscus	53	138	2,6
Erica arborea.	12	81	6,8
Laurus nobilis	14	118	8,4
Taxus baccata	20	214	10,7
Hedera helix	11	127	11,6
Rhododendron hybridum . . .	23	189	8,2
Quercus ilex	43	196	4,6
Nerium Oleander	27	181	6,7
Ilex aquifolium	33	94	2,8
Olea europaea	13	50	3,8
Metrosideros tomentosa	32	110	3,4

suche an. Eine Vermehrung des Tatsachenmaterials schien mir hinsichtlich der modernen Beurteilung der *Xeromorphie* nicht überflüssig, nicht
um irgendeiner lahmen Schutzhypothese auf die Beine zu helfen, sondern
um die dogmenfreie Transpirationsanalyse zu fördern. Ob man bezüg-

lich der Haar- und Wachsbedeckungen „zu der alten KERNERschen Auffassung als Schutz gegen Benetzung oder einer anderen ökologischen Deutung" übergehen will oder nicht, ist eine Frage, die außerhalb einer wissenschaftlichen Analyse liegt. Da die teleologischen Anschauungen auch hinsichtlich der Wachsbezüge und der Haarbildungen noch heute in vielen Arbeiten zu finden sind, wurde im Kapitel IV die moderne Teleologie einer Kritik unterzogen, worauf wir hier verweisen.

Eine ausführliche Zusammenstellung der Anschauungen, welche man sich über die Wachsbezüge machte, gab BURGERSTEIN (1904 und 1920); experimentelle Daten sind außerdem bei SEYBOLD (1929) zu finden. Besonders zu erwähnen ist hier nur die Untersuchung von WIEGAND (1910), der mit physikalischen Modellversuchen bei Wachsbelägen der verdunstenden Filtrierpapierstücke eindeutig eine beträchtliche Verdunstungsverminderung feststellte; es fragt sich also nur, welcher Größenordnung die Transpirationsverminderung durch Wachsbeläge bei pflanzlichen Systemen ist.

Die Versuche sind alle im Versuchszimmer ausgeführt worden: die Versuchsbedingungen sind die üblichen (Temperatur $30^\circ \pm 2^\circ$, Feuchtigkeit 30 vH $\pm$ 5, Tageslichtlampen).

Die angegebenen Werte der Tabellen sind die Transpirationsverluste in mg pro 100 cm^2 Blattoberfläche pro Stunde.

Mit den beiden Pflanzen von Cotyledon Desmetiana wurde bereits früher ein Versuch beschrieben (S. 93). Am ersten Tag ist mit Watte das Wachs von den Blättern der Pflanze 2 abgewischt worden, die Kontrollpflanze 3 blieb im normalen Zustand. Am darauf folgenden Tage ist auch noch das Wachs der Pflanze 3 auf die nämliche Weise entfernt worden, so daß ein unmittelbarer Vergleich beider Pflanzen möglich war. Die Pflanze 3 transpiriert am zweiten Tage etwa 5 vH weniger als die Pflanze 2, diese 5 vH in Rechnung gesetzt ergibt, daß die wachsfreien Blätter etwa 30 vH mehr transpirieren als die bewachsten. Siehe Tabelle 60.

Zwei weitere Versuche mit Kleinia succulenta und Narcissus poeticus ergaben, daß die wachsfreien Kleinien etwa 20 vH mehr verdunsten als die wachstragenden, die wachsfreien Narzissenblätter etwa 40 vH mehr als die normalen.

Die Versuchsergebnisse sind mit denen anderer Untersucher in Einklang zu bringen. Erwähnt sei hier nur die von REYNOLDS (1898), der ebenfalls mit Sukkulenten experimentierte und eine Transpirationssteigerung bei wachsbefreiten Exemplaren verschiedener Agaven und Echeveria Peacockii um etwa 30 vH feststellte.

Mittels der im Kapitel 3 beschriebenen thermoelektrischen Methode konnte an einem und demselben Blatt nachgewiesen werden, daß wachsbefreite Stellen stärker abgekühlt sind als wachstragende, was ohne

Tabelle 58. Kleinia succulenta D. C.

	Pflanze 1	Pflanze 2	Pflanze 3	Pflanze 4
	ohne Wachs		mit Wachs	
9—12 Uhr	85	78	50	70
12— 3 „	50	40	42	34
Mittelwert.	62		49	
				ohne Wachs
9—10 Uhr	—	—	—	100
10—11 „	—	—	—	35
11—12 „	—	—	—	25
Mittelwert	—			53

Tabelle 59. Narcissus poeticus L.

	Pflanze 1 ohne Wachs	Pflanze 2 mit Wachs
10—11 Uhr	325	280
11—12 „	447	189
Mittelwert	386	234

Tabelle 60. Cotyledon Desmetiana HEMSL.

	Pflanze 2 ohne Wachs	Pflanze 3 mit Wachs
9,45—12,45 Uhr . . .	77	35
12,45— 3,45 „ . . .	96	79
Mittelwert	86,5	57
	ohne Wachs	ohne Wachs
9,45—10,45 Uhr . . .	92	90
10,45—11,45 „ . . .	94	80
11,45—12,45 „ . . .	111	96
12,45— 3,45 „ . . .	100	90
3,45— 6,45 „ . . .	68	70
Mittelwert	93	85,2

Zweifel auf die stärkere Transpiration jener zurückzuführen ist. Wir kommen an gegebener Stelle auf diese Frage zurück.

Als ergänzender Versuch zum Problem der Transpirationswiderstände ist noch untersucht worden, wie stark die Transpiration bei einer Opuntia ist, deren Stammstücke der Epidermis bar sind. Damit konnte zugleich festgestellt werden, wie stark die Dampfdruckerniedrigung des Zellsaftes war gegenüber einer freien Wasserfläche.

Zwei Sproßstücke von Opuntia indica wurden an den Schnittstellen und auf einer Seite paraffiniert, einem ist vorsichtig die Epidermis abgenommen worden. Die Sproßstücke sind im Versuchszimmer der Transpiration überlassen worden und ergaben folgende Transpirationswerte pro Stunde in mg pro 100 cm² Sproßoberfläche. Zum Vergleich ist ein Pappstück (12 cm × 12 cm) in den Versuch mit einbezogen worden, das pro Stunde auf 100 cm² 3,200 g Wasser abgab.

Sproß ohne Epidermis	Sproß mit Epidermis
2,150	0,267
1,915	0,200
2,240	0,242
1,130	0,137

Das epidermislose Sproßstück transpiriert im Maximalfalle etwa 10 mal mehr als das normale Stück, das Pappstück etwa 16 mal mehr. Damit ist ohne weiteres ersichtlich, daß die Epidermis bzw. Kutikula an der Transpirationshemmung zu einem größeren Teil beteiligt ist als die Dampfdruckerniedrigung des Zellsaftes. Die osmotischen Leistungen des Zellsaftes werden dadurch in keiner Weise in Abrede gestellt, vielmehr fügen sie sich zwanglos in den Wasserhaushalt der Kakteen ein, was vor allem seit den Untersuchungen von FITTING (1911) feststeht.

Drittes Kapitel.

Energetische Messungen der pflanzlichen Transpiration.

A. Einleitung.

Bei den Untersuchungen über die Verdunstungsverhältnisse am Psychrometer, wo wir die Temperaturdifferenz als Maß der Verdunstungsgeschwindigkeit prüften, ergab sich, daß die Verdunstung proportional dem Sättigungsdefizit der Luft bezogen auf die Temperatur des feuchten Thermometers erfolgt, bewegte Luft vorausgesetzt. Die Kenntnis der Temperatur des verdunstenden Systems ist also erste Bedingung zur Analyse der Verdunstung. Als wir zu dem Schlusse kamen, auf ein Verdunstungsvergleichssystem für die Transpiration zu verzichten, sahen wir uns zu der Messung der Temperaturverhältnisse der pflanzlichen Systeme gezwungen, zumal die Wind- und Ruhebedingungen für das Blattsystem und das Evaporimeter bzw. Psychrometer durchaus nicht die gleichen sein müssen. Der nächste Schritt der Analyse, der getan werden muß ist also, die thermischen Zustände der transpirierenden Systeme zu eruieren.

Ehe wir die Versuche, welche uns in dieser Frage weiterbringen sollen, schildern, soll die Apparatur kurz besprochen werden, die wir bereits im 1. Abschnitt erwähnten und mit ihr ausgeführte Versuche wiedergaben. Die Schwierigkeiten, die schon bei der Messung des Massenaustausches reichlich groß sind, vervielfachen sich bei der Beobachtung des Energieaustausches und lägen nicht die trefflichen Arbeiten von BROWN und ESCOMBE (1905) und BROWN und WILSON (1905) vor, wäre es kaum möglich gewesen, die energetische Seite der Transpiration zu fördern. Es ist mir voll bewußt, daß die eigenen Untersuchungen nur ein kleines Stück in der Analyse weiterführen und ich hoffe, die begonnenen Versuche künftig erfolgreich fortsetzen zu können.

Außer den Arbeiten von BROWN und ESCOMBE und BROWN und WILSON liegen noch zahlreiche Arbeiten vor, welche die thermischen Zustände der Laubblätter prüften, sie stehen jedoch alle nur mittelbar mit dem Gange unserer Analyse in Zusammenhang und bedürfen daher hier keiner ausführlichen kritischen Verarbeitung. Methodisch unterscheiden sich diese Arbeiten mehr oder weniger je nach der Fragestellung. Übereinstimmend sind die Versuchsanstellungen darin, die Transpirationskälte in absoluten Graden festzustellen. Die Messungen früherer

Autoren (ASKENASY 1875) mit Quecksilber- und anderen Flüssigkeitsthermometern wurden durch die genaueren elektrischen Methoden abgelöst. DARWIN (1904) und BROWN und WILSON (1905) verwandten Platinwiderstandthermometer, während ~~URSPRUNG (1903),~~ SHREVE (1919), MILLER und SAUNDERS (1923), NUERNBERGK (1925) u. m. a. sich der thermoelektrischen Messungen bedienten. Die thermoelektrische Methode hat vor der Widerstandthermometermethode zweifellos viele Vorteile. Die Erwärmung der Platindrähte dieser Apparaturen betrug bei DARWIN 2º C, gegenüber der Luft, so daß das Blatt sich in einer erwärmten Atmosphäre befand. Bei BROWN und WILSON war die Erwärmung nur 0,53º C, die durch geeignete Kombination von Blattsystemen sich eliminieren ließ. Durch geringe Temperaturdifferenzen werden aber die Konvektionen der Luft sehr begünstigt und dadurch die Scheindiffusion unterstützt. Wie unliebsam sich die Konvektionen der Luft bei thermoelektrischen Messungen bemerkbar machen, werden wir im folgenden sehen. Mit der Apparatur von DARWIN, und BROWN u. WILSON ist die Temperatur integrativ von der ganzen Blattfläche festgestellt worden, während die thermoelektrischen Messungen die Temperatur der Blattstelle angibt, wo das Element angelegt wird. Mir kam es gerade darauf an, die thermischen Verhältnisse des Blattes eingehend kennen zu lernen, um vor allem auch in die alte Frage der Form und Größe der Blätter in bezug auf die Transpiration Klärung zu bringen. Wie sehr sich die Anwendung dieser Methode lohnte, dürfte aus dieser Untersuchung hervorgehen und auch aus der Arbeit: Über iso- und heterokalorische Blätter (SEYBOLD und VAN DER WEY 1929).

B. Methodik der Versuche.

Schon die ersten Vorversuche lehrten mich, daß die Messungen nur mit einem Registrierapparat der Galvanometerausschläge ausgeführt werden konnten, da sich diese sehr rasch änderten, so daß eine Ablesung des Galvanometerlichtzeigers auf einer Skala sehr willkürlich werden konnte. Die Konvektionsströme, unter denen das verdunstende oder transpirierende System steht, kann die Messungen so trüben, daß ihre Zuverlässigkeit sehr herabgesetzt ist und nur über zahlreiche große Zeiträume ausgedehnte Ablesungen für ein einigermaßen brauchbares Resultat bürgten. Pflanzliche Systeme sind aber in langen Zeiten Veränderungen unterworfen, so daß diese Aushilfe von vornherein nicht ernstlich in Betracht kam. Ein ZERNICKE-Galvanometer mit einem photographischen Registrierapparat, der in verschieden schneller Rotation die Galvanometerausschläge registrieren konnte, standen mir als Meßinstrumente zur Verfügung, die in einem temperaturkonstanten Dunkelzimmer auf einem völlig stoßfreien eingemauerten Stein Aufstellung fanden. Abb. 44 gibt das Galvanometer mit dem Registrierapparat wieder. In der Abb. 46 sind die beiden Instrumente mit G und R schematisch eingezeichnet. An den Raum schließen sich zwei weitere an, das eigentliche Versuchszimmer, das mir auch zu den

Abb. 44. Galvanometer mit Registrierapparat.

schon früher beschriebenen Versuchen dients, und ein Vorzimmer, das den Schaltungsraum bildete. In dem Schalterraum befand sich

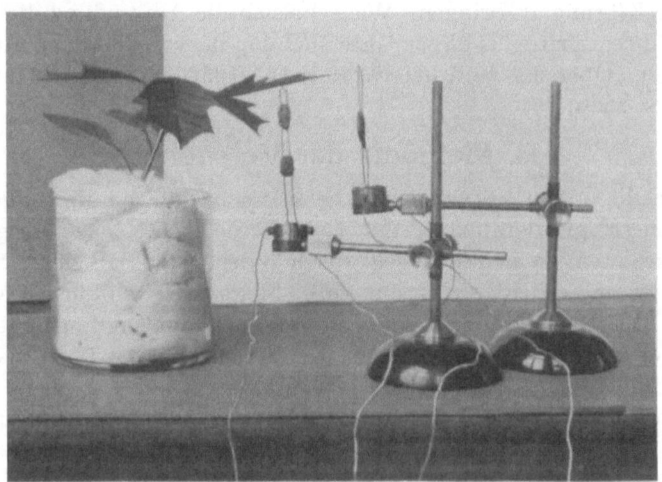

Abb. 45. Das linke Thermoelement ist an ein Blatt von Poinsettia angelegt, das rechte dient zur Messung der Lufttemperatur. Um den Einfluß der Erdtopf-Temperatur und -Verdunstung auszuschalten, sind die eingetopften Pflanzen in Watte verpackt worden.

eine Schaltuhr U, die intermittierend die Thermoelemente 1—4 in den Stromkreis aufnahm. Die Schaltungen Sv und STL für den Windventilator V und die Tageslichtlampen TL befanden sich daneben, so

9*

daß das eigentliche Versuchszimmer, das temperaturkonstant war, nicht öfter als unbedingt nötig betreten werden mußte. Licht und bewegte Luft konnten von außen „eingesetzt" werden.

In dem Versuchszimmer befanden sich neben dem Windkasten und den Tageslichtlampen die Thermoelemente 1—4. Sie waren hergestellt aus 50 μ Thermoblech: Kupfer-Konstantan, und wurden wie die Abb. 45 zeigt, isoliert auf Stative geeigneter Größe montiert. Die geformten Thermoelemente waren mit isolierten Konstantan- bzw. Kupferdrähten verlötet. Die gewählte Form erwies sich sehr brauchbar, da die sehr emp-

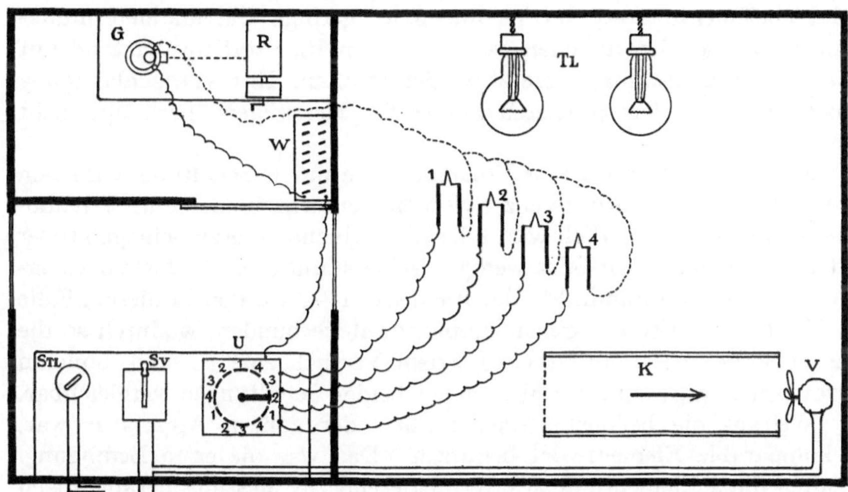

Abb. 46. Schematische Darstellung der Schaltungen im Versuchsraum. In diesem befinden sich die Thermoelemente 1—4, die Tageslichtlampen TL und der Windkasten K mit Ventilator V. Das Galvanometerzimmer enthält außer dem Galvanometer G den Registrierapparat R und den Rhoeostat W. Im Vorzimmer befindet sich die Umschaltuhr U und die Schalter STL und Sv für die Tageslichtlampen bzw. Ventilator. Die Kupferleitung ist mit ausgezogener Linie, die Konstantandrahtleitung mit gestrichelter Linie wiedergegeben.

findlichen Bleche stark an die Blattlamina angedrückt werden konnten, ohne zu zerbrechen, infolge der großen Elastizität, die durch diese Form geboten war.

Die Leitung von den Elementen zu dem Galvanometer ist auf zweierlei Weise gewählt und auf ihre Zuverlässigkeit geprüft worden. Wie die Abb. 46 zeigt diente als „2. Lötstelle" eine Klemmschraube des Galvanometers. Da die Temperatur in dem Galvanometerzimmer selbst innerhalb großer Zeiträume sich nicht änderte (die Zimmer lagen im Erdgeschoß und die Wände des Galvanometerzimmers grenzten nur an andere Zimmer an), war diese Schaltung sehr vorteilhaft. Die Konstantandrähte (in der Zeichnung gestrichelt gezeichnet) sind innerhalb des Zimmers miteinander verbunden; ein gemeinsamer Konstantandraht führte zum Galvanometer. Die Kupferleitung der 4 Elemente führte gesondert zu der Schaltuhr U, die aus Kupferdraht konstruiert wurde, um jedes weitere „ungewollte" Thermoelement zu vermeiden. Von der Schaltuhr führte ein Kupferdraht zu einem Siemens-Halske-Präzisionsrheostaten, der mit in das Galvanometerzimmer aufgenommen wurde. An den Klemmschrauben des Rheostaten entstanden mit den Kupferdrähten schwachwirkende „Thermoelemente". Ebensowenig wie die Klemmschraube an dem Galvanometer Temperaturschwankungen unterworfen war, konnten diese beiden „ungewollten" Elemente nicht ins Gewicht fallen. Eine Prüfung der ganzen Leitung unter Ausschluß der Thermoelemente 1—4 verriet nur ganz geringe Galvanometerinduktionen, die bei den üblichen 250—500 Ohm Rheostatenwiderstand mit nicht 1 vH in Rechnung gesetzt werden müßten. Ihre Vernachlässigung macht sich bei dem mittleren Fehler der Messungen überhaupt nicht bemerkbar.

Manchmal erheischten die Umstände eine andere Schaltung, vor allem wenn die Temperaturdifferenz zwischen Versuchszimmer und Galvanometerzimmer beträchtlich war, oder die Galvanometerausschläge größer oder kleiner mit mehr oder weniger Widerstand sich als vorteilhaft erwies. Die Konstantandrähte der Elemente 1—4 wurden in diesem Falle in Watte verpackt mit einem Kupferdraht verbunden, wodurch so die „2. Lötstelle" entstand. Da bei jedem Versuch eine Eichung ohnehin erforderlich war, sind die Messungen beider Schaltungen vergleichbar.

Weitaus die heikelste Angelegenheit der ganzen Apparatur war, 4 komparable Elemente zu benutzen. Das war die erste Bedingung. Sollten die 4 Elemente doch intermittierend zur Messung herangezogen werden und ihre Ausschläge absolut unter sich vergleichbar sein. Nach vielen technischen Versuchen erwies sich die selektive Methode am brauchbarsten. 4 Elemente, die innerhalb des erforderlichen Meßbereiches übereinstimmten, mußten ausgewählt werden, wenn man langwierige Umrechnungen vermeiden wollte. Mit etlichem Zeitaufwand gelingt dies auch, wobei folgendermaßen verfahren wurde. Die Elemente wurden in Wasser mit Zimmertemperatur in einem Raum von 1 cm³ zusammengeführt (unter Wasser) und nacheinander wiederholt intermittierend registriert. Es mußten auf diese Weise 4 gut miteinander übereinstimmende Elemente ausgewählt werden. Bei Übereinstimmung ist hernach bei höherer Temperatur ebenso verfahren worden. Außerdem sind die Elemente einer Prüfung bei verschiedenen Leitungswiderständen unterzogen worden. Eine Eichung in „Luft" war mit zuverlässiger Genauigkeit nicht möglich, da die Strömungen in der Luft die etwa vorhandenen Verschiedenheiten nicht zum Ausdruck kommen ließen. Die Abweichungen durften auf keinen Fall mehr als 5 vH betragen, was durch die angewandte Methode leicht festzustellen war. Die 5 vH sind als mittlerer

Fehler anzusehen, die hauptsächlich durch die Konvektionsströme der Luft bedingt sein dürften. Wie sehr sich diese geltend machen, ergibt sich aus der Abb. 51. Von der 1.—4. Minute ist die Lufttemperatur in Ruhe registriert worden, von der 4.—8. Minute im Winde (3,4 m/sek.). Wie aussichtslos eine Messung mit dem Auge durch Ablesung ist, wird nunmehr nicht weiter zu begründen sein. Das Diagramm der Abb. 51 zeigt, wie in einem Raum mit „konstanter Temperatur" Schwankungen vorhanden sind, was man zunächst nicht erwarten sollte. Wenn man aber bedenkt, wie der Prozeß der Temperaturregulierung verläuft, so braucht dies nicht weiter wunderzunehmen. Bei der Windventilation werden die Schwankungen noch deutlicher, wo die Differenz 2° betragen kann. Im Mittel bleibt aber die „Nullinie" gut bewahrt. Ideal kann die Temperatur meines Versuchszimmers für die thermoelektrischen Messungen nicht genannt werden, wie sich hier deutlich bekundet. Bei künftigen Untersuchungen wird es sich daher empfehlen ein möglichst konstantes Zimmer zu wählen, wodurch viel Zeit erspart wird, und regelmäßige Diagramme zu erhalten sind. Sehr unliebsam machten sich die wärmeentwickelnden Tageslichtlampen bemerkbar, so daß die Lichtinduktionen von Wärme begleitet wurden. Es war mir leider nicht möglich die Lichtquelle technisch einwandfrei zu gestalten, daß sie physiologischen Ansprüchen gerecht ist, hinsichtlich der gestellten Fragen meiner Untersuchung der physikalischen Komponente der pflanzlichen Transpiration kam es mir auch weniger darauf an, den Einfluß des Lichtes auf die Transpiration zu studieren, weil damit ein Heer von Fragen gegeben wäre. Bei der Lösung des schwierigen Lichtproblems bei der Analyse der physiologischen Komponente der Transpiration wird die erste Aufgabe die Konstruktion einer einwandfreien, meßbaren Lichtquelle sein. Die meisten Versuche sind, so nicht anders vermerkt, in Dunkelheit oder bei ganz schwacher Deckenbeleuchtung (etwa 25 Kerzen) ausgeführt worden, die eben ausreichte, die Elemente richtig einstellen zu können. Eine genaue photometrische Messung schien nicht erforderlich.

C. Versuche.

Vorversuche, die ich im physikalischen Institut der Universität Utrecht ausführen konnte, zeigten nicht nur, wie groß die Schwierigkeiten der thermoelektrischen Messungen sind, sondern eröffneten zugleich ein großes Gebiet fruchtbarer Untersuchungen, die ich mir hier und künftighin zur Aufgabe gestellt habe. Eine Schilderung der großen Zahl der vorläufigen, orientierenden Versuche hat nur für andere Untersucher Wert, insofern sie sehr ausführlich dargetan würde. Da aber jedermann trotzdem Lehrgeld zu zahlen hat, möge eine umschweifige Beschreibung vieler Einzelheiten unterbleiben.

Wenden wir uns gleich zu einem oft wiederholten Versuche, der mit dem an der intakten Pflanze verbleibenden Blatte von Poinsettia pulcherrima ausgeführt wurde. Zur Messung diente 1 Thermoelement, die Galvanometerausschläge sind auf der Skala abgelesen worden, wobei mit steigenden Zahlen eine vergrößerte Abkühlung angezeigt wird. Das Blatt ist an verschiedenen Stellen gemessen worden, die Abb. 47 gibt die Ausschläge des Galvanometers an den markierten Punkten an. Im allgemeinen ist das Blatt am Rande höher temperiert als in der Blattmitte. Eine absolute Eichung ist bei den Vorversuchen nicht erfolgt. Die Lufttemperatur ist auf der Skala mit 0 abgelesen worden. Wurden xeromorphe Blätter wie Rhododendron hybr. Ficus elastica und Aloe sp. in derselben Weise gemessen, so konnten keine Temperaturdifferenzen auf der Blattlamina festgestellt werden, wobei die Blattemperatur übrigens von der Lufttemperatur kaum abwich, eher sogar eine leichte Höhertemperierung des Blattes angezeigt wurde. Das Versuchszimmer hatte keine konstante Temperatur, ebenso schwankte die Feuchtigkeit, und die Lichtverhältnisse waren sehr wechselnd. Aber schon diese Vorversuche versprachen die berechtigte Einteilung in *iso-* und *heterokalorische* Blätter.

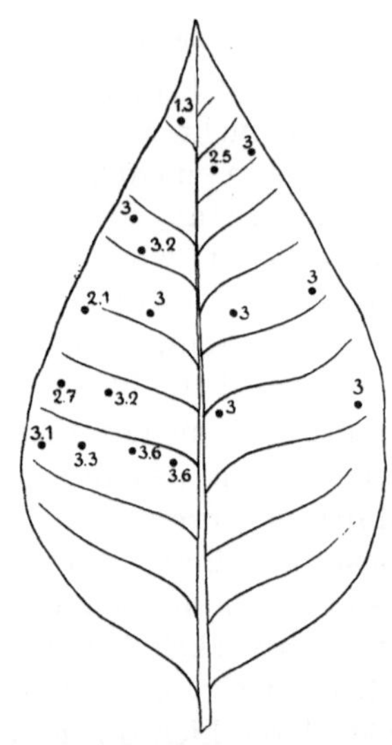

Abb. 47. Poinsettia pulcherrima. Die Blattemperatur ist an den markierten Stellen gemessen worden. Die Zahlen bedeuten die Ausschläge des Galvanometers, wobei die höheren Zahlen einer stärkeren Abkühlung entsprechen.

Die quantitative Analyse dieser Erscheinung konnte von SEYBOLD und VAN DER WEY (1929) weitergeführt werden, worauf hiermit verwiesen sei.

Die Vorversuche lehrten allesamt, daß der Energieaustausch in „Ruhe" noch mehr unter den Konvektionen der Luft zu leiden hatte als der Massenaustausch.

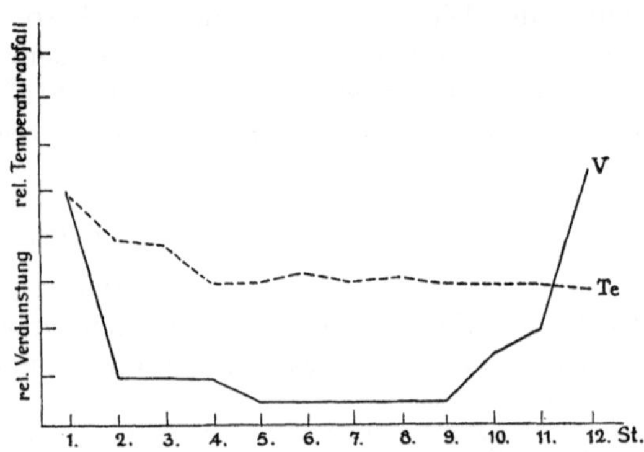

Abb. 48. Verdunstungskurve V und Temperaturkurve Te eines quadratischen Pappestücks, das in 12 Teile (1×12 cm) zerlegt worden ist.

SEYBOLD (1927) konnte die von SCHMIDT (1925) benannte Scheindiffusion im Massenaustausch mit Modellsystemen nachweisen und

im 1. Kapitel versuchten wir die Größenordnung der Scheindiffusion
zu eruieren. Die Konvektionen sind, so weit die Erfahrung reicht, im
Laboratorium sehr unregelmäßig gewesen und ohne gesetzmäßige
Wiederholung aufgetreten, so daß die angestellten Messungen keine
allgemeine Gültigkeit haben. Abb. 48 stellt einen Versuch dar, der
mit einem quadratischen Pappdeckelstück angestellt worden ist, das
in 12 1-cm breite und 12 cm lange Stücke zerschnitten war, um eine
differenzierte Verdunstungsbestimmung machen zu können (s. SIERP-
SEYBOLD 1927). Die Verdunstungskurve ist ausgezogen wiedergegeben,
die gestrichelte Kurve stellt die Mittelwerte von zahlreichen, aber stark
schwankenden Galvanometerausschlägen dar. Beide Kurven weichen
stark voneinander ab, andere Versuche ergaben aber wieder ganz andere
Kurvenbilder, ohne daß die Versuchsergebnisse willkürlich rekonstruier-
bar gewesen wären[1]. Um die Konvektionen einigermaßen abdämpfen zu
können, wurden in das Versuchszimmer, in dem die Versuche statt-
fanden, hohe Papierwände eingebaut, um vor allem die durch die
elektrische Heizung stark begünstigten Konvektionen abzuschwächen,
was auch einigermaßen gelang.

Durch die Einführung eines Registrierapparates der Galvanometerausschläge konnten die teuflischen Konvektionen die Messungen nicht
mehr trüben, wie aus den Galvanometerdiagrammen ersichtlich ist
(Abb. 49—55).

Eine der zu lösenden Fragen war zunächst die, nachdem mir die
Apparatur, wie sie auf S. 130 ff. beschrieben wurde, vertraut war, festzustellen, wie sich die Temperatur verschiedener Blattsysteme in unbewegter und bewegter Luft verhält. Die Abb. 49 zeigt die Temperaturverhältnisse von einem feuchten Filtrierpapier (6×6 cm) das dauernd
Wasser nachsaugen konnte, und von einem Blatt von Eichhornia
speciosa Kunth. Die absoluten Temperaturdifferenzen von Filtrierpapier bzw. Eichhorniablatt gegenüber der Luft waren in Ruhe annähernd dieselben. Sobald ein 1,3 cm/sek. starker Wind einsetzte (1. Unterbrechung der Kurve) ist ein Anstieg der Kurve registriert worden, was
einen Temperaturabfall bedeutet. Der Kurvenanstieg geschah bis zu
einem bestimmten Punkt, worauf die Kurve wieder abfällt. Wurde
der Wind abgestellt (2. Unterbrechung der Kurve) so schnellte die Kurve
wieder auf die Höhe des ersten Maximalpunktes, um dann ganz allmäh-
lich auf die „Ruhetemperatur" zu sinken. Der Versuch ist wiederholt
worden (s. Diagramm!) Die Kurven der Filtrierpapierverdunstung und
der Eichhorniatranspiration, die identisch verlaufen, lassen sich folgendermaßen interpretieren: Die Kurvenanstiege, d. h. Temperaturerniedri-
gungen, beruhen auf einer Verdunstungssteigerung durch Windeinwirkung

---

[1] Die Temperatur invers orientierter Stücke ist sehr wechselnd; in Abb. 7
ist eine Annäherungskurve der normal orientierten Stücke miteingetragen (T).

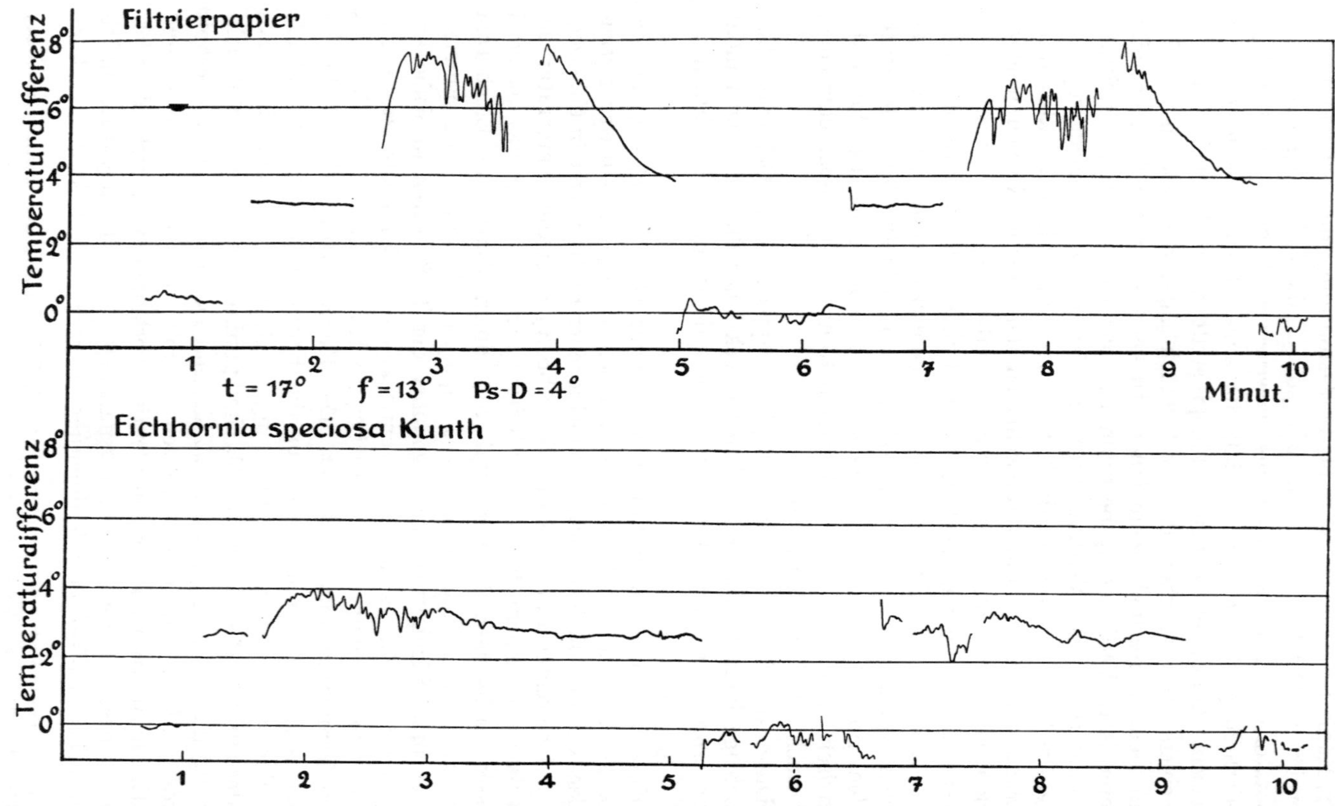

Abb. 49. Galvanometerdiagramme von verdunstendem, feuchtem Filtrierpapier und einem transpirierenden Blatt von Eichhornia speciosa, in unbewegter und bewegter Luft. Die Versuchszeiten sind auf der Abszisse, die Temperaturdifferenzen auf der Ordinate abzulesen, wobei mit wachsender Temperaturdifferenz eine stärkere Abkühlung ausgedrückt wird. Als Temperaturdifferenz o° ist die Lufttemperatur dargestellt.

(I. Kap.). Durch den Wind wird jedoch „Lufttemperatur an das *Thermo-element* geblasen", so daß das Kurvenbild eine „Mischtemperatur" zweier Temperaturhöhen wiedergibt: die relativ wärmere Außenluft und die des stärker verdunstenden, sich abkühlenden Systems. Sobald der Wind abgestellt ist, die Zufuhr der warmen Außenluft also unterbleibt, wird allein die Temperatur des Systems bestimmt. Ist die Interpretation der „Mischtemperatur" richtig, so mußte durch eine geeignete Versuchsanordnung sich die störende Zuströmung der Luft an das Thermoelement aufheben lassen. Zu diesem Zwecke legte ich dicht an die Oberseite des Blattes einen mit einem geeigneten Stativ festgehaltenen, 1 cm hohe und 1 cm lichte Weite besitzenden Zelloloidring an, in welchen das Thermoelement eingeführt werden konnte. Die auf diese Weise gewonnenen Versuchsresultate sind in dem Diagramm der Abb. 50 registriert. Die Windkurve steigt wieder bis zu einem Maximalpunkte an und die Höhe bleibt mit geringen Schwankungen erhalten. Wird der Wind abgestellt, so fällt in analoger Weise die Kurve wieder auf den „Ruhewert" zurück. Die Wiederholungen zeigen dieselben Kurvenbilder. Für die Filtrierpapiertemperaturänderung wie bei Eichhornia erhalten wir dieselben Kurven. Gibt das hygromorphe Blatt eine so ähnliche Temperaturkurve wie das Filtrierpapier, so hat der Schluß viel Berechtigung, daß die Transpiration von Eichhornia der Verdunstung recht ähnlich sein muß. Jedoch sind Identitäten des Energieaustausches nicht ohne weiteres auf den Massenaustausch auszudehnen[1].

Die thermoelektrischen Untersuchungen mit meso- und xeromorphen Systemen ergaben mit den Ergebnissen der direkten Transpirationsbestimmung im Massenaustausch in Einklang stehende Temperaturbilder. Von einer Proportionalität kann natürlich nicht gesprochen werden! Vielmehr bildet die Kenntnis der Temperaturverhältnisse eine fruchtbare Grundlage für die Untersuchung des Massenaustausches. Hat Poinsettia einen Transpirationsanstieg aufzuweisen, so fehlt dieser bei Iris (Abb. 51). Andere xeromorphe Blätter, wie Rhododendron hyb., Olea europaea u. a., zeigten im Winde ebensowenig eine Reaktion wie die Sukkulenten. Abb. 52 gibt die Kurve von Nopalea coccinilifera (s. S. 92) an, wo im Winde ebenfalls keine Temperaturveränderung eintritt, wohl aber die Temperaturschwankungen begünstigt werden. Darauf haben wir bereits oben hingewiesen. Ist die Temperaturdifferenz

---

[1] Ohne Zweifel lassen sich an stärker transpirierenden Blättern bei wechselnder Luftbewegung Unterschiede in der Blattemperatur feststellen, die ursächlich mit der Wasserverdunstung zusammenhängen. Wenn von einer direkten Proportionalität von Verdunstungssteigerung und Temperaturerniedrigung auch nicht gesprochen werden kann, so ist die thermoelektrische Methode doch brauchbar, innerhalb kleiner Zeiträume Verdunstungsänderungen festzustellen.

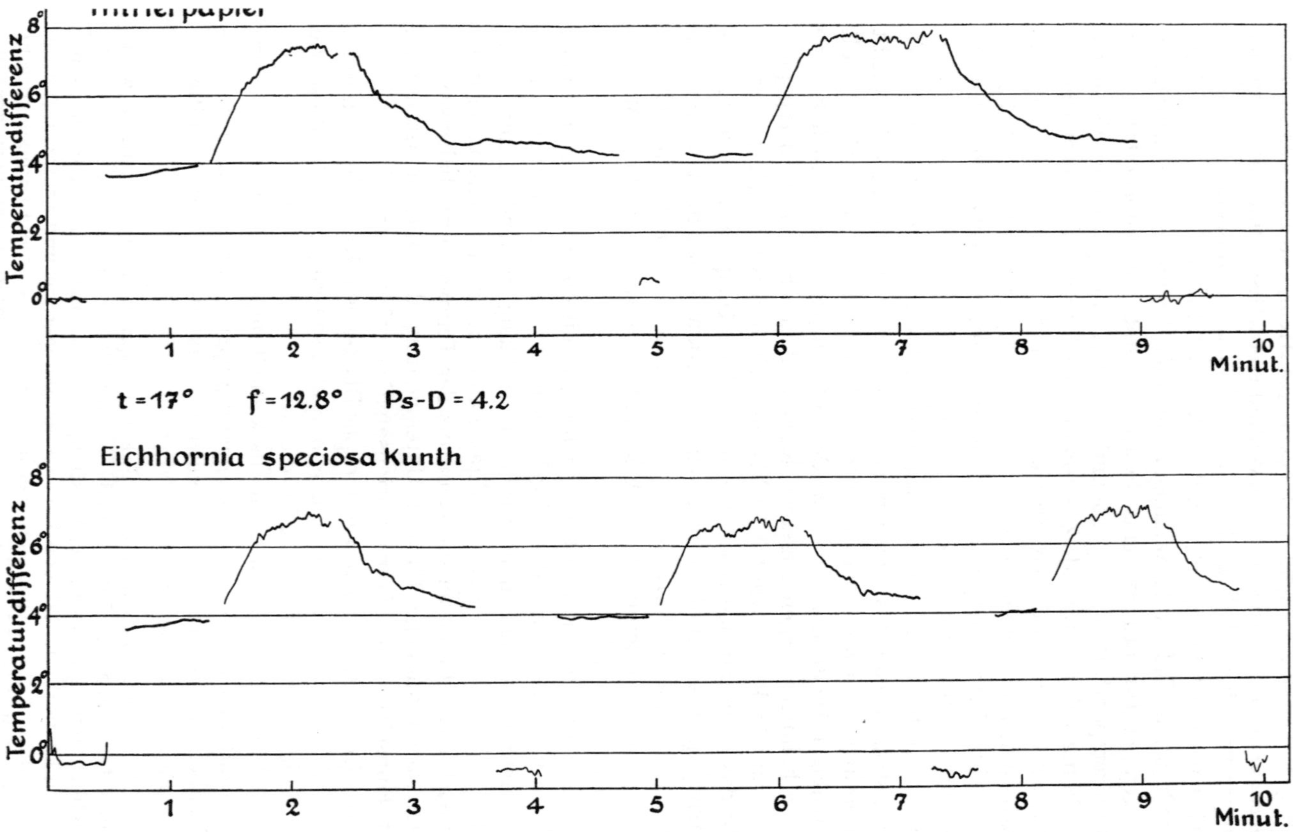

Abb. 50. Galvanometerdiagramme von verdunstendem, feuchten Filtrierpapier und einem transpirierenden Blatt von Eichhornia speciosa in Ruhe und Wind. In diesem Versuch ist dafür Sorge getragen worden, daß bei bewegter Luft das Thermoelement in einem „luftstillen" Raume sich befand; s. Text. Vgl. Abb. 49.

auch kein direktes Maß der Transpiration, so muß doch mit stärkerer Transpiration eine Abkühlung eintreten, insofern die anderen physiologischen Prozesse mit konstanter Wärmetönung verlaufen. Die thermo-

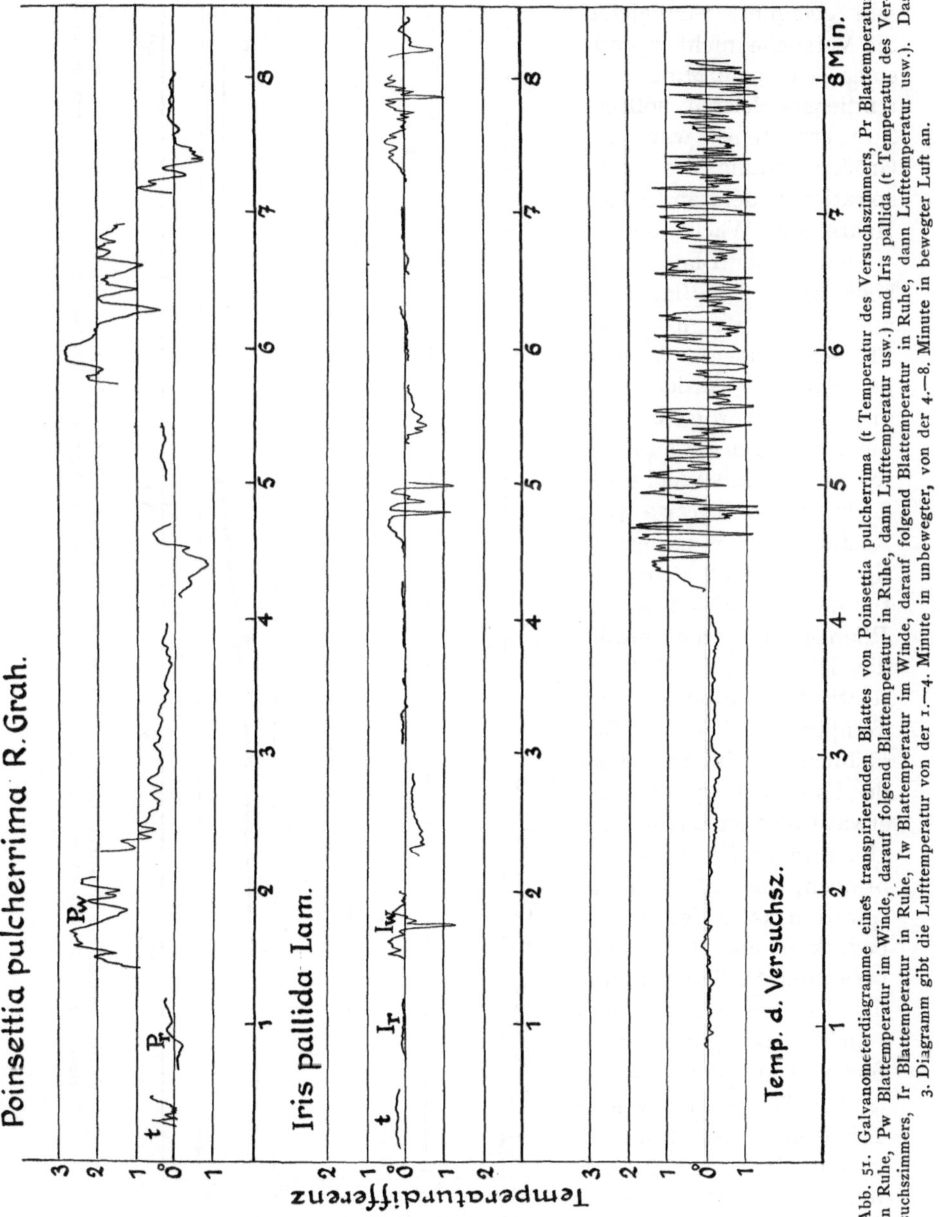

Abb. 51. Galvanometerdiagramme eines transpirierenden Blattes von Poinsettia pulcherrima (t Temperatur des Versuchszimmers, Pr Blattemperatur in Ruhe, Pw Blattemperatur im Winde, darauf folgend Blattemperatur in Ruhe, dann Lufttemperatur usw.) und Iris pallida (t Temperatur des Versuchszimmers, Ir Blattemperatur in Ruhe, Iw Blattemperatur im Winde, darauf folgend Blattemperatur in Ruhe, dann Lufttemperatur usw.). Das 3. Diagramm gibt die Lufttemperatur von der 1.—4. Minute in unbewegter, von der 4.—8. Minute in bewegter Luft an.

elektrische Methode schien
mir daher zur Entscheidung
der alten Streitfrage des
„Transpirationsschutzes“
sehr geeignet, wenngleich
die Versuche nicht irgendeiner Teleologie Ministran-
tendienste leisten sollten.
Zu ermitteln war die
Größenordnung des Tran-
spirationswiderstandes, den
Haare und Wachs bieten.

Von einemBlatt einer
bewurzelten Irispflanze ist
mit Watte ein $1\,cm^2$ großes
Flächenstück vom Wachs-
belag befreit worden. An
diese Stelle wurde ein Thermoelement gelegt, ein zweites an eine mit Wachs be-
deckte Stelle in etwa $3\,cm$
Abstand. Da es unberech-
tigt ist, die Außentemperatur der Luft gleich der der
Pflanze zu setzen, mußte
die Irispflanze selbst als
relativer Nullpunkt der
Temperatur dienen. Tat-
sächlich war im vorliegenden Falle die Irispflanze um
etwa 4° wärmer als die Luft.
Um nun in Erfahrung zu
bringen, wie groß die Transpirationskälte der wachs-
bedeckten und der wachs-
beraubten Stelle ist, mußte
die Blattemperatur einer
nicht transpirierenden
Stelle ermittelt werden.

Die Temperatur welker
Pflanzen als relativen Nullpunkt der Abkühlungs-
temperatur turgeszenter

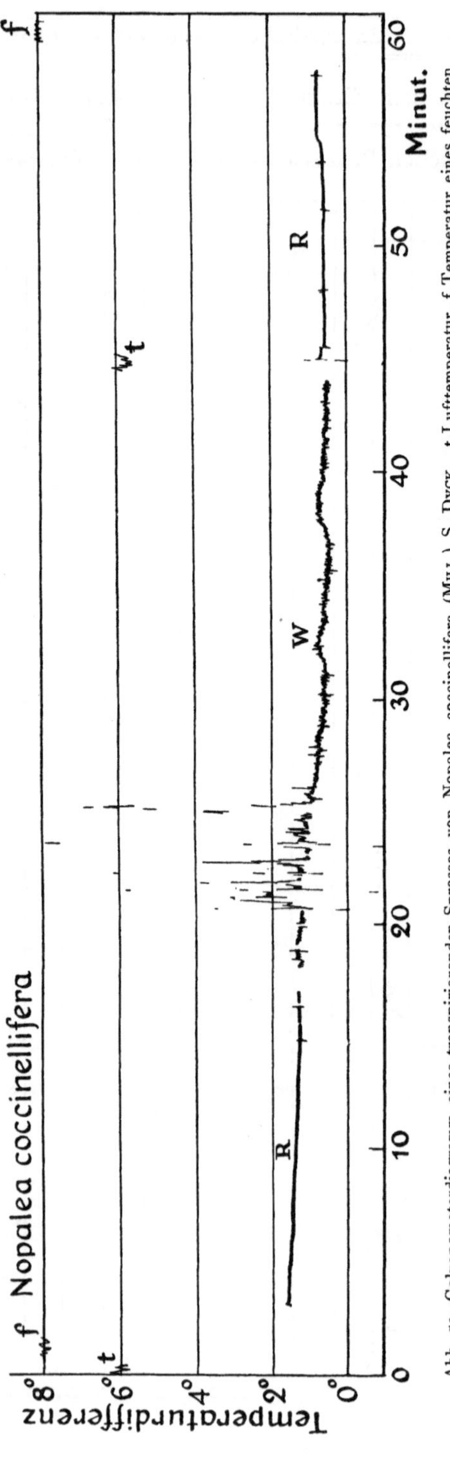

Abb. 52. Galvanometerdiagramm eines transpirierenden Sprosses von Nopalea coccinellifera (MILL.) S. DYCK. t Lufttemperatur, f Temperatur eines feuchten Thermometers, R Temperaturkurve des Opuntiensprosses in Ruhe, W in bewegter Luft. Der Sproß ist 4—5° höherer temperiert als die Luft.

Pflanzen zu wählen, ist natürlich nicht möglich, da die welken Blätter selbst unter Umständen starke Transpiration zeigen, wofür MILLER und SAUNDERS (1923) auch Beispiele geben. Die welken Blätter vermögen manchmal sogar mehr zu transpirieren als die turgeszenten, was vor allem aus den Mitteilungen von TUMANOW (1927) und F. WEBER (1927) hervorgeht. Um die Transpiration des Blattes aufzuheben, ist eine etwa 3 cm² große Blattfläche derselben Spreite mit Paraffinöl bedeckt worden. Die Messung erfolgte eine halbe Stunde später, die im Diagramm der Abb. 53 festgehalten wurde. Die mit Paraffinöl bedeckte Stelle ist die relativ wärmste, die ohne Wachs die relativ kälteste des Blattes. Die wachstragende Stelle hat eine zwischen den beiden Temperaturen liegende Wärme. Approximativ ist die wachslose Stelle etwa 30 vH kälter als die wachstragende, bezogen auf die Temperatur der mit Paraffinöl bedeckten. Die Wägungsversuche ergaben ganz ähnliche Widerstandsgrößen der Wachsbeläge (s. S. 127).

Mutatis mutandis konnte dasselbe für Haarausbildungen ermittelt werden. Zur Aufhebung der Transpiration wurde ein behaartes Blatt eines Zweiges von Cineraria maritima LINN. mit einer dünnen Schicht Watte überdeckt, um den Haarbelag „zu vervollständigen". Ein behaartes Blatt ist abwechselnd mit einem unbehaarten bzw. ganz schwach behaarten, die sich unter den behaarten an einem und demselben Sproß befinden, gemessen worden. Die haarlosen Blätter sind um etwa 50 vH kälter als die behaarten, bezogen auf die Temperatur des mit Watte bedeckten Blattes, was im Hinblick auf eine stärkere Transpiration verständlich erscheint. Damit ist nun keineswegs gesagt, daß die behaarten Blätter ganz allgemein wärmer sind als die unbehaarten. Sobald die Haare bei Belichtung als „Lichtschirm" wirken, kann es sehr gut möglich sein, daß die unbehaarten Blätter infolge stärkerer Lichtabsorption höher temperiert werden als die behaarten. Größte Vorsicht bei einer Verallgemeinerung ist auch hier vonnöten, und übereilige Schlüsse sind doch nur verkappte Spekulationen.

Es mag nicht ganz überflüssig sein, darauf hinzuweisen, daß als Transpirationswiderstand nur Haare in Betracht kommen, die selbst nicht transpirieren. (Die von *Pistia* transpirieren stark.) Als „Transpirationsschutz" wurden immer nur abgestorbene Haare angesehen, was ganz richtig ist. Lebende transpirierende Haarbildungen können unter Umständen eine blattflächenrelative Transpiration sehr steigern, da durch sie die Oberfläche sehr stark vergrößert wird.

Die Schwierigkeiten thermoelektrischer Messungen im Laboratorium warnten davor, Versuche im Freien anzustellen, zumal ich mir nicht die Aufgabe gestellt hatte, die Methode ökologisch nutzbar zu machen.

MILLER und SAUNDERS (1923) versuchten bereits, thermoelektrische Messungen im Freien zu machen, unter Berücksichtigung der Transpi-

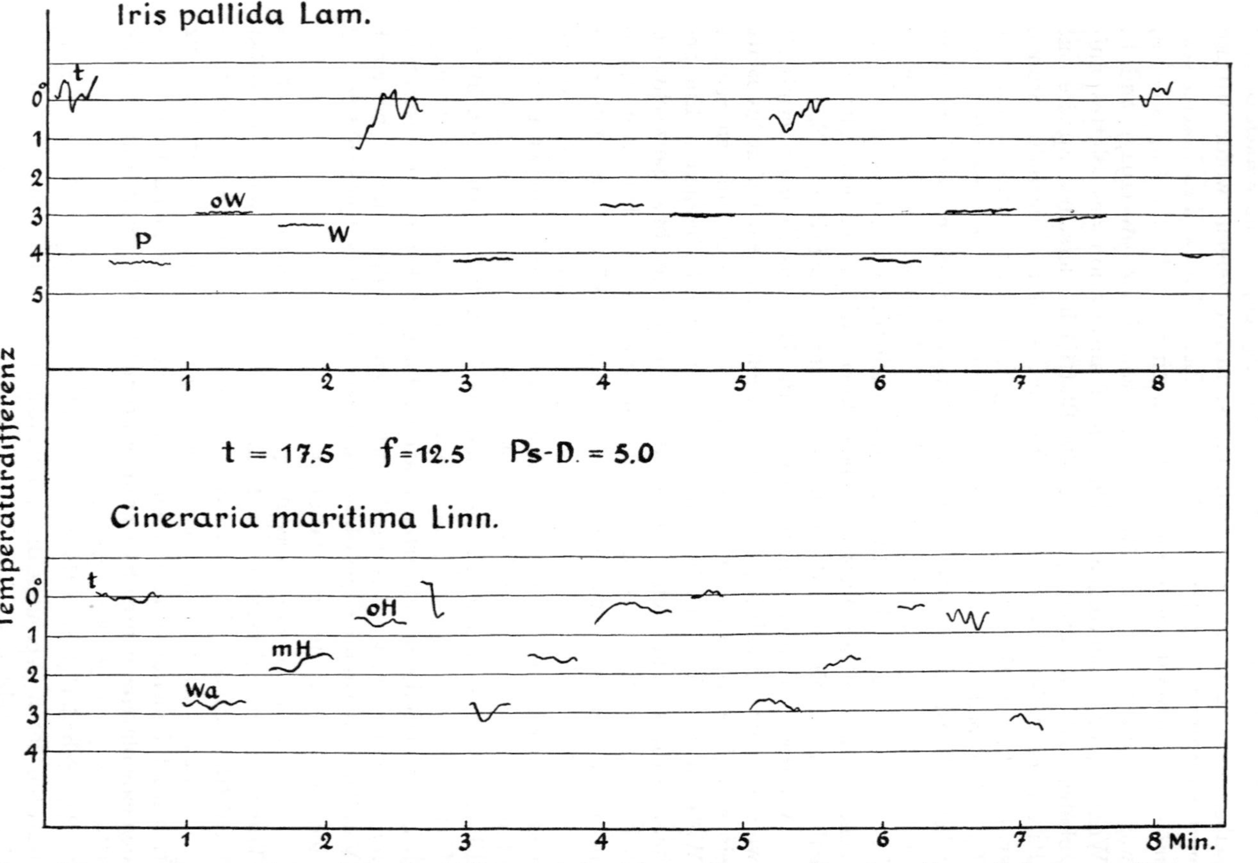

Abb. 53. Galvanometerdiagramme eines wachstragenden Irisblattes und eines behaarten Blattes von Cineraria maritima. t Lufttemperatur, P Temperatur der Blattstelle, die mit Paraffinöl überdeckt ist, oW Temperatur der Blattstelle ohne Wachs, W die der Stelle mit Wachs (normal). 2. Diagramm. Wa Temperatur der Blattstelle, welche mit Watte bedeckt ist, mH Temperatur des normal behaarten Blattes, oH Blattemperatur des unbehaarten Blattes.

rationskälte. Ihre thermoelektrischen Daten sind aber zur Analyse des Energieaustausches nicht genügend geeignet, weil sich schon die äußeren Bedingungen zu sehr änderten. Ein Für und Wider um die „Kneifzange" des verwendeten Thermoelements soll hier nicht zusammengestellt werden. Wie eigene Vorversuche lehrten, ist bei den großen Temperaturschwankungen der Objekte eine zuverlässige Ablesung des Galvanometers ohne automatische Registrierung nicht möglich. MILLER und SAUNDERS geben den Zuverlässigkeitsgrad der Galvanometerablesungen nicht an, so daß die oft nur sehr geringen Temperaturdifferenzen weit innerhalb der Fehlergrenzen liegen, die bei der Ablesung ziemlich weit auseinander liegen dürften. Werden die Schwankungen in möglichst kurzen Zeiträumen aufgenommen, so treten diese noch viel häufiger auf als sie von MILLER und SAUNDERS angegeben werden (s. Abb. 3 der Arbeit). Der Wert der Untersuchung liegt aber darin, daß die Kenntnis der Temperatur der Blätter als Grundbedingung für eine vollständige Transpirationsanalyse gestellt wird, wenngleich die Arbeit an Vollständigkeit hinter denen von BROWN und ESCOMBE (1905) und BROWN und WILSON (1905) zurückbleibt. Einzelergebnisse, die MILLER und SAUNDERS mitteilen, fanden in der Arbeit von SEYBOLD und VAN DER WEY (1929) kritische Erwähnung. Mittelwerte von Blattemperaturen sind meines Erachtens auch hier Extremwerten ebensowenig zu bevorzugen wie bei Transpirationsmessungen, da die schwierige Analyse des Energieaustausches sich nicht integrativ behandeln läßt.

Erfreulich ist es, daß die eigene Methode sich im Freien mit Erfolg anwenden ließ. Weitere Laboratoriumsversuche sind aber unbedingt notwendig, ehe die Methode zu zuverlässigen Feldmessungen herangezogen werden kann, da die schwankenden äußeren Bedingungen die Analyse ungemein kompliziert machen. Ein gesundes, theoretisch geklärtes Fundament von Laboratoriumsversuchen ist auch hier so notwendig, wie bei den Untersuchungen des Massenaustausches, um nicht den Teufel mit Beelzebub auszutreiben.

Es konnte sich bei den Messungen, die im Freien vorgenommen worden sind vor allem nur um eine Leistungsprüfung der Methode handeln. Sämtliche Apparate blieben natürlich an ihrem Ort im Laboratorium stehen, nur die Thermoelemente kamen ins Freie, was durch eine entsprechende Verlängerung der Leitungsdrähte verwirklicht wurde. Einer der angestellten Versuche ist in Abb. 54 als Diagramm wiedergegeben. Gleichzeitig ist ein Zweig von Rhododendron hybr., der im Schatten des Laboratoriums stand, mit einer Amicia Zygomeris DC. gemessen worden. Da dieser Versuch für unsere Untersuchung sehr instruktiv ist, sei er kurz diskutiert. t bedeutet die Temperatur des trockenen, f die des feuchten Thermometers. Die Temperatur von Amicia A ist ungefähr gleich der des feuchten Thermometers, während die Tempe-

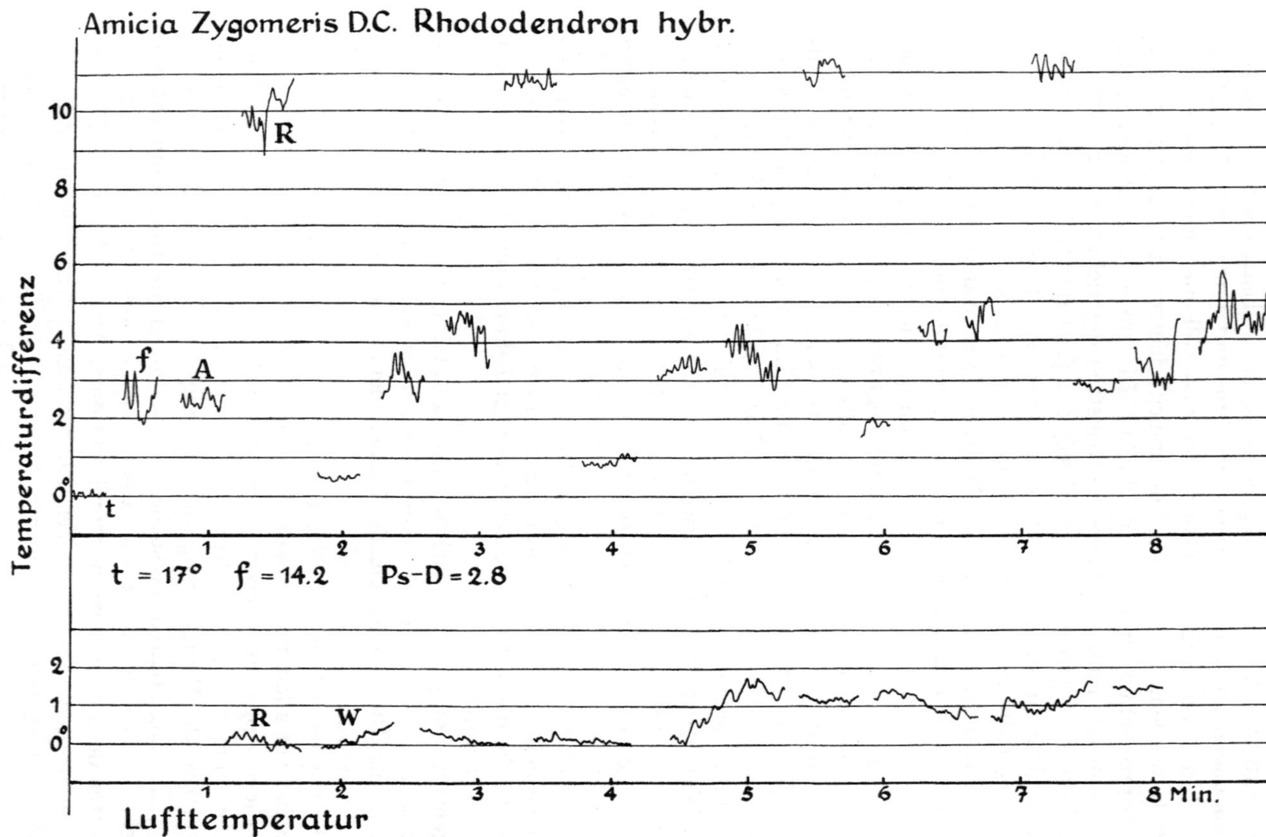

Abb. 54. Galvanometerdiagramme von Amicia Zygomeris und Rhododendron hybridum. Freilandversuch. t Temperatur der Luft, f Temperatur des feuchten Thermometers, A Temperatur des Blattes von Amicia, R Temperatur des Rhododendronblattes. In dem Diagramm der Lufttemperatur bedeutet R unbewegte, W bewegte Luft. Nach der 4,5. Minute fällt die Lufttemperatur um etwa 1,5°.

ratur von Rhododendron R 10—11° tiefer liegt als die Lufttemperatur ist. Wie vorsichtig man also sein muß, wenn man die Transpiration auf die Lufttemperatur bezieht, braucht nun wohl kaum mehr besonders hervorgehoben zu werden. Der Versuch ist morgens 9 Uhr aufgenommen worden, der Rhododendronzweig kühlte sich in der Nacht stark ab, während die Luft sich schon wesentlich erwärmt hatte. Auf die Abkühlung bzw. Erwärmung der Pflanzen werden wir später zu sprechen kommen. Die Lufttemperatur ist in Abb. 51 mit verzeichnet, die bewegte Luft ist hier mit einem großen Pappdeckelstück durch Fächeln erzeugt worden.

Soweit es für die Analyse der physikalischen Komponente der pflanzlichen Transpiration in Betracht kam, mußte ein spezieller Fall eines pflanzlichen Systems ganz besonders interessieren. Den Schwimmblättern vieler submerser Pflanzen wurde als ausgezeichneter ökologischer Gruppe viel Aufmerksamkeit geschenkt. Sie sind vor allem durch OTIS (1914) untersucht worden (s. S. 23).

In dem Gewächshaus des botanischen Gartens zu Utrecht konnte ich die Temperatur eines Luft- und Schwimmblattes von Nelumbium speciosum WILLD. messen, die selbst etliche Rückschlüsse auf die Transpirationsverhältnisse dieser Blätter zulassen. Die Temperatur N des Luftblattes lag nur wenig unter der des feuchten Thermometers f, was auf eine starke Transpiration schließen läßt. Der Versuch wurde bei Sonnenschein ausgeführt. War für die Beurteilung des Energieaustausches bei dem Luftblatt eine gleichzeitige Registrierung der Psychrometerdifferenz ausreichend, so schien mir bei dem Schwimmblatt von Wichtigkeit in Erfahrung zu bringen, wie hoch die Temperatur bei Verhinderung der Transpiration sei, unter gleichzeitiger Messung der Wassertemperatur T_w. Das Diagramm Abb. 55 gibt uns eindeutig Auskunft. Das Blatt N ist niedriger temperiert als das feuchte Thermometer und das Wasser, was nur auf eine Transpirationsabkühlung zurückzuführen ist. Das Blatt ist demnach auf dem relativ dichten Medium des Wassers doch zu einer Unterkühlung fähig, und eine Übertragung der Wassertemperatur auf die Blattlamina ist auch bei emersen Blättern nicht ohne weiteres zulässig, was bislang ganz außer acht geblieben ist. Leider sind die äußeren Transpirationsbedingungen in dem Gewächshaus nicht konstant geblieben, so daß das Luftblatt mit dem Schwimmblatt nicht direkt vergleichbar ist. In bezug auf das Außenmedium, beim Luftblatt N zu t, beim Schwimmblatt N zu T_w kann man sagen, daß das Luftblatt relativ stärker abgekühlt ist als das Schwimmblatt. Damit geht sicherlich eine stärkere Transpiration parallel, was schon durch die qualitativen Versuche und Erörterungen von SEYBOLD (1927) wahrscheinlich gemacht wurde. Absolut ist aber das Schwimmblatt um etwa 3° kälter als das Luftblatt, die Wassertemperatur ist aber auch 4° niedriger als

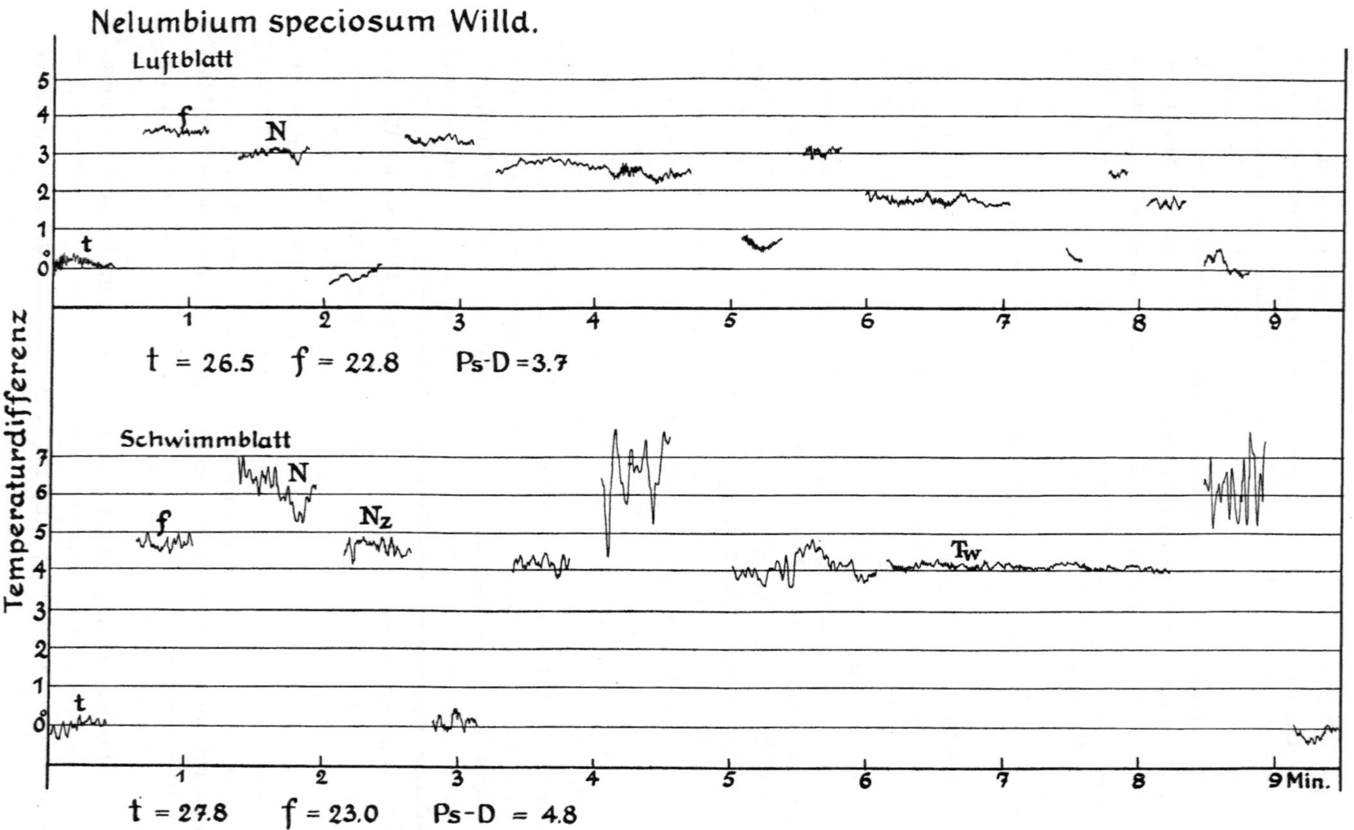

Abb. 55. Galvanometerdiagramme von Nelumbium speciosum WILLD. Versuch im Nelumbienhaus. Bei der Messung des Luftblattes bedeutet t Lufttemperatur, f Temperatur des feuchten Thermometers, N Blattemperatur. Bei der Messung des Schwimmblattes N_z Temperatur des Schwimmblattes, T_w Temperatur des Wassers.

die Lufttemperatur. Bei der großen Zahl der verschiedenen äußeren Faktoren, welche die Transpiration der pflanzlichen Systeme beeinflussen, scheint eine exakte, physikalische Analyse kaum möglich. Dabei sehen wir von den schwer definierbaren Eigenschaften der pflanzlichen Systeme ganz ab. Wer bei voreiliger Spekulation glücklich ist und andere damit beglücken will, um sich über die Schwierigkeiten exakter Messung hinwegzusetzen, fördert damit die wissenschaftliche Erkenntnis nicht im geringsten Maße.

In derselben Weise, wie bei dem Psychrometerversuch (s. S. 61) der Massen- und Energieaustausch gleichzeitig festgestellt wurde, war es notwendig, mit pflanzlichen Systemen diese Verhältnisse zu prüfen. Es ist ganz außerordentlich schwierig, den Energieaustausch exakt zu verfolgen, und von vornherein mußte ich auf Versuche bei Licht verzichten mangels wirklich brauchbarer Meßapparate. Mit einer allgemeinen bolometrischen Messung der vom Blatt durchgelassenen Strahlenmenge ist keine einwandfreie Größe der Lichtdurchlässigkeit, -absportion und -reflexion zu ermitteln, und unzuverlässige Daten sind für die Analyse unbrauchbar. Die Konstruktion spezieller Meßapparate, die an Technik und Forschermut gleichgroße Anforderungen stellen, ist die Aufgabe künftiger Untersuchungen. Wir müssen uns zunächst mit Dunkelversuchen begnügen, die bereits außerordentlich kompliziert sind und ehe der Versuch mit Datura Stramonium geschildert wird, seien etliche physikalische Bemerkungen zum Verständnis vorausgeschickt.

Überflüssig ist, den Wärmeaustausch in einem festen Körper oder den zwischen zwei festen Körpern zu schildern, worüber jedes Physikhandbuch hinreichend Auskunft gibt. Hier interessiert dem Gegenstand der Untersuchung nach nur der Fall, wo ein fester Körper (Blattsystem) an ein Gas (Luft) Wärme abgibt. Der Wärmetechniker ist an dieser Frage stark interessiert und die empirisch ermittelten „Wärmeübergangszahlen" sind Ausdruck des thermischen Austausches.

Die heuristische Vorstellung eines „*Wärmefeldes*" dürfte für künftige Untersuchungen große Vorteile bieten. Wie die Verdunstung als Verdunstungsfeld angesehen wurde (SEYBOLD 1927), läßt sich der Temperaturaustausch eines im Massenaustausch des in Wasserdampf befindlichen Systems als *Feld* ausdrücken. Analog den *Isobaren* gleichen Dampfdrucks der Verdunstungshaube über einem System, lassen sich die Isothermen *an* dem System und *in* der umgebenden Luft als auf empirischen Messungen beruhend, konstruieren. Was das System anlangt, werden Größe und Form, Verdunstungsstärke, Wärmekapazität und innere Wärmeleitung, bei einem physiologischen System außerdem noch mit + und — Wärmetönung verlaufende Prozesse, wie Atmung und Assimilation, die Isothermen mitbestimmen; wie die Außentemperatur, die Luftfeuchtigkeit, die Partiärdrucke, die Luftbewegung und vor allem die Intensität und die Wellenlänge des Lichtes und der strahlenden Wärme bzw. ihre Aktivität an dem System, die Lage und die relative Größe der Isothermen festlegen werden. Aus dieser Aufzählung der die Isothermen des Wärmefeldes bestimmenden Faktoren ist dem Kundigen nicht nur die Schwierigkeit der Messung des Energieaustausches ersichtlich, sondern damit zugleich ein fruchtbares Arbeitsgebiet eröffnet.

Die von einem Körper in der Zeit dt abgegebene Wärmemenge Q ist proportional dem jeweils herrschenden Temperaturpotential, das zwischen Körper und Umgebung besteht (s. S. 59). Das NEWTONsche Gesetz läßt sich ganz allgemein schreiben

$$Q = a \cdot F \cdot t \cdot (\vartheta_1 - \vartheta_0). \tag{1}$$

In (1) bedeutet ϑ_1 die höhere Temperatur des Körpers, ϑ_0 die der Luft. t ist die Zeit, F die Oberfläche, a eine Konstante. Nun ist der empirisch ermittelte Koeffizient a keineswegs genau definierbar, sondern eine komplizierte Funktion des Temperaturpotentials $(\vartheta_1 - \vartheta_0)$ und außerdem noch von der absoluten Höhe von ϑ_1 und ϑ_0 abhängig. Wenn wir uns an den Versuch S. 68 erinnern, so taucht die Frage auf: In welcher Entfernung vom wärmeabgebenden System wird überhaupt ϑ_0 (die Temperatur der Luft) gemessen? Die günstigsten Verhältnisse scheinen im Winde gegeben zu sein, weil sich keine Schicht schwer meßbarer, abgekühlter Luft um das System erhalten kann. Bei pflanzlichen Systemen wird die Kausalkette ganz unübersehbar, weil Form und Größe der Transpirationssysteme ebenso in den Wärmeaustausch eingreifen, von der physiologischen Regulation undefinierbarer Prozesse ganz abgesehen.

Läßt sich bei physikalisch gut definierbaren Systemen auch der Koeffizient der äußeren Wärmeleitung (a) nicht genau bestimmen, so ist eine wenigstens einwandfreie hinreichend genaue Bestimmung des Koeffizienten der inneren Wärmeleitung möglich. Daß die innere Wärmeleitung in hohem Maße die Wärmeabgabe funktioniert, bedarf keiner weiteren Ausführung. Für pflanzliche Systeme ist aber die Ermittelung des Koeffizienten der inneren Wärmeleitung schon hinsichtlich des schwankenden Wassergehaltes und der damit verbundenen Volumveränderungen (s. BACHMANN 1924) der Blätter recht schwierig. Kurzum, bereits unter Ausschluß des Lichtes ist der Wärmeaustausch pflanzlicher Systeme ungeheuer kompliziert. Obwohl dieses Problem für sich behandelt werden muß, ist die genaue Kenntnis dieser Prozesse für die exakte Transpirationsanalyse erste Bedingung.

Im Sinne von BROWN und ESCOMBE (1905) und BROWN und WILSON (1905) ist der folgende Versuch ausgeführt worden. Eine 6 blätterige (Oberfläche 232 cm²), bewurzelte, in Erde wachsende Datura Stramonium kam, in der üblichen Weise präpariert, auf eine analytische Wage zu stehen, um in Raten die Transpirationswasserverluste feststellen zu können.

Die Abwägung geschah stündlich. Gleichzeitig wurde kontinuierlich die Temperatur einer und derselben Blattstelle registriert, die nach den Erfahrungen der Untersuchungen über iso- und heterokalorische Blätter etwa 2 cm vom Blattrande des 4. Blattes ausgewählt wurde. Zur Messung der Temperatur ist ein Thermoelement an der Wagschale festmontiert worden, wie die Abb. 56 zeigt. Durch 1,5 m lange Spiralen (0,5 mm $\oplus$) der Leitungsdrähte (Kupfer, Konstantan) wurde die Empfindlichkeit der Wage bis auf 5 mg nicht beeinträchtigt. Die Tabelle 61 und ihre graphische Darstellung (Abbild. 57) geben Auskunft über das Versuchsergebnis. Die Transpirations- und Temperaturdifferenzkurve verlaufen im großen und ganzen ähnlich, jedoch sind Unterschiede vorhanden, die sich in der Kurve des thermischen Austausches e stark ausdrücken, und ebenfalls in den schwankenden Werten von e in der 4. Spalte der Tabelle.

Geben BROWN und WILSON nur einen Wert für den thermischen Austausch an, so können wir unserem

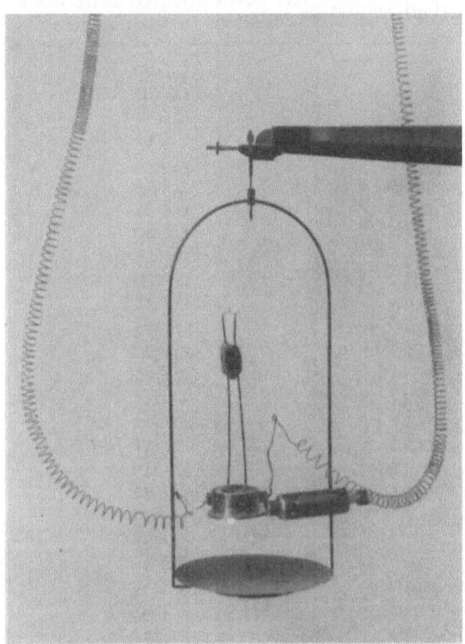

Abb. 56. Montierung eines Thermoelementes auf einer analytischen Wage, um gleichzeitig die Temperaturhöhe eines Blattes neben den Transpirationsraten ermitteln zu können.

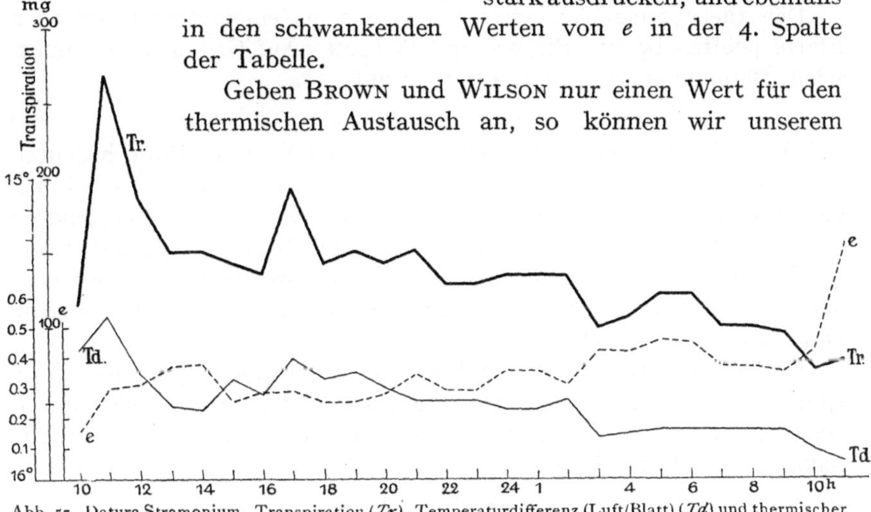

Abb. 57. Datura Stramonium. Transpiration (Tr), Temperaturdifferenz (Luft/Blatt) (Td) und thermischer Austausch (e) während 24 Stunden; s. Tabelle 64.

Tabelle 61.

Zeit Uhr	Transpiration in g/min/cm²	Temperatur diff. Luft/Blatt	Thermischer Austausch in cal pro cm², pro min. für 1° Temperaturerhöhung
10	0,0000115	0,43	0,016
11	268	0,53	0,030
12	187	0,35	0,031
13	151	0,24	0,037
14	151	0,23	0,038
15	143	0,33	0,025
16	136	0,28	0,028
17	194	0,40	0,029
18	143	0,33	0,025
19	151	0,35	0,026
20	143	0,30	0,028
21	151	0,26	0,034
22	129	0,26	0,029
23	129	0,26	0,029
24	135	0,23	0,035
1	135	0,23	0,035
2	135	0,26	0,031
3	100	0,14	0,042
4	107	0,15	0,042
5	122	0,16	0,045
6	122	0,16	0,045
7	100	0,16	0,037
8	100	0,16	0,037
9	096	0,16	0,035
10	071	0,10	0,042
11	079	0,06	0,078

Versuch entnehmen, daß die Werte sehr verschieden sind (von 0,016 bis 0,078), es also ganz unerläßlich ist, die Einzelwerte anzugeben.

Den thermischen Austausch im Winde bei einem transpirierenden Blatte prüften bereits BROWN und WILSON. Auf Grund ihrer empirischen Befunde stellten sie die Formel auf

$$e_w = e_r + (a \cdot w_n),\qquad (1)$$

wobei e_w den thermischen Austausch im Winde, e_r in Ruhe bedeutet. w_n ist die Windgeschwindigkeit, a ein empirischer Faktor, der bei dem von BROWN und WILSON gewählten Maßsystem für Liriodendron tulipifera $a = 0{,}000174$, für Helianthus multiflorus $a = 0{,}000171$ angegeben wird. Windgeschwindigkeit und thermischer Austausch stehen nach (1) in einer linearen Abhängigkeit, wofür aber nicht genügend beweiskräftige Versuche mitgeteilt werden.

Leider geben BROWN und Wilson (1905) nicht die empirischen Transpirationsraten der Versuche mit Liriodendron, dem ausführlichsten Versuche, in Ruhe und Wind an, sondern nur die thermischen Austauschkalorien. Nach der Formel

$$Q = \frac{\Theta - \Theta_n}{h} \cdot e,\qquad (2)$$

wobei $\Theta-\Theta_n$ die Temperaturdifferenz bedeutet zwischen Blatt- und Lufttemperatur und h die latente Verdampfungswärme des Wassers, lassen sich die Transpirationsmengen errechnen. Die Berechnung ist etwas fehlerhaft, da für $\Theta-\Theta_n$ bei stärkerer Transpiration Temperaturdifferenzerhöhungen eintreten werden, so daß die Transpirationsraten eher etwas höher als angegeben ausfallen müßten.

Tabelle 62.

Windgeschw. m/sek.	Thermischer Austausch in cal für 1 cm² Blattfläche für 1⁰ Temperaturerhöhung pro Minute	Transpiration in g pro Minute pro 1 cm² Blattfl.
0	0,0119	0,000 0090
0,60	0,0173	0,000 0130
1,19	0,0238	0,000 0176
1,80	0,0304	0,000 0220
2,31	0,0361	0,000 0260

Wie BROWN und WILSON eine lineare Funktion des thermischen Austausches mit wachsender Windgeschwindigkeit angegeben haben (1) ergibt sich bei Zugrundelegung der Formel (2) ein linearer Transpirationsanstieg. Die Befunde mit Systemen von pflanzlichen und physikalischen Modellversuchen zeigen aber, daß die Verdunstung nicht proportional der Windgeschwindigkeit gesteigert wird (s. S. 62). Zur Entscheidung der Frage, ob der thermische Austausch bei pflanzlichen Systemen proportional der Windgeschwindigkeit erhöht wird oder nicht, ist ein Versuch mit Eichhornia speciosa, einer ausgezeichneten Transpirationspflanze angestellt worden. Erinnert sei daran, daß am *Psychrometer* der thermische Austausch keine Steigerung proportional der Windgeschwindigkeit erfahren hat. Die Verdunstung einer freien Wasserfläche erhöht sich mit wachsender Windgeschwindigkeit ebenfalls nicht linear.

Ein experimenteller Entscheid schien aber doch unerläßlich. Eine Eichhornia-Pflanze, die in einer früher beschriebenen Weise präpariert worden ist, an der aber nur ein Blatt belassen wurde, diente zum Versuch. Die empirisch ermittelten Transpirationsmessungen und Temperaturdifferenzen sind in der Tabelle 63 aufgeführt, und der thermische Austausch nach der obigen Formel (2) berechnet.

Tabelle 63.

Windgeschwindigkeit	Transpiration in g/min/cm² Blattfläche	Temperaturdifferenz in 1⁰ C. Luft/Blatt	Thermischer Austausch in cal/cm² pro min für 1⁰ Temperaturerhöhung
0	0,000 0172	1,00	0,01022
0,60	0,000 0396	1,80	0,01307
1 (1,3)	0,000 0354	1,90	0,01168
3	0,000 0542	2,00	0,01609

Es ist sehr wohl möglich, daß die „Laubblattpsychrometerdifferenz"
(als solche kann der Temperaturunterschied Blatt/Luft gelten) im Winde
eine stärkere Steigerung erfährt als das meteorologische Psychrometer.
Wie sehr es auf die Größe der Quecksilberbulbe ankommt, erhellt aus
Tabelle 24. Das Wärmefeld wird im Winde um so mehr verändert gegenüber unbewegter Luft, je größer das System ist, gleich starke Verdunstung vorausgesetzt. Man vergleiche die graphische Darstellung dieses
Versuches Abb. 58 mit dem in derselben Weise untersuchten Massen- und
Energieaustausch des Psychrometers (Abb. 19)! Eine lineare Wind-
geschwindigkeitsfunktion des thermischen Austausches ist in beiden Fällen nicht vorhanden, so daß die von Brown und Wilson mitgeteilten
speziellen Zahlen nicht zur Ableitung einer Gesetzmäßigkeit ausreichend
sind. Die experimentellen
Daten mit pflanzlichen
Systemen zeigen häufig
große Abweichungen, wie
z. B. in Tabelle 66 der
Wind mit 0,60 m/sek. eine
stärkere Transpiration ergibt als der Wind mit
1 m/sek. Ein weiterer Versuch mit drei verschie-
denen Pflanzen zeigte
noch größere Unter-
schiede, was bei der phy-
siologischen Transpira-

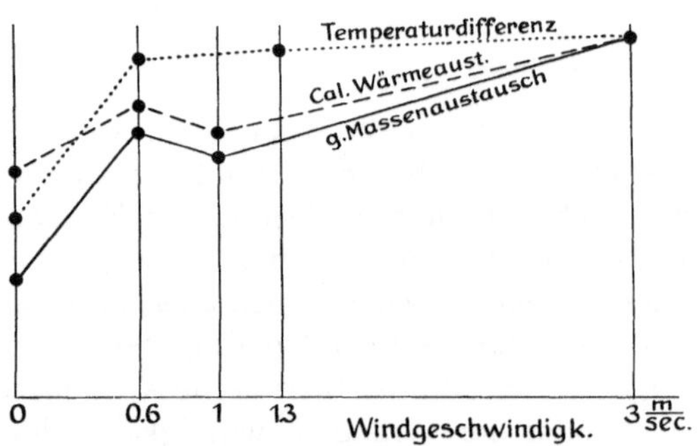

Abb. 58. Eichhornia speciosa. Massen- und Wärmeaustausch
und Temperaturdifferenz Luft/Blatt bei der Transpiration
unter verschieden starker Luftbewegung; vgl. Abb. 19.

tionsregulation nicht wunder zu nehmen braucht. Prinzipiell läßt sich
der mit dem Psychrometer ermittelte Massen- und Energieaustausch
auf die pflanzlichen Systeme anwenden. Je weniger die Blätter transpirieren, um so mehr ist die Transpirationskurve mit wachsender Windgeschwindigkeit eine zur Abszisse parallele Gerade. Die zahlreichen
Versuche des 2. Kapitels beweisen zur Genüge die Unabhängigkeit der
Transpiration xeromorpher Systeme von bewegter Luft. Bei der relativ
geringen Transpiration ist die Verdunstungskälte minimal, so daß um
das Blattsystem in unbewegter Luft sich kaum eine unterkühlte Luft-
hülle bilden kann, die, in bewegter Luft weggewischt, einen verän-
derten Wärmeaustausch ergeben könnte[1]. Den meso- und xeromorphen
Systemen ist somit ein Massen- und Energieaustausch bei der Transpiration eigen, der zwischen den Extremen des Psychrometerbefundes und

---

[1] Damit ist nicht gesagt, daß die Blattemperatur gleich der Lufttemperatur ist, vielmehr sind schwach transpirierende Blätter häufig höher temperiert als die Luft.

dem Sonderfall minimaler Verdunstung mit resultierender geringster Temperaturdifferenz Luft/Blatt und geringstem thermischem Austausch liegt. Die Ermittelung weiterer spezieller Fälle muß Gegenstand künftiger Untersuchungen werden, vor allem mit Berücksichtigung der physiologischen Transpirationskomponente.

Experimentell mußte in einem Laboratoriumsversuch festgestellt werden, wie groß die Abkühlungsgeschwindigkeit eines pflanzlichen Systems ist, das eine höhere Temperatur als die Umgebung besitzt. Die geringe Masse dünner Laubblätter nimmt verhältnismäßig rasch die Temperatur der Außenluft an, insofern nicht durch die Transpiration eine dauernde Unterkühlung erhalten bleibt oder eine Übertemperierung durch Wärme- und Lichtstrahlung eintritt. Bei den pflanzlichen Systemen mit großer Masse, wobei in erster Linie hier die Sukkulenten heranzuziehen sind, kann leicht festgestellt werden, wie groß die Abkühlungsgeschwindigkeit bei Höhertemperierung ist. Hinsichtlich des raschen und extremen Temperaturwechsels bei kontinentalem Klima und insbesondere bei Wüsten schien mir ein Versuch mit einer Sukkulenten auch von einiger ökologischer Wichtigkeit. Der vorliegende Versuch diente aber in erster Linie dazu, in Erfahrung zu bringen, ob das NEWTONsche Abkühlungsgesetz für die Temperaturveränderung der Sukkulenten gültig ist.

Formulieren wir das Abkühlungsgesetz, daß die Abkühlungsgeschwindigkeit $\frac{d\vartheta}{dt}$ bei jedem dt proportional ist dem Temperaturüberschuß des Körpers über die Lufttemperatur, so ist die Aufgabe gestellt, die Abkühlungsgeschwindigkeit zu errechnen nach der gebräuchlichen Formel

$$0{,}4343 \cdot \frac{k}{mc} = \frac{1}{t} \cdot \log \frac{\vartheta_1 - \vartheta_0}{\vartheta - \vartheta_0} \tag{1}$$

$$\text{Ist } \frac{1}{t} \cdot \log \frac{\vartheta_1 - \vartheta_0}{\vartheta - \vartheta_0} = k, \tag{2}$$

so verläuft der Temperaturabfall nach dem NEWTONschen Gesetz. Die dickausgezogene Kurve E in Abb. 59 gibt den Temperaturabfall eines auf 36° im Gewächshaus erwärmten kugeligen Echinocactus Grusonii HILD. wieder, der etwa 20 cm Durchmesser hatte. In die Abb. 59 sind noch einige von URSPRUNG (1903) mitgeteilte Werte aufgenommen worden, die für unser Problem in Frage kommen (s. unten). Die Pflanze wurde um 17 Uhr in das Versuchszimmer mit konstanter Temperatur (17°) verbracht und ihr Temperaturabfall 13 Stunden kontinuierlich mittels eines Thermoelementes unter gleichzeitiger Kontrolle der Lufttemperatur und Feuchtigkeit registriert. Die Psychrometerdifferenz betrug mit geringen Schwankungen 3°. Die nach (2) errechneten Werte sind nicht konstant, so daß das NEWTONsche Gesetz hier nicht erfüllt ist. Wie stark die Abweichung ist, läßt sich am besten verdeutlichen, wenn man den Temperaturabfall der ersten halben Stunde als Kurvenstück des NEWTONschen Abkühlungsverlaufes annimmt und die Kurve sinngemäß weiterkonstruiert. Diese Kurve ist in der Abb. 59 gestrichelt eingezeichnet worden (E_N). Ohne auf die verwickelten Verhältnisse des Wärmeaustausches näher einzugehen, über den später zu berichten mir möglich sein wird, begnügen wir uns hier mit der Tatsache, daß die Tem-

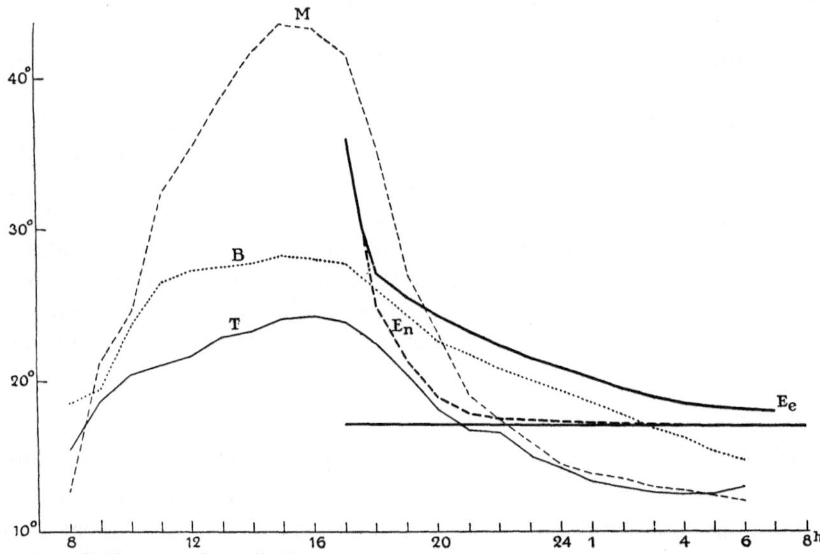

Abb. 59. Echinocactus Grusonii. Temperaturabfall einer auf 36⁰ erwärmten Pflanze E_e. Mit E_n ist die NEWTONsche Abkühlungskurve eingezeichnet, die dickausgezogene, zur Abszisse parallele Gerade gibt die Temperatur des Versuchszimmers an. Mit M ist der Temperaturverlauf von Mammilaria, mit B der Temperaturverlauf von Betula und mit T der der Luft nach Werten von URSPRUNG (1903) miteingezeichnet.

peratur der Sukkulenten lange Zeit wesentlich höher sein kann, als die der Luft. Nach 1 Stunde ist die Temperatur des Echinocactus noch 10,5⁰ höher, nach 2 Stunden 8,5⁰, nach 6 Stunden 4,8⁰ und nach 12 Stunden noch 1,5⁰. Wie stark die maximale Dampfspannung durch die Temperaturerhöhung vergrößert wird, läßt sich aus der Abb. 16 entnehmen. Was wir schon oft forderten, kann hier begründet wiederholt werden, zur Kenntnis der Transpiration ist eine Messung der Temperatur unerläßlich, zumal wenn „Umrechnungen" experimenteller Daten, die unter verschiedenen Transpirationsbedingungen gewonnen wurden, vorgenommen werden.

URSPRUNG (1903) hat bereits im Freien einige Temperaturbestimmungen in größeren Zeiträumen unternommen, die vorteilhaft in die

Abb. 59 teilweise aufgenommen worden sind. Ohne weitere Worte verlieren zu müssen, sind die extremen Lagen der Blattemperaturen außerordentlich groß gegenüber der Lufttemperatur. Die Messungen vieler anderer Forscher (Zusammenfassung SEYBOLD 1929) stimmen mit diesen Befunden überein. Hoffentlich werde ich bald selbst in der Lage sein, die Temperaturverhältnisse der Sukkulenten unter extremen klimatischen Bedingungen exakten Messungen unterziehen zu können.

Richten wir nochmals unser Augenmerk auf die Versuche S. 138, Abb. 50, so lassen sich die Approximativkurven der Abb. 60 konstruieren, die uns die relative Abkühlung und Erwärmung eines verdunstenden Systems in Ruhe und Wind wiedergibt. Das verdunstende System habe in Luft die Temperatur ϑ_0, die von der Zeit t_n—t_2 konstant sein möge. Von der Zeit t_1—t_4 wird Wind eingesetzt. Verfolgen wir den Temperaturverlauf der Abkühlung und sei zur Zeit t_4 der Minimalpunkt ϑ_x erreicht, wobei

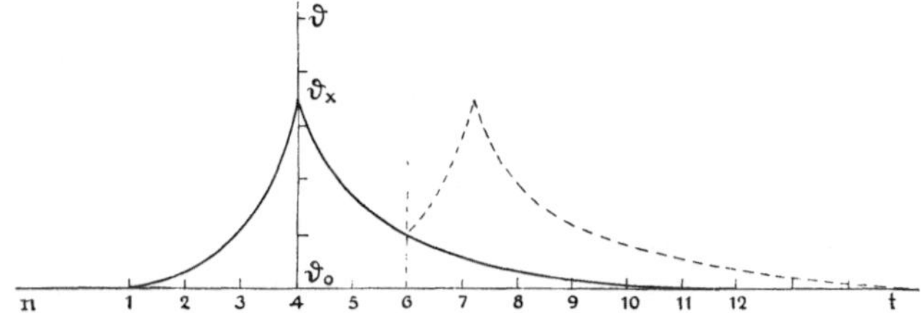

Abb. 60. Halbschematische Darstellung der Temperaturänderungen eines verdunstenden Systems in unbewegter und bewegter Luft; s. Text.

zugleich die Windwirkung aufhört, so wird nach t_4 die Temperatur wieder höher werden, weil die Verdunstung verzögert wird, die im Winde ungehemmt vor sich gehen konnte (s. S. 32 ff). Kehrt die Temperatur wieder auf dieselbe Höhe wie sie bei t_1 war zurück, so ist dieser Punkt bei t_{12} erreicht und nicht schon bei t_8, wie man hätte erwarten können. Ist ϑ_a die Temperatur der Luft, so bildet sich das Temperaturpotential im Winde ϑ_0—ϑ_x in der halben Zeit, wie sich das in Ruhe geltende ϑ_a—ϑ_0 herstellt. Zu erklären ist das asymmetrische Bild der Kurven nur dadurch, daß infolge der über dem verdunstenden System ruhenden Luftschicht eine Unterkühlung des Systems durch gehemmten Energieaustausch eintritt, so daß die gemessene Temperatur nicht der Verdunstungsmenge entspricht. Nehmen wir außer diesem speziellen Falle noch einen anderen an. Zur Zeit t_6 setzte nach der Ruhepause t_4—t_6 erneut Wind ein, so wird die Erwärmungskurve abgebrochen und einem neuen Kälteabfall Platz machen. Spezielle Fälle ließen sich nach Belieben konstruieren, leiten wir aber das Hauptergebnis sogleich ab.

Da die Dampfspannung der pflanzlichen Systeme von der Temperatur abhängig ist, die Temperatur aber von der Transpiration in manchen

Fällen in weitgehendem Maße abhängt, ist bei bewegter Luft, die keineswegs streng genommen konstant ist, 1. keine konstante Blattemperatur, 2. kein konstanter Dampfdruck und somit 3. auch keine konstante Transpiration zu erwarten. Im vorliegenden Falle kann bei mit Ruhe wechselndem Winde die Blattemperatur schwanken zwischen ϑ_0 und ϑ_x, ohne eine bevorzugte Temperaturlage von vornherein angeben zu können. Ohne jegliche physiologische Regulation können also die größten Schwankungen innerhalb kleiner Zeiträume auftreten.

Viertes Kapitel.

Die Theorie SCHIMPERS der eingeschränkten Transpiration der Xerophyten.

A. Einleitung.

Ein Vergleich der Ergebnisse mit der bestehenden Anschauung über die physikalische Komponente der pflanzlichen Transpiration, der zugleich ein Beitrag zur Klärung des Xerophytenproblems sein dürfte, soll die vorliegende Abhandlung zu einem vorläufigen Schlusse führen, die in weiteren Untersuchungen ihre Fortsetzung finden wird. Bei der Behandlung der letzten Frage kann ich mich in eine Erörterung nur so weit einlassen, als es einem Physiologen zusteht, der sich lediglich mit der physikalischen Komponente der pflanzlichen Transpiration befaßte, so daß mir nicht der Vorwurf gemacht werden kann, mich in Ökologie eingemischt zu haben, was nie in meiner Absicht lag. Wenn es aber doch den Anschein erwecken sollte, allzusehr mich in ökologische Untersuchungen verloren zu haben, so liegt es eben daran, daß ein gut Teil der Fragestellung der Ökologie zu der physikalischen Komponente der Transpiration zu zählen ist, wie ja selbst die moderne Ökologie bemüht ist, modern und exakt zu arbeiten. Im übrigen transpirieren die Pflanzen Wasser! Wie dieser Vorgang fein säuberlich nach „ökologischen und physiologischen Prinzipien" bearbeitet werden soll, ist mir nie klar geworden, womit ich nicht behaupte, daß die Ökologie keine eigenen Fragestellungen hätte! Leider mußte schon in den vorhergehenden Kapiteln manches Mal an ökologischen Arbeitsweisen und Vorstellungen Kritik geübt werden, so daß die ökologischen Ergebnisse nicht immer so eindeutig dastehen, wie man in der Literatur dieser Forschungsrichtung allgemein lesen kann. Von einer allgemeinen Aufzählung unzulässiger Methoden sehen wir der Kürze halber ab und setzen gleich beim Kernpunkt der modernen Transpirationsökologie ein, nämlich bei der „widerlegten Xerophytentheorie von SCHIMPER". Da es nicht in meiner Absicht lag, eine Geschichte der Xerophytentheorien zu schreiben, war es auch überflüssig, einwandfrei zu ermitteln, wer zuerst in der allgemeinsten Form die „eingeschränkte Xerophytentranspirationstheorie" widerlegt zu haben glaubt, so daß WALTERS (1927) extreme Formulierung: „In Übereinstimmung damit haben dann auch direkte Transpirationsmessungen ergeben, daß unter gleichen für die Transpiration günstigen

Bedingungen *xeromorphe* Formen bei Berechnung der Transpirationsgröße auf die Einheit der Blattfläche *mehr* transpirieren als *hygromorphe* Pflanzen", berechtigt erscheint. Es genügt hier festzustellen, daß klipp und klar, ganz unzweideutig ausgesprochen wurde, daß flächenrelativ die Xeromorphen eine stärkere Transpiration haben sollen als die Hygromorphen.

Es ließen sich noch viele, wenn auch weniger drastische Zitate aus der Literatur anführen, es möge nur noch BURGERSTEIN (1925) zitiert werden. Vorauszuschicken ist, daß MAXIMOV sehr vorbehaltlich und weit vorsichtiger sich für die stärkere Xerophytentranspiration aussprach als viele andere, die sich literarisch mit der Dürreresistenz befaßten.

„Wenn demnach Xerophyten ihre Transpiration einschränken, so geschieht dies *infolge allgemeiner Reduktion der Blattflächen, nicht aber durch Herabsetzung der Transpirationsintensität für die Flächeneinheit*; ein größerer Schutz der Epidermis gegen Wasserverluste spielt dabei keine Rolle."

Und weiter unten: „Daß die Transpiration der Xerophyten ebenso gehorsam dem Gang der meteorologischen Faktoren folgt, wie die Mesophyten. Zusammenfassend ergibt sich ferner, daß verschiedene *Transpirationsschutzeinrichtungen der Mesophyten*, wie Kutikularverdickung, starke Haarbekleidung, Wachsüberzüge u. a., *für die Xerophyten der Steppen und Halbwüsten nicht in Betracht kommen*". BURGERSTEIN, der sonst kritische Bemerkungen seinen Zitaten folgen ließ, macht keinerlei Bemerkungen und viele Arbeiten nehmen auf diese wirklich eindeutige Darstellung Bezug.

Außer kurzen und vorbehaltlichen Einwänden von BENECKE (1923, 1924) und FITTING (1926) ist mir keine Entgegnung zu dieser Auffassung bekannt geworden, so daß ich es nicht für überflüssig halte, auch an Hand anderer Arbeiten zu beweisen, daß SCHIMPER prinzipiell recht hat, wenngleich ihm viele tüchtige Forscher nachweisen konnten, daß im speziellen Falle seine Anschauung nicht zu Recht besteht. Da es aber für die Wissenschaft ganz belanglos ist, wer nun die Priorität auf die Theorie der „starken Xerophytentranspiration" hat, erübrigt sich jede weitere historische Untersuchung.

Nachdem wir an Hand eines umfangreichen, vergleichbaren Zahlenmaterials beweisen konnten, daß xeromorphe Systeme allein schon durch die physikalische Konstitution ihres Aufbaues der Verdunstung einen größeren Widerstand bilden, als die Konstruktionen hygro- und mesomorpher Systeme, kurzum, daß die Xerophyten eine eingeschränkte Transpiration haben, müssen wir uns noch mit verschiedenen Untersuchungen auseinandersetzen, die gerade das Gegenteil zu beweisen suchen. Erschöpfend soll die Literaturbesprechung keineswegs sein, was auch hinsichtlich der vielen Wiederholungen überflüssig ist, desgleichen finden Arbeiten keine Berücksichtigung, welche zu mangelhafte Versuche enthalten, womit keineswegs gesagt sein soll, daß alle nicht erwähnten hierzu zu rechnen sind.

Bei der gegenwärtig herrschenden allgemeinen Meinung, daß die Xerophyten sich durch eine absolut größere Transpiration auszeichnen, ist es eine sehr undankbare Aufgabe, die Theorie Schimpers zu verteidigen, da ich jedoch mit dem objektiven Urteil meiner Kritiker rechnen darf, wird die vorliegende Arbeit nicht der Auftakt unfruchtbarer Polemiken sein, sondern zu einer Klärung verschiedener Ansichten beitragen. Die Form der Verteidigung steht auf keinem Fall in einem Mißverhältnis zu den verschiedenen Angriffen auf die Schimpersche Theorie.

Eine Frage müssen wir vorwegnehmen: Welche Pflanzen nennen wir Xerophyten? oder wie Kamerling (1914) sich die Frage stellte: Welche Pflanzen sollen wir Xerophyten nennen? Die Beantwortung der Frage ist von Kamerling bereits richtig und eindeutig gegeben worden, wie wir gleich sehen werden. Behandeln wir hier das Xerophytenproblem vom Standpunkte der vorliegenden Abhandlung aus, so legen wir das Schwergewicht bei dem Begriff „Xerophyt" natürlich auf das physiologisch-anatomische Verhalten der Pflanzensysteme, so daß es sich nur teilweise mit dem pflanzengeographischen deckt. Haben wir vom rein physikalischen Standpunkte aus das Recht, einem xeromorphen System eine geringere Transpiration zuzuschreiben als einem hygromorphen, so ist ohne weiteres die Anschauung naheliegend, daß wir Pflanzen solchen Systembaus vor uns haben, „welche für ihre normalen Lebensverrichtungen verhältnismäßig wenig Wasser brauchen und welche infolgedessen sehr widerstandsfähig sind gegen Trockenheit. Ihr Vorkommen an wasserarmen Standorten kann damit in Einklang gebracht werden, wenn damit auch nicht gesagt ist, daß sie nur an solchen vorkommen."

Wir lassen es die Ökologen unter sich ausmachen ob die Xerophyten nach dem Standorte allein (Stocker 1928) oder nicht allein nach diesem (Walter 1928) einzuteilen sind. Die physikalische Analyse der pflanzlichen Transpiration braucht auf keinen Fall die Bezeichnungen Xeromorphie usw. zu streichen, im Gegenteil wird, wie auf Grund der Ergebnisse der vorliegenden Arbeit zu hoffen ist, nach wie vor in die Untersuchungen die „*Xeromorphie*" mit einbezogen. Vielleicht versteht Stokker (1928) unter dem Begriff Struktur zum Teil dasselbe, was wir unter Architektur, kurz Xero-Meso-Hygromorphie der Systeme verstehen. Struktur und -morphie sind in der vorliegenden Arbeit, wenn nicht identisch, so doch gleichsinnig gebraucht worden.

Daß das Xerophytenproblem allein mit Lösung der Transpirationsfrage nicht entscheidbar ist, bildet zweifelsohne das größte Verdienst der ökologischen Untersuchungen der letzten Jahre. Ebensowenig wird aber der Gesamtwasserhaushalt einen bündigen Schluß zulassen, ob eine

Pflanze an dem und jenem Standorte wachsen kann. Bescheiden wir uns mit einer fortschreitenden Analyse der komplizierten Zustände der pflanzlichen Transpiration, um mit wachsender Kenntnis eine brauchbare Synthese zu erwirken, die ganz unbekümmert um die Wasserschößlinge kurzlebiger Hypothesen bestehen bleibt.

Wenn im folgenden noch einmal die Frage der flächenrelativen Transpiration diskutiert wird, so bleibt das Problem der Gesamttranspiration einer Pflanze zunächst noch ganz unberührt, worin sich die Eigenart der Pflanze recht eigentlich ausdrückt. Nur fehlt bei einer solchen Betrachtung jeder Vergleichsmaßstab selbst, wenn wir die Leistung des Wurzelsystems mit heranziehen. Konstatieren können wir nur, daß die Pflanze, als Ganzheitssystem betrachtet, unter bestimmten Bedingungen lebt oder zugrunde geht, ob wir aber den einen oder anderen Faktor besonders stark hervorheben, hängt ganz von der Fragestellung des Forschers ab. Die wissenschaftliche Analyse wird im Laufe der Zeit die Größenordnungen der wirkenden Faktoren herausstellen können; die Integration aller Faktoren liegt aber bereits im Organismus vor. Diese Erörterungen, die Grundlagen der Wissenschaft hier anzuführen, sind angesichts der Forschungsweise, wie sie zum Teil in der Transpirationsliteratur sich breit macht, nicht überflüssig. Mancher Satzanfang bekundet kausale Forschung reinsten Wassers, um vor dem eigenen Punkte einen würdigen teleologischen Schluß zu finden.

B. Kritik der modernen ökologischen Teleologie beim Xerophytenproblem.

Es ist sehr verwunderlich, daß nach wie vor die meisten Transpirationsarbeiten sich mehr um ein Schutzbedürfnis der Pflanzen gegen zu starke Transpiration bekümmerten als um die tatsächlichen Zustände, die bei der Transpiration herrschen, was häufig zu den merkwürdigsten Ansichten und zu den heftigsten Polemiken führte. Für den Fortschritt der Forschung ist es überflüssig, frühere Auseinandersetzungen wiederzugeben, wohl aber ist es notwendig, einige Anschauungen zu verbannen, die heute noch vorhanden sind und als wissenschaftlich genommen werden. Daß es eine sehr undankbare Aufgabe ist, ist mir bewußt, und im Hinblick auf die positive Darstellung der vorliegenden Untersuchung wäre eine Kritik überflüssig, wenn nicht die Anschauungen, die ich am liebsten überginge, als Argumente gegen meine Ergebnisse ins Feld geführt würden. Da meine Kritik der Sache dienlich sein soll und nicht der Anlaß zu einer Polemik, die ich auf jeden Fall ablehne, werde ich ohne Namensnennungen die teleologischen Anschauungen, die heute im Kurse sind, zu widerlegen versuchen, mich aber von vornherein dagegen verwahren, widerrufene Anschauungen aufgewärmt zu haben. Den Arbeiten der letzten Jahre, welche die Teleologie beherbergen, ist bis jetzt noch nicht widersprochen worden, was nötigenfalls zu belegen mir nicht schwer fallen wird.

Obwohl die hervorragende Kritik von Goebel an den teleologischen Anschauungen sich nicht im speziellen auf den Transpirationsschutz begründen, läßt sie sich doch restlos auf den speziellen Fall anwenden.

Daß das Wort „Schutz" völlig anthropomorph ist, braucht kaum lange bewiesen zu werden, dabei verweisen wir am besten auf Goebel (1923). Was man darunter versteht oder verstehen möchte, ist einer weiteren Erörterung auch überflüssig, aber erforderlich erscheint der Hinweis, daß es künftig angebracht sein wird, dieses Wort zu vermeiden. Es ist durchaus keine Haarspalterei, wenn wir es durch das völlig indifferente Wort der Transpirationserniedrigung ersetzen, weil dabei nicht im geringsten gesagt ist, daß diese Erniedrigung notwendig ist. Bei dem Worte Schutz ist nicht nur die Notwendigkeit miteinbegriffen, sondern auch zugleich eine vorbedachte Fürsorge, beides Begriffe, die in der Wissenschaft völlig unbrauchbar sind. Es ließen sich viele Beispiele anführen, wo eine Transpirationsschutzeinrichtung zu einer Transpirationshemmungseinrichtung mit einem Schlage werden kann, wenn die Pflanze unter andere Umstände kommt und nicht fähig ist, die nunmehr lästige Schutzeinrichtung abzulegen. Man werfe mir jetzt nicht vor, daß es nur bildliche Begriffe wären; es ließen sich gar viele Beispiele aus der Literatur anführen, wo heiß um die Begriffe gekämpft wurde. Und werden die Begriffe heute noch verwendet, so sind sie mehr als guteingebürgerte Begriffe, die man heute als Relikte einer teleologischen Epoche in anderem Sinne gelten lassen soll, denn bis in die jüngste Zeit herein stehen die teleologischen Darstellungen in hohem Ansehen. Wie gerade im Xerophytenproblem die Teleologie in den letzten Jahren Unheil angerichtet hat, braucht nicht lange erst wiederholt zu werden.

Es wird nunmehr wohl über das anthropomorphe Wort des Transpirationsschutzes keine weitere Diskussion nötig sein, wir wenden uns jetzt einer anderen Betrachtungsweise zu, die nicht weniger als unwissenschaftlich zu bezeichen ist.

Man kann gelegentlich die Definition hören: Die Einrichtungen a und b bezwecken primär nicht eine Verminderung der Transpiration, sondern sind sekundäre Begleiterscheinungen einer anderen zweckmäßigen Einrichtung. Enthüllen wir die verschleierte Teleologie, so steht die ganze Formulierung tatsächlich folgendermaßen da: Die Einrichtungen a und b kommen zur Beweisführung meiner spekulativen Theorie nicht primär (in erster Linie, wird häufig identisch gebraucht), sondern erst sekundär in Betracht, lieber wäre es mir, wenn sie überhaupt nicht vorhanden wären. Wissenschaftliche Fragestellung ist in dieser Hinsicht nicht dazu befähigt in primär oder sekundär zu scheiden, es sei denn, daß man unter Wissenschaft modern aufgeputzte Teleologie verstehen will.

Noch seltsamer nimmt sich inmitten exakt angetretener Beweisführungen die Warum-Frage aus, die ohne Schwierigkeit beantwortet wird, da der Fragende zu einem gefundenen Tatsachenbestand die Frage erfindet und hernach sich selbst wundert, wie so einfach die Beantwortung ist. Es handelt sich dabei aber keineswegs um gut mit „" ventilierte Fragen, sondern es liegt darin der ganze Ernst der Teleologie.

Desgleichen scheint es mir wenig wissenschaftlich geurteilt, wenn man die Behauptung aufstellt, daß eine Pflanze keinen *Grund* hat beispielshalber ihre Transpiration einzuschränken, oder daß eine große oder kleine Transpiration *belanglos sei*. Im Grunde heißt das nur, daß man sich eine Sache zurecht gedacht hat und Entdeckerfreuden über selbst versteckte Gedanken als wissenschaftliche Beweise nimmt[1].

C. Kritik der Argumente gegen die Theorie von SCHIMPER.

Die in der Einleitung zu diesem Kapitel gemachten Bemerkungen voraussetzend, sollen einige Arbeiten, die scheinbar gegen die Auffassung von SCHIMPER der eingeschränkten Xerophytentranspiration sprechen und häufig als Gegenargumente zitiert werden, besprochen sein, ohne auf eine chronologische Reihenfolge der Untersuchungen besonderen Wert zu legen. Wiederholungen sind, so gut es ging, vermieden worden; gleichlautende kritische Bemerkungen stehen auf jeden Fall in keinem Mißverhältnis zu den unzähligen Variationen des Gedankens, daß die Xerophyten *mehr* transpirieren als die Meso- und Hygrophyten.

Auf die Arbeit von ILJIN (1915) ist näher einzugehen, da sie trotz ihrer Mängel als Argument für die „nichteingeschränkte Xerophytentranspiration" angesehen wird. Auf den ersten Blick scheint diese Untersuchung auch dafür zu sprechen, daß die Xerophyten eine stärkere Transpiration hätten als die Mesophyten. Ob diese Auffassung aus der ILJINschen Arbeit abgeleitet werden kann oder nicht, werden wir im folgenden sehen. Hinsichtlich der Tatsachen, daß die Transpirations-

---

[1] Die Kritik, die RENNER (1915) hinsichtlich ökologisch ausgedeuteter Quellungserscheinungen übt, ist auch hier am Platze: „Mit solchen ‚zweifellosen' Feststellungen tut sich die Ökologie, wie wir sie bis jetzt haben, noch immer viel zu leicht. Sie begnügt sich oft, anstatt zu wissen, mit einem Meinen, das bald zu einem durch keinen Zweifel getrübten Glauben wird. Aus diesem Zustande kann die Ökolgie nur herauskommen, wenn sie sich ans Rechnen gewöhnt, denn in solchen Fällen ist ein Wissen erst da, wo Zahlen sind. Gerade in der Ökologie sind ja die quantitativen Verhältnisse alles, noch mehr als in der unangewandten Physiologie." Hinzuzufügen ist nur die Selbstverständlichkeit, daß die Ökologie *einwandfreie* Zahlen besitzen muß, so schwierig sie auch zu erlangen sind.

messungen unter Berufung auf LLOYD (1908) ohne Identitätsprüfung potometrisch gemacht wurden und alle Größenangaben der Außenfaktoren fehlen, kann den Versuchen leider keine große Zuverlässigkeit zuerkannt werden, zumal ILJIN keine Kontrollversuche gemacht hat und aus den mitgeteilten Daten sich widersprechende Ergebnisse ableiten lassen. Im übrigen soll die Arbeit als vorläufige Mitteilung gelten, spätere genauere Ausführungen konnte ich in den späteren Arbeiten von ILJIN aber nicht entnehmen. Ein großer Teil der Behauptungen von ILJIN bestehen ohne Zweifel zu Recht, diese scheinen mir aber contra MAXIMOW zu sprechen.

ILJIN gibt eine Reihe von Versuchen an, die auf gleiche Blattflächentranspiration pro Stunde umgerechnet eindeutig bekunden, daß in relativ feuchter Atmosphäre (zugleich wohl Windstille, geringere Lichtintensität), die ILJIN in einer Grube im Boden verwirklicht hat, die xeromorphgebauten Pflanzen eine geringere Transpiration haben als solche mesomorpher Strukturen. Umgekehrt ist aber Xeromorphen in der „Steppe" (geringere Luftfeuchtigkeit, Wind) eine höhere Transpiration eigen als den Mesophyten. Das spricht zweifelsohne für MAXIMOW. Einige Pflanzen sollen angegeben werden.

Transpiration von

            Steppe: Sanguisorba officinalis > Clematis integrifolia
            Grube : Sanguisorba   < Clematis,

oder

            Steppe: Phlomis pungens > Ajuga Laxmanni
            Grube : Phlomis   < Ajuga.

Es sind noch eine ganze Reihe solcher Vergleichspaare aufgestellt worden wie im erwähnten Fall, wo Sanguisorba und Phlomis die xeromorphen, Clematis und Ajuga die mesomorphen Arten darstellen sollen. Inwieweit die Relativität den tatsächlichen histologischen Befunden Rechnung trägt ist nicht weiter untersucht. Das Ergebnis, das abgeleitet wird, ist: Die Größe der Transpiration hängt vom Zustand der Stomataapertur ab, in der Steppe schließen die mesomorphen Systeme (bei ILJIN Pflanzen mit wenig *geschütztem* Stomata) ihre Spaltöffnungen, während sie die Xeromorphen offen halten, was die hohe Xeromorphentranspiration erklärt. Mit einem unvollständigen Wägeversuch bei verschiedenen Feuchtigkeitsgraden versuchte ILJIN die Auffassung zu erhärten, was jedoch nicht als gut gelungen bezeichnet werden kann. Die Auffassung der absolut höheren Transpiration der Xerophyten in xerophytischem Klima pro Flächeneinheit scheint ILJIN bewiesen, doch läßt er dabei alle die Versuche unbeachtet, die er in der 2. Hälfte der Arbeit anführt und die gerade das Gegenteil beweisen. Wir stellen paarweise zwei komparable Versuche in den graphischen Darstellungen zusammen, aus denen er selbst eine Reihe wichtiger Folgerungen zieht. Man kann den Kurven entnehmen, daß die Xerophyten nicht nur eine absolut geringere Transpiration haben, in der Steppe und in der Grube, sondern zugleich wahrnehmen, daß die Auffassung, die ILJIN vertritt, verkehrt ist, die Xeromorphen hätten keine oder nur eine schwache Stomataregulation. Die Stomata sollen stets weit geöffnet sein, was er aus den Kurven abzulesen sich anschickte.

Tabelle 64.

Phlomis pungens			Senecio Doria		
Steppe	Vers.	Grube	Steppe	Vers.	Grube
7,5	p. 41	5,7	6,1	p. 54/55	12,2
—	p. 51	1,4	8,8	p. 56/58	11,8
3,3	p. 56/58	18,0			

In der Tabelle 64 sind die Zahlen angegeben, die man erhält, wenn man die maximalen Werte der Wasseraufnahme durch die Minimalwerte dividiert. Wasseraufnahme und Transpirationsgrößen sollen identisch sein. Den einzelnen Werten ist der Hinweis des Versuches von ILJIN beigefügt. Ohne viele Worte machen zu müssen, ist einzusehen, daß bei den beiden Arten, die ILJIN selbst als Extremformen auffaßt (Phlomis xeromorph, Senecio mesomorph) eine sehr starke Verschiedenheit auftritt und von einer bevorzugten Verteilung der Werte nicht gesprochen werden kann. Die Steigungen in den Kurven sind relativ gleich. Die Werte stellen natürlich keineswegs Proportionalitätszahlen der Stomataaperturen dar, da die äußeren Bedingungen inkonstant sind. Wenn ILJIN eine „Nichtregulation" annehmen zu müssen glaubte, so beruht das sicher zum Teil nur darauf, daß die Luftbewegung auf xeromorphe Strukturen keinen Einfluß ausübt.

Was die absolute Transpiration anlangt, läßt sich an Hand der Kurven feststellen, daß in der Abb. 61 Phlomis pungens in der Steppe und in der Grube eine geringere Flächentranspiration hat als Senecio Doria, desgleichen in der Abb. 62 eine geringere als Campanula glomerata. Die anderen Pflanzen wechseln gelegentlich die Rangordnung in der Transpirationsratenreihe, was bei den Streuungen der Versuchsergebnisse nicht wunderzunehmen braucht. Auf einen Punkt hinzuweisen bleibt uns aber noch übrig. Der Versuch Phlomis-Ajuga in der Steppe wird zur Beweisführung der gesteigerten Xerophytentranspiration auf S. 41 der Arbeit angegeben

Steppe: Phlomis-Transpiration $>$ Ajuga-Transpiration,
auf S. 59 (s. Kurve, Abb. 62)

Steppe: Phlomis-Transpiration $<$ Ajuga-Transpiration,
was nicht für ILJINS Auffassung spricht. Mindestens dürfen ILJINS Versuchsdaten nicht für die gesteigerte Xerophytentranspiration heran-

gezogen werden. Die Formulierung, daß Campanula glomerata und Senecio Doria ebenso gut der feuchten Atmosphäre angepaßt sind wie Veronica incana (xeromorph) hinsichtlich des Gesamtgaswechsels, vor allem des CO_2-Austausches, ist exakter Beweisführung bar und bedarf neuer Stützen. Auf alle Fälle ist die Arbeit Iljins contra und nicht pro Maximov zu zitieren! Und wenn in verschiedenen Versuchen tatsächlich eine stärkere Xerophytentranspiration festgestellt wurde, so ist damit eine absolut stärkere Xerophytentranspiration noch nicht bewiesen, dazu wären Versuche mit 24 stündiger Versuchsdauer erforderlich unter Variation sämtlicher Faktoren, welche die Transpiration beeinflussen. Ergäbe sich daraus eine absolut stärkere Xerophytentranspiration, dann würde ich davon überzeugt sein, daß die Schimpersche Theorie unrichtig ist, die ich zu verteidigen wage.

Iljins Versuche (1915) können in keiner Weise für die Auffassung angeführt werden, daß die Xerophyten keine Transpirationsverminderung den Mesophyten gegenüber besitzen. Die 1916 mitgeteilten Versuche, bei welchen die Beziehungen zwischen Transpiration und CO_2-Assimilation ermittelt wurden, lassen sich für das Xerophytenproblem auswerten. Wir lassen hier die CO_2-Frage außer Acht und

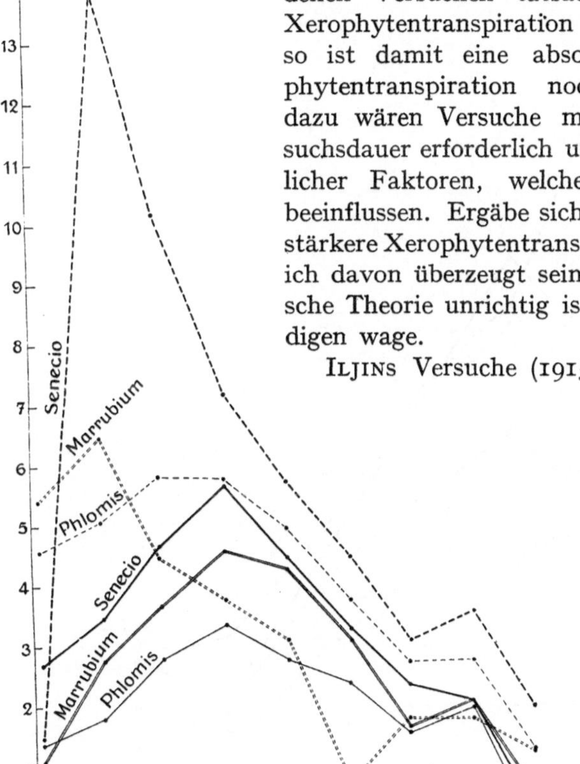

Abb. 61. Senecio Doria, Marrubium praecox und Phlomis pungens. Transpirationsversuche von Iljin (1915). Die gestrichelten Kurven wurden in der „Steppe" (relativ geringer Dampfdruck der Luft) erhalten, die ausgezogenen Kurven in der „Grube" (relativ hoher Dampfdruck der Luft). Die Transpirationsraten (bzw. Saugraten) sind in cm³ auf der Ordinate angegeben.

ordnen die mitgeteilten Werte der Transpiration in cg bezogen auf das Trockengewicht pro g pro Stunde. Außer den Minima- und Maximawerten ist ein aus allen Versuchen gewonnener Mittelwert gebildet worden, dem bei der großen Verschiedenheit der äußeren Umstände, die bei den Einzelversuchen herrschten, nicht allzu großer Wert beizulegen ist. Einzelheiten der Außenbedingungen enthält die Tabelle IV in Iljins Arbeit.

Ohne weiteres ist aus der Zusammenstellung zu entnehmen (es sind nur diejenigen Pflanzenarten angeführt, mit welchen mehrere Versuche

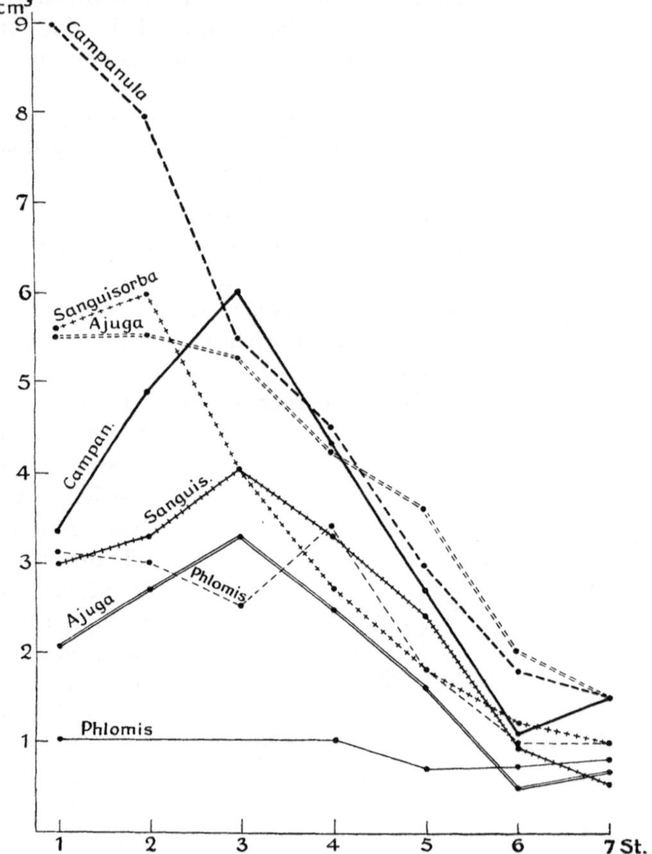

Abb. 62. Campanula glomerata, Sanguisorba officinalis, Ajuga Laxmanni und Phlomis pungens. Transpirationsversuche von Iljin (1915). Die gestrichelten Kurven sind die Daten der „Steppenversuche", die ausgezogenen die der „Grubenversuche"; s. Abb. 61.

gemacht wurden), daß die mesomorph gebauten Arten am Ende der Reihe stehen mit relativ starker Transpiration.

Das Ergebnis ist nicht weiter verwunderlich, da die absolut geringe Transpiration xeromorpher Systeme auch bei einer Berechnung auf das Trockengewicht zum Ausdruck kommen muß. Bei einer Berechnung relativer Transpirationswerte auf die Bezugseinheit des Trockengewichtes fällt selbstverständlich bei der großen Trockenmasse bzw. den geringen

Wassergehalt der Xerophyten ihre relative Transpiration größer aus, als wenn die Oberfläche als Bezugseinheit gewählt wird. Die Wahl des Frischgewichtes wird unter Umständen größere Unterschiede deutlich werden lassen. Die Berechnungen dieser Art sind hauptsächlich von HUBER, STOCKER und WALTER vorgeschlagen und benutzt worden.

Tabelle 65.

	Mittelwert	Transp. in cg pro g Trockengewicht pro Stunde	
		Minimum	Maximum
Stipa capillata	241	115	458
Phlomis pungens . . .	264	92	420
Caragena frutescens . .	280	156	417
Centaurea orientalis . .	288	253	351
Senecio Doria	347	223	617
Betonica officinalis . .	353	159	682
Geranium pratense . .	467	158	1216
Aristolochia clematitis .	648	48	1498
Coronilla varia	753	551	1115

Die Arbeit von MAXIMOV (1923) auf die häufig Bezug genommen wird, wenn es sich um das Xerophytenproblem handelt, trägt ganz den Charakter einer vorläufigen Mitteilung, wie der Verfasser selbst hervorhebt. Da ein großer Teil der Arbeiten von MAXIMOV und seinen Mitarbeitern russisch geschrieben ist, erfährt man nur aus wenigen deutsch geschriebenen Arbeiten die Versuchsresultate vieler anderer schwer zugänglicher, russisch geschriebener Untersuchnugen, scheint mir dies auch ein Grund dafür zu sein, daß die Dürrerestistenz der MAXIMOVschen Untersuchungen zu sehr verallgemeinert wurde, zumal die wenigsten Arbeiten ausführlichere, einer Kritik zugängliche Protokolle enthalten. So läßt sich auch der Arbeit von MAXIMOV (1923) nicht entnehmen, wie im einzelnen die Transpirationswerte der verschiedenen Pflanzentypen gewonnen worden sind. Nicht einwandfrei erscheint aber die Umrechnung der Transpirationswerte der Flächeneinheit auf ein und dasselbe Dampfdruckdefizit. Daß das Dampfdruckdefizit kein Maß für die Verdunstung ist, wurde bereits eingehend dargetan (s. S. 51), damit können wir aber den MAXIMOVschen Zahlen nicht mehr die nötige Zuverlässigkeit einräumen. Vorderhand sind wir noch nicht in der Lage Transpirationswerte rein rechnerisch mit absoluter Richtigkeit zu behandeln, da wir keinen vollständigen Einblick in die gegenseitigen Beziehungen der Umweltsfaktoren, welche die Transpiration beeinflussen, haben, von den Systemeigentümlichkeiten ganz zu schweigen.

Es soll in keiner Weise der Auffassung widersprochen werden, daß die Transpiration der Xerophyten genau so dem Gange der meteorologischen Verhältnisse folgt, wie die der Mesophyten, insofern nicht die

Größenordnungen der Wirkungen der Einzelfaktoren als gleich angesehen werden. Wie verschieden sie sein können haben wir bereits hervorgehoben, erinnert sei nur an die verschiedene Wirksamkeit des Windes bei xeromorphen und hygromorphen Systemen. Ebensowenig soll in Abrede gestellt werden, daß die Xerophyten nicht vermöge hoher Saugkräfte und leistungsfähiger Wurzelsysteme dürreresistent seien, doch verneinen wir entschieden, daß die Xeromorphen eine größere, flächenrelative Transpiration haben sollen als die Mesophyten. Dafür fehlt bisher noch jede exakte Beweisführung. Dicke Kutikula, Haare und Wachsüberzüge läßt MAXIMOV nur bei Kakteen, Agaven, Aloen und anderen Sukkulenten als transpirationserniedrigend gelten, wie diese Einrichtungen aber auch zur Herabsetzung der Transpiration bei welkenden Pflanzen Bedeutung haben sollen. Für Xerophyten mit offenen Stomata, außer den eben erwähnten Sukkulenten, sollen aber diese Ausbildungen belanglos sein. Es ist überflüssig in langem Exkurse diese Spekulation zu kritisieren, da es Fälle genug gibt, wo die Haarbildungen sich mittelbar an der Architektonik der Stomata beteiligen. Die Kutikulartranspiration ist in jedem Falle durch Wachs, Haare und dicke Kutikula herabgesetzt, auch wenn das ganze System sich in turgeszentem Zustande befindet. Darauf kommt es aber an, daß die Hygromorphen eine starke Kutikulartranspiration haben, die Xeromorphen dagegen nicht! Es ist zweifelsohne für die Analyse der Wasserökonomie von der größten Wichtigkeit, daß außer dem anatomisch-physiologischen Verhalten der Transpirationssysteme auch die Leistung der Wurzeln Berücksichtigung fand und die Dürrerestistenz nach MAXIMOV bei dem Studium der Xerophyten neue Perspektiven eröffnete. Nur ist damit die Theorie SCHIMPERS nicht als unrichtig erwiesen.

Leider ist es mir selbst nicht möglich gewesen die umfangreiche russisch geschriebene Literatur einzusehen, so daß meine Kritik sich nur auf solche Arbeiten erstrecken konnte, die in deutscher bzw. englischer Sprache geschrieben worden sind. Im folgenden seien die Arbeiten von LEBEDINCEV (1927) und ALEXANDROV (1927) besprochen.

Die Versuchsergebnisse von LEBEDINCEV (1927) sprechen auch nicht dafür, daß die mesomorphen Strukturen weniger transpirieren als die xeromorphen. Ein und dieselbe Pflanzenart ist trocken (64 vH relative Feuchtigkeit) und feucht (94 vH relative Feuchtigkeit) aufgezogen worden, wobei sich natürlich bei den xeromorphen eine absolut stärkere Transpiration feststellen ließ als bei den mesomorphen, was sich schon durch den größeren Dampfhunger erklären läßt. Anatomische Untersuchungen ergaben, daß die Trockenpflanzen eine absolut geringere Gesamtblattfläche besitzen, daß aber für die Flächeneinheit die Trockenpflanzen eine größere Zahl von Stomata besitzen und eine dichtere Blattnervatur haben. Dazu kommt noch ein besser ausgebildetes Wurzelsystem. Diese Befunde scheinen nun dafür zu sprechen, daß die Xeromorphen eine größere Transpiration pro Flächeneinheit hätten, aber die Arbeit von Lebedincev enthält selbst Versuchsresultate, die gerade das Gegenteil dartun, wobei Trocken- und Feuchtigkeitspflanzen unter denselben Bedingungen stehen. Lebedincev erklärt die absolut stärkere Flächentranspiration durch eine stärkere Kutikulartranspiration, läßt aber die Frage unberührt, ob die Stomataapertur nicht schon durch die verkleinerte Ausbildung der Schließzellen bei den xeromorphen Strukturen geringer sein muß als bei den mesomorphen. Aus den Abbildungen von Lebedincev läßt sich dies übrigens ablesen, wahrscheinlich werden beide Momente, schwächere Kutikulartranspiration und geringere Gesamtfläche der Stomataapertur, trotz größerer Zahl pro Flächeneinheit, dazu beitragen, daß die xeromorphen Strukturen weniger transpirieren als die mesomorphen. Die Versuchsresultate sind zu wenig vollständig, als daß man weittragende Schlüsse daraus ziehen könnte, mindestens kann die Arbeit nicht dafür angeführt werden, daß die Xeromorphen mehr transpirierten, auch nicht wenn die einzige Ausnahme, die Lebedincev bei Helianthus annuus in der Sonne festgestellt hat, mit herangezogen wird. Dagegen wird nichts einzuwenden sein, daß unter bestimmten Faktoren tatsächlich die Xeromorphen mehr transpirieren können als die Mesomorphen, aber die Gesamttranspiration der Xeromorphen ist auf alle Fälle kleiner als die der Mesomorphen oder gar der Hygromorphen.

W. G. Alexandrov (1927) schränkt die Theorie der stärkeren Xerophytentranspiration schon dahin ein, indem er sagt: „daß die Xerophyten nicht unter allen Bedingungen eine größere Transpirationsfähigkeit als die anderen ökologischen Typen zeigen"! Sollen besonders im Schatten die Xerophyten bedeutend weniger transpirieren als die Mesophyten, so finden sich in den spärlich dargelegten Protokollen auch Fälle genug, wo in der Sonne die Mesophyten stärker transpirieren. Man vergleiche die Transpirationswerte von Helianthus annuus-Atriplex hortensis vom Versuchsjahr 1921 und die von 1923![1] Leider fehlen vollständige Versuchsdaten von Carthamus tinctorius, die für die Xerophytentheorie besonders von Bedeutung hätten sein können.

Die Versuche von Keller (1925) mit xeromorphen und hygromorphen Asperula- und Galiumarten (xerom.: A. glauca, G. verum; hygrom.: A. odorata, G. cruciata) sind sehr dürftig. Konnte Keller tatsächlich bei den xeromorphen eine absolut stärkere Transpiration nachweisen, so braucht das gar nicht wunderzunehmen, da abgeschnittene Sprosse von Hygrophyten und Mesophyten ganz allgemein weniger Wasser verdunsten als solche von Xerophyten, was schon öfters hervorgehoben

---

[1] Von den von Stocker (1928, S. 47) geäußerten Bedenken sehen wir hier ganz ab.

wurde. Die Versuchsergebnisse berechtigen zu keinen bündigen Schlüssen, mindestens können die vorliegenden Versuche nicht für die Theorie der absolut stärkeren Xerophytentranspiration vorgebracht werden[1].

Die Versuchsergebnisse weiterer russischer Untersuchungen, die sich mit dem Welkungsproblem befaßten, sind mir nur aus der Arbeit von Tumanow (1927) bekannt geworden, die selbst einen Beitrag zu dieser Frage darstellt. Eine Klärung dieser Frage ist nicht nur von praktischer Bedeutung für die Agrarwissenschaft, sondern hat auch erhöhtes theoretisch-physiologisches Interesse. Allem Anscheine nach ändern sich die Strukturen dem Welken unterworfener Pflanzen so, daß sie xeromorphes Gepräge annehmen. Die Blattgewebe zeichnen sich durch kleinere Zellen aus, die Nervatur wird 22—24 vH dichter und die Blätter um 19 vH dicker bei Helianthus gegenüber entsprechenden Kontrollpflanzen. Vor allem aber, was hier am meisten interessiert, wird die Anzahl der Stomata um 22—25 vH größer, die Spaltenlänge aber um 12—16 vH kleiner. Tumanow sieht nun darin eine Stütze der Maximovschen Theorie der stärkeren Xerophytentranspiration, wobei ihm eigene Transpirationsversuche und die anderer russischer Forscher als Bestätigung erscheinen. Was wir bereits nachdrücklichst betonten, muß hier wiederholt werden. Die Zahl der Stomata sagt nichts aus über die Gesamtporenfläche. Leider gibt Tumanow von Helianthus nicht die absolute Größe der Stomata an. Setzen wir den Radius der größeren Poren der normalen Pflanzen $= 10\,\mu$ und entsprechend den der kleineren der gewelkten Pflanzen $= 8{,}5\,\mu$, so errechnet sich die Gesamtporenfläche der von Tumanow gewählten Blattflächeneinheit.

	Gesamtporenfläche in μ^2	
Durchschnitt der Blätter Nr.	normal	gewelkt
6, 8, 10	4,490	3,874
16, 18, 20	8,101	7,865

Man wird demnach nicht ohne weiteres behaupten können, daß schon wegen der größeren *Zahl* der Stomata der gewelkten Pflanzen, diesen eine höhere Transpiration zukommen müßte.

Was nun die Transpirationsversuche selbst anlangt, war ein einheitliches Versuchsergebnis nicht zu erhalten. Die Versuchsergebnisse von Frey (1923) zeigen doch bald ebensoviele Ausnahmen als Bestätigungen der Auffassung, daß die gewelkten Pflanzen eine absolut höhere Transpiration haben, wenn Kontroll- und Versuchspflanzen während des Versuches gleicher Bodenfeuchtigkeit ausgesetzt sind (s. Tabelle 13 der Arbeit von Tumanow). Bestätigen Zea Mais, Phaseolus vulgaris und Mirabilis Jalapa die Hypothese, so sprechen Datura Stramonium, Atriplex hortensis und Zygophyllum Fabago dagegen. Helianthus annuus

---

[1] Walter (1927) beruft sich, soweit ich sehen kann, auf diese Untersuchung.

reagiert in einem Jahre (1916) pro, im anderen (1917) contra. Da das Welken und Welkenlassen ein sehr dehnbarer Begriff ist, wie übrigens TUMANOW selbst hervorhebt, und zudem bei stark und langwelkenden Pflanzen fast ausnahmslos eine bedeutend geringere Transpiration festzustellen ist, scheint mir die Annahme, „daß die in dürren Gebieten wachsenden Pflanzen bei genügendem Wassergehalt im Boden sich gleichfalls durch intensivieren Transpirationsprozeß auszeichen", keineswegs so berechtigt wie TUMANOW auf Grund der Versuchsergebnisse „daß Pflanzen, die auf irgendeine Art während ihrer Entwicklung unter Wassermangel gelitten haben, bei genügender ihnen zugänglichen Wassermenge im Boden eine bedeutend stärkere Transpirationsfähigkeit besitzen als Pflanzen, welche sich bei genügender Wasserzufuhr entwickelt haben", folgern möchte.

Das umfangreichste Zahlenmaterial ökologischer Transpirationsuntersuchungen hat ohne Zweifel STOCKER geliefert und wenn im folgenden seine als Hauptargumente gegen die Theorie von SCHIMPER geltenden Ergebnisse neben denen von MONFORT eingehend kritisiert werden, so ist der Wert der mühevollen Untersuchungen keineswegs geschmälert.

Ohne auf nebensächliche Einzelheiten kritisch einzugehen, müssen einige prinzipielle Punkte scharf ins Auge gefaßt werden. Eine genaue Definition des Evaporimeters, das STOCKER verwandte, ist nie gegeben und seine Reaktionen auf die Induktionen der Umwelt nicht analysiert worden, so daß die Parallelität von Evaporation und Transpiration keine bündigen Schlüsse zuläßt. Amerikanische Forscher stellten die Stomataaktivität als unwesentliches Moment der Transpiration hin. Im übrigen huldigt STOCKER der Auffassung (1923, 1928), daß die Verdunstung gemäß dem Dampfdruckdefizit erfolge. Wir verweisen hier auf die Ausführungen im 1. Kapitel. Ist diese Auffassung unrichtig, so sind die von STOCKER mitgeteilten Transpirationswerte dadurch nicht beeinträchtigt, da STOCKER die empirischen Daten auf eine bestimmte pflanzliche Transpiration als Einheit umrechnete. Kann man es durchaus verstehen, daß er als Bezugspflanze Erica wählt, weil sie das charakteristische Vegetationsbild seines Untersuchungsgebietes am meisten mitbestimmt, so muß es hinsichtlich einer vergleichenden Transpirationsuntersuchung als ungeeignetes Objekt erscheinen, eine Standardpflanze auszuwählen, die sich so außerordentlich schwer in ihren Transpirationsorganen definieren läßt. Daher vermissen wir in STOCKERs Tabelle 2 auch ungern die Angabe der Spaltöffnungen für diese Pflanze, die doch als Bezugsobjekt von großer Bedeutung wäre. Es bietet außerordentlich große Schwierigkeiten halbwegs zuverlässige Spaltöffnungszahlen anzugeben, aber nicht minder große, die Oberfläche von Erica zu bestimmen. Schon aus diesem Grunde können die großen Abweichungen die STOCKER (1925) selbst findet eine einfache Erklärung finden.

Die Zahlenwerte in den einzelnen Messungen weichen stark voneinander ab, was nicht weiter verwunderlich ist.

	1923	F/E	I.	1925 F/E	II.	F/E
Erica	4,4	—	3,2	—	3,9	—
	—	2,95	—	2,38	—	3,23
Fragaria	13,0	—	7,6	—	12,6	—

Wenden wir uns der vielbetrachteten Tab. 2 (STOCKER 1923) selbst zu, so sehen wir erstens, daß die Xerophyten flächenrelativ weniger transpirieren als die Mesophyten und zweitens, daß die Flora der Heide und der Moore sich aus Hygro-, Meso- und Xerophyten zusammensetzt. Daß in feuchten Exklaven inmitten des Heidesandes Caltha palustris wachsen kann, wird SCHIMPER kaum in Abrede gestellt haben. STOCKER frug sich nun selbst, wie die empirischen Werte der Transpiration sinngemäß vergleichbar sind, ob als Einheit der Transpiration die Oberfläche, die Gewichte der Organe oder die physiologische Leistung des Wurzel-Blattsystems eingesetzt werden soll.

Ehe wir auf den Wert der verschiedenen Berechnungsweisen eingehen, sei auf die anatomischen Befunde hingewiesen. Es ergibt sich ungezwungen, daß die Xerophyten relativ die geringere Gesamtspaltenfläche besitzen, was sich approximativ aus den von STOCKER mitgeteilten Daten errechnen läßt. Wie wenig Sinn es hat von der *Spaltöffnungszahl* allein auf die Transpirationsgröße zu schließen, werden wir noch später sehen. Was die Dicke der Epidermiswand angeht, stehen die Xeromorphen ohne jeden Zweifel obenan, wie wir aus den eigenen Untersuchungen (s. S. 120), auch eindeutig entnehmen konnten.

Warum Oxalis mit hygromorpher Struktur in der Sonne gleichviel transpiriert als Erica und im Schatten noch weniger, hat seinen Grund darin, daß Oxalis in der Sonne, d. h. dampfdruckarmer Luft, die Spalten schließt, im Schatten aber die Verdunstung bei relativ hohem Dampfdruck stattfindet. Wenn sich sozusagen dicke Kutikula und hohe Spaltöffnungszahl aber kleine Stomata korrespondierend ergeben, so ist das ganz im Sinne der Theorie SCHIMPERs zu deuten. Die große Zahl der Spaltöffnungen ermöglicht bei relativ großer Apertur gute CO_2-Zufuhr; herrscht unter diesen Bedingungen Wind, so ist die Transpiration nicht größer, die unbedingt größer sein müßte, wenn kutikuläre Transpiration beteiligt wäre, die indirekt wiederum Spaltenschluß bedingte. Es scheint also dem Rechnung getragen, daß die Verdunstung bei maximaler CO_2-Versorgung maximal sein kann, ohne durch den Wind noch eine weitere Schädigung herbeizuführen.

Der Hauptsatz STOCKERs, daß die Heide- und Moorpflanzen bezüglich der Flächeneinheit keine spezifischen Eigentümlichkeiten gegenüber Pflanzen anderer Standorte zeigen, kann unter keinen Umständen so allgemein aufrecht erhalten werden. Pflanzen, die xeromorph sind, unterscheiden sich sehr gut von denen, die mesomorph sind, hinsichtlich der Transpiration. Damit ist nicht gesagt, daß xeromorphe Pflanzen nicht in wasserreichem Gebiet zu leben vermöchten, aber sehr wohl, daß ihre Transpiration geringer ist als die der mesophytischen. Von STOCKER wird nun selbst zugegeben, daß ein Zusammenhang zwischen Transpirationsgröße und Blattbau unzweifelhaft besteht, „aber infolge des In- und Gegeneinanderwirkens sehr vieler und vorläufig schwer oder gar nicht übersehbarer Einflüsse sind wir noch weit davon entfernt, in jedem Einzelfalle rein spekulativ aus dem Blattbau Rückschlüsse auf die Transpiration machen zu können" (S. 21). Es ist schwer verständlich, wie STOCKER (1928) später doch zu der MAXIMOVschen Theorie sich bekennt, während sich aus seinen Befunden keine Argumente für MAXIMOV entnehmen lassen.

Einen typischen Fall, wo Meinungsverschiedenheiten ohne exakte Beweisführung gegeneinander ausgespielt werden, stellt die anatomische Gestaltung des Kamelgrases dar. Erklärte es JÖNSSON (1902) auf Grund beiderseitig stark ausgebildeter Blattepidermis und starker Kutikula als xeromorph, so erklärt KELLER (1926) die Struktur „für hohe Transpiration ausgerüstet" und sieht in der Verminderung der Blattoberfläche, die er als xerophytisches Merkmal gelten läßt, „deren Aufgabe nicht darin, die Pflanze vor einer intensiven Transpiration zu schützen, sondern wohl darin, das Wasserbudget der Pflanze ins Gleichgewicht zu bringen, wobei die Wassereinnahme und die Wasserausgabe sehr bedeutend bleiben kann". Solange exakte Transpirationsmessungen fehlen hat es keinen Sinn die Frage zu erörtern, es ist nur sehr seltsam, wie moderne sogenannte „kausale" Ökologie dieselben Fehler begeht, wie die ältere, teleologisch orientierte.

Es soll keineswegs bestritten werden, daß SCHIMPERS Theorie der physiologischen Trockenheit der Moorböden nicht zu Recht besteht. STOCKER konnte zeigen, daß die Pflanzengesellschaft sich aus Xero-, Meso- und Hygromorphen zusammensetzt, aber damit ist noch keineswegs gesagt, daß die xeromorphen Strukturen mehr transpirieren als die hygromorphen, was wörtlich in einem neuerschienenen Lehrbuche zu lesen ist! Es ist auch ganz selbstverständlich, daß xeromorphe Strukturen in dampfarmer Luft absolut mehr transpirieren können als mesomorphe oder hygromorphe, aber dieser Befund hat doch beileibe nichts zu tun mit der Frage der eingeschränkten Transpiration der Xerophyten! Die Funktion der hygromorphen und xeromorphen Strukturen kann nur unter ein und denselben Außenbedingungen geprüft werden. Ericaceen haben eine eingeschränkte Transpiration, wie viel mal mehr sie auch im Einzelfalle transpirieren mögen, als sogenannte Mesophyten!

Werden die Transpirationsraten auf die Flächeneinheit bezogen, so ergibt sich eine Reihe, die, aus ökologischen Versuchen gewonnen, recht gut für Schimpers Theorie spricht. Es ist nun ein alter Gedanke, die Wasserabgabe in bezug auf die Wasseraufnahme zu betrachten, wo recht eigentlich der Charakter des ganzen pflanzlichen Systems zum Ausdruck kommt. Die Reihe der Pflanzen nach steigenden Transpirationswerten dreht sich scheinbar tatsächlich um, wenn man die Transpiration zu der physiologischen Leistung der Wurzeln in Beziehung setzt. Es ist nun außerordentlich schwierig diese Komponente zu fassen und einigermaßen ließe sich durch den Quotienten

$$Q = \frac{\text{Oberfläche des Transpirationssystems}}{\text{Oberfläche des aktiven Wurzelsystems}} \text{ [1]}$$

ein relatives Maß der einzelnen Pflanzen erhalten, wenn damit auch noch keine eigentliche physiologische Komponente erfaßt ist. Ganz eigenartig erscheint aber die Wahl Stockers mit dem Quotienten

$$Q = \frac{\text{Transpiration}}{\text{Wurzelfrischgewicht}}.$$

Stocker bezeichnet diese Methode selbst als „recht roh“, „die aber den Vorzug hat, praktisch ausführbar zu sein“. Damit ist aber doch keineswegs ihre *Brauchbarkeit* verbürgt! Den auf diese Weise errechneten Werten kann nicht die nötige Zuverlässigkeit zukommen. Wählen wir beispielshalber das Wurzelgewicht einer Runkelrübe und die schwer aus dem Moorboden herauszupräparierenden Callunawurzeln, so ist die Behauptung hinfällig, daß ein Wurzelsystem um so ausgedehnter ist, je schwerer es ist. Mit Frischgewicht und Trockengewicht der Wurzeln fassen wir in keiner Weise ihre physiologische Leistung. Darüber ist sich Stocker sicherlich keinen Augenblick im Zweifel gewesen, er hätte aber auf keinen Fall die so berechneten Werte contra Schimper ins Feld führen dürfen.

Das Zahlenmaterial der Transpirationswerte von Stocker (1923), das Walter (1926) auf das Frischgewicht umrechnet, zeigt alles andere eher, als daß die Xerophyten sich durch eine frischgewichtsrelative starke Transpiration auszeichnen [2]. „Wir finden fast sämtliche Pflanzen so an-

---

[1] In der englisch geschriebenen Literatur finden sich mehrere Arbeiten, z. B. Anderson (1927), welche sich um die Ermittlung dieses Quotienten bemühten.

[2] Huber (1927) teilt einige Daten mit, die bei Berechnung auf das Frischgewicht auch nicht für eine stärkere Transpiration der Xeromorphen sprechen.

Transpirationsgröße in mg
pro g Frischgewicht und Stunde

Helleborus niger	280
Atropa belladonna	224
Fraxinus excelsior	187
Nerium Oleander	166
Ilex aquifolium	46
Pinus austriaca	32,7.

geordnet, wie wir sie anordnen würden, wenn wir uns einzig und allein nach ihrem Habitus richten würden: zuerst kommen die Sukkulenten, dann die Pflanzen mit immergrünem harten Laub, schließlich Pflanzen mäßig trockener Standorte und zum Schluß die Schattenpflanzen." Hat SCHIMPER in seiner Theorie etwas anderes behauptet? Auf die Flächeneinheit berechnet stehen außerdem die Sukkulenten und die Xerophyten auch am Anfang steigender Transpirationswerte, wie die Zusammenstellung von STOCKER, wenn auch mit einigen Ausnahmen, zeigt. Es kann sich hier nicht darum handeln, zu erörtern, ob es Sinn hat oder keinen, die Transpiration auf die Frischgewichte zu beziehen, erwähnt sei nur, daß für ökologische erste Orientierungen eine Frischgewichtsbestimmung ein ebenso gutes Bild von der Transpiration geben kann, wie eine Oberflächenbestimmung. Die exakt wissenschaftliche Analyse kann keine prinzipielle Entscheidung fällen, welche von beiden Bezugsarten den größten Vorteil hat, kommt es doch dabei ganz auf die Fragestellung der Untersuchung an. Für das Xerophytenproblem der „gesteigerten oder verminderten Oberflächentranspiration" kommt in erster Linie die Berechnung auf die Flächeneinheit in Betracht. WALTER nimmt außerdem noch Transpirationsberechnungen auf das Frischgewicht bei den Halophyten nach STOCKER (1924 und 1925). vor, mit dem Ergebnis, daß auf das Frischgewicht bezogen „für sämtliche Strandpflanzen relativ zu Calluna viel geringere Transpirationswerte" sich ergeben, „was ökologisch vielleicht doch richtiger ist". Es liegt mir fern, mich in ökologische Meinungsverschiedenheiten einzumischen, für die Transpirationsanalyse scheint es aber wenig fruchtbar, wenn auf Grund einer Berechnungsart eine kaum aufgestellte Hypothese sozusagen gerade ins Gegenteil verwandelt werden kann, wenn andere Multiplikationen vorgenommen werden. Auch andere von WALTER vorgenommene Berechnungen, die im Anschluß an HUBER (1924) ausgeführt wurden,

$$\frac{\text{Korrigierte Oberfläche}}{\text{Gesamtfrischgewicht}} \quad \text{und} \quad \frac{\text{Reine Blattoberfläche}}{\text{Blattfrischgewicht}}$$

stellen die Xerophyten samt den Sukkulenten mit den niedrigen Werten an den Anfang der Reihe.

Die kürzlich von STOCKER (1928) erschienene wertvolle Arbeit, die vor allem klarstellte, daß die Xerophyten der ägyptischen Trockenwüsten in ganz „ausgesprochenem Maße auch Halophyten" sind, befaßt sich auf eigene Untersuchungen gestützt, (die eine starke Xerophytentranspiration nachwiesen), mit der SCHIMPERschen Xerophytentheorie. Für die Beurteilung der Frage kommen in erster Linie die auf die Flächeneinheit bezogenen Daten in Betracht. Es sei nochmals betont und hiermit vorausgeschickt, daß keineswegs bestritten sei, daß die Transpiration der Xerophyten in dampfhungriger Luft nicht größer sein könnte, als die der Mesophyten in dampfreicher. Desgleichen sei nicht das Ergebnis der

MAXIMOVschen Untersuchungen bestritten, daß die Xerophyten dürrerestitent seien; daß aber die Systeme der Xeromorphen keinen Transpirationswiderstand darstellen sollen, stellten wir mehrfach in Abrede, was, wie oben vermerkt, bereits BENECKE und FITTING zu ähnlichen Bemerkungen veranlaßte.

STOCKER versucht nun mit einem Vergleich von Transpirationswerten der Wüstenpflanzen mit denen deutscher Standorte die heiß umstrittene Frage einer Lösung entgegenzuführen: „SCHIMPER behält insofern recht, als ‚Mittel zur Verzögerung der Transpiration‘ bei den Wüstenpflanzen vorhanden sind; denn die Steigerung der Oberflächentranspiration entspricht nicht der Steigerung der Evaporationskraft des Wüstenklimas. MAXIMOV andererseits hat insofern recht, als die Oberflächentranspiration ihrem absoluten Betrag nach bei den Wüstenpflanzen im allgemeinen höher liegt als bei deutschen Arten. Sofern wir also annehmen, daß SCHIMPER die ‚relative‘, MAXIMOV die ‚absolute‘ Flächentranspiration im Auge hat, haben beide recht; die Erklärungen, die SCHIMPER für die Transpirationshemmungen durch die Blattstruktur im einzelnen gibt, sind allerdings zum großen Teil nicht haltbar.“

Es ist mir nicht ganz gelungen, STOCKER eindeutig zu verstehen, da er anerkennt, daß die Xerophyten *Mittel zur Verzögerung* der Transpiration haben, die am Schlusse der eben zitierten Stelle beinahe ganz in Abrede gestellt werden. Hält man allerdings an dem Passus des Satzes fest, daß nach MAXIMOV die absolute Flächentranspiration der Xerophyten größer ist als die der Mesophyten, so müssen die schon des öfteren gemachten Einwände wiederholt werden.

Nach wie vor glaube ich mit BENECKE und FITTING SCHIMPER recht zu verstehen, wenn wir mit den in der vorliegenden Arbeit gebräuchlichen Begriffen seine Theorie folgendermaßen formulieren:

Pflanzen mit xeromorphen Strukturen transpirieren infolge physikalisch-chemischer Beschaffenheit ihrer Transpirationssysteme weniger, als wenn ihre Systeme hygro-mesomorphe Beschaffenheit und Baueigentümlichkeiten hätten, ein und dieselben äußeren Transpirationsbedingungen vorausgesetzt. Kurzum, xeromorphe Strukturen bedingen eine Verzögerung der Transpiration. D. h. aber, daß die absolute oberflächenrelative Transpiration bei den Xeromorphen geringer ist. Und daß Pflanzen solcher Strukturen an Orten starker Verdunstung infolge dieser transpirationsvermindernden Einrichtungen zu vegetieren vermögen, das faßte SCHIMPER in seiner großzügigen Theorie zusammen.

Sollte sich auch erwiesen haben, daß die Halophyten (STOCKER), die Mangrove (v. FABER) nicht zu den Xerophyten im Sinne von SCHIMPER zu zählen sind, so ist damit nur gesagt, daß bestimmte Pflanzengruppen keine Xerophyten sind, aber nicht, daß die Theorie unhaltbar ist, wie man allerorts in Bausch und Bogen urteilen hört.

Es sei nun dem Urteil der unvoreingenommenen Forscher überlassen, ob es berechtigt ist, auf Grund der vorliegenden Arbeiten die Theorie von SCHIMPER als widerlegt zu betrachten. Auf Grund der eigenen Versuchsergebnisse und der anderer Arbeiten kann wohl „die eingeschränkte Xerophytentranspiration" als gesicherte Tatsache gelten.

Es fragt sich nur noch, ob diese oder jene Pflanzenart eine eingeschränkte Transpiration hat oder nicht, ihre Transpirationsorgane über Diffusionswiderstände für die Wasserverdunstung verfügt, was nicht aus dem Bau der Systeme geschlossen werden darf. Hoffentlich werden in den folgenden Jahren viele kritische Untersuchungen angestellt und die Transpiration systematisch bearbeitet, damit wir dem Physiker gleich einwandfreie Daten besitzen, ohne spekulative teleologische Verbrämungen. Dies wollten SIERP und SEYBOLD (1927) unter der „spezifischen Transpiration" verstanden wissen.

Kritische Bemerkungen über andere Pflanzengruppen, die in die SCHIMPERSche Theorie mit einbezogen wurden, müssen hier noch folgen.

Auf die Transpiration der Halophyten kann nicht näher eingegangen werden, zumal STOCKER (1928) das Problem eingehend dargestellt hat und ich mich nicht unterfange, das Halophytenproblem allein vom transpirationstheoretischen Standpunkte aus lösen zu wollen. Allem Anscheine nach haben die Halophyten keine Transpirationseinschränkungen, wie SCHIMPER annahm. Wir verweisen auf die Arbeiten von STOCKER (1924, 1925, 1928 a und b). Die Sukkulenz ist übrigens nur nach morphologischen Kriterien beurteilt, nicht ohne weiteres ein Systembau eingeschränkter Transpiration.

Die Transpirationswerte der Flächeneinheit bezogen auf Erica 1 gibt STOCKER (1925) an:

Erica tetralix	1	Aster tripolium	4,3
Artemisia maritima	1,1	Caltha palustris	4,3
Fragaria vesca	2,4	Salicornia herbacea	5,7
Suaeda maritima	2,5	*Ammophila*	0,9
Glyceria maritima	2,9	*Elymus*	0,8
Triglochin maritima	3,1	Corynephorus canescens	0,2
Statice Limonium	3,1		

Außer Artemisia maritima, welches eine dichte Behaarung zeigt, ist keine Struktur für Transpirationswiderstand vorhanden, so daß die oberflächenrelativen Transpirationswerte mit anatomischen Befunden in Einklang stünden. Für die Halophyten läßt sich somit keine „eingeschränkte Transpiration" nachweisen. Von Bedeutsamkeit dünkt mir aber der Befund der flächenrelativen Transpiration der *Dünengräser*.

Werden aber die von vielen Ökologen anempfohlenen Berechnungen auf das Frischgewicht vorgenommen, was WALTER (1926) mit den Daten von STOCKER (1924 und 1925) unternommen hat, so erhält man die Reihen

Ammophila arenaria	0,58	Hieracium umbellatum	1,47
Corynephorus canescens.	0,61	Cakile maritima	1,59
Elymus arenarius	0,62	Erica tetralix	1,0
Calamagrostis epigeios	0,75	Artemisia maritima	1,5
Salsola Kali	0,82	Triglochin maritima	1,9
Suaeda maritima	1,01	Suaeda maritima	2,0
Honkenya peploides	1,06	Aster tripolium	2,1
Heliochrysum arenarium	1,18	Salicornia herbacea	2,2
Calluna vulgaris	1,21	Statice Limonium	2,4
Atriplex hastatum	1,30	Glyceria maritima	2,4
Galium mollugo	1,46	Fragaria vesca	2,7

Diese Zahlenreihen zeigen, daß die Halophyten keine größere Transpiration haben als die Pflanzen „mäßig trockener und sonniger Standorte".

Die Transpirationsliteratur der Halophyten kritisch zu sichten, liegt nicht in meiner Absicht, im Zusammenhang mag aber darauf hingewiesen werden, daß Keller (1925) bei seinen Untersuchungen mit Salicornia herbacea zu einem Resultat kommt, was für die Transpirationsverminderung auf stark salzhaltigem Boden spricht. Bei den auf stark salzhaltigem Boden erwachsenen Pflanzen kann nicht nur der hohe osmotische Wert der Gewebe die Dampfspannung herabsetzen, sondern nach den Untersuchungen von Batalin (1886) und Lesage (1890) ruft starker Salzgehalt Struktur- und Bauveränderungen in dem Transpirationssystem hervor, vor allem eine Verminderung der Stomatazahl pro Flächeneinheit, die als Erhöhung des Transpirationswiderstandes wirkt.

Schon Ruhland (1915) hat für Statice und Armeria eine flächenrelativ sehr starke Transpiration aufgezeigt.

Wurde die Mangrove von Schimper als xerophytisch angesehen, so glaubte v. Faber (1923) dieser Auffassung entgegentreten zu müssen. Solange keine exakten Transpirationsmessungen über die Mangrove vorliegen, hat es wenig Sinn über die Frage zu diskutieren. Kamerling (1914) hat mit Mangrovepflanzen einige Transpirationsversuche angestellt, die aber ganz unzureichend sind, so daß die Frage, ob die Mangrove zu den Xerophyten gehört oder nicht, offen bleibt. Wollen Kamerling und v. Faber die Mangrove aus den Xerophyten ausscheiden, so ist Huber (1924) ganz anderer Meinung: ihm erscheinen gerade die Mangrovepflanzen mit den enorm hohen Saugkräften *die* Xerophyten zu sein. „Man fragt sich wirklich, welche Pflanze man dann Xerophyten — Trockenpflanzen — heißen soll, wenn Pflanzen, die so ungeheuere Kräfte brauchen, um dem Boden Wasser zu entreißen, keine sein sollen!" Hier kann es sich nicht darum handeln, einen Schiedsspruch zu fällen, es genügte zu zeigen, wie widersprechend die *Meinungen* sind, die ganz und gar vom Standpunkte eines jeden Forschers richtig sind, alle aber die Grenzen wissenschaftlicher Feststellung überschritten haben, um sich an dem vielzitierten „Streit mit Worten" zu beteiligen.

Die Schimpersche Theorie läßt sich nach den neuen Untersuchungen von v. Faber (1927), daß die Kraterpflanzen Xerophyten sind, nicht aufrecht erhalten, so daß damit ein weiterer Gegenbeweis gegen die eingeschränkte Xerophytentranspiration vorzuliegen scheint. Dieser voreilige Schluß ist aber unberechtigt, denn soweit uns die Transpirationstabellen von v. Faber Grundlage zu weiterer Analyse sein können, beweisen sie eindeutig, daß 1. wohl unter den Kraterpflanzen stark und schwach transpirierende sind (was Schimper wohl kaum geleugnet haben wird; die Mehrzahl der untersuchten Arten zeichnen sich aber durch geringe Transpiration aus) und 2. daß die schwach transpirierenden Arten Ericaceen sind, denen auch ein xeromorphes Gepräge der Transpirationssysteme eigen ist. Und gerade auf diesen Punkt kommt es uns hier am meisten an. Die Fragen, ob gerade diese Pflanzen Relikte einer Trockenvegetation sind oder nicht, ob die xeromorphen Solfataren ihre Strukturen benötigen oder nicht benötigen, liegen außerhalb der Analyse der Transpiration. In der folgenden Tabelle 69 sind die von v. Faber mitgeteilten Werte in einer steigenden Reihe der relativen Transpirationsraten angeordnet, und zwar Krater- und Vergleichspflanzen aus dem Botanischen Garten Buitenzorg gemischt. Die Kraterpflanzen sind fettgedruckt. Die Tabelle spricht von selbst, auch wenn wir die flächenrelativen Transpirationen betrachten, die in der 2. Spalte eingetragen sind, ändern sie das Bild nicht wesentlich.

Tabelle 66.

	$\dfrac{\text{Transpirat p. dm}^2 \cdot 100}{\text{Evapirat p. dm}^2}$	Flächenrelative Transpiration Vaccinium $= 1$
Vaccinium varingiifolium	3,2	1,0
Rhododendron malayanum	3,4	1,1
Gaultheria leucocarpa . .	3,6	1,4
Ficus diversifolia	4,2	1,0
Rhododendron retusum .	4,6	1,2
Melastoma setigerum . .	6,8	2,8
Elaeocarpus angustifolius	9,4	3,4
Mangifera indica	12,3	3,6
Symplocos sessilifolia . .	12,6	3,8
Quercus induta	13,2	*2,4
Albizzia montana	13,4	4,2
Albizzia moluccana . . .	13,6	3,8
Rapanea avenis.	16,2	4,8
Cedrela serrata	16,4	4,4

Nur Quercus induta käme zwischen Gaultheria leucocarpa und Melastoma setigerum bei einer entsprechenden Anordnung nach steigenden Werten der flächenrelativen Transpiration zu liegen. Auf Grund dieser Tabelle scheint mir der Schluß, „daß die Kraterpflanzen im allgemeinen eine lebhafte Transpiration haben", keineswegs berechtigt, eher ist das Gegenteil abzulesen. Die Kenntnis der Wasserökonomie ist in keinem

Falle zureichend, eindeutig darüber zu entscheiden, ob die Pflanze „am richtigen Platz" steht, worauf wir schon eingangs hingewiesen haben [1]. Soweit die Arbeit von v. FABER für unser Problem in Betracht kommt, können wir entnehmen, daß unter den Kraterpflanzen Xerophyten leben und daß diese die *geringste* Transpiration haben. Daß meso- und hygromorphe Pflanzen unter den Kraterpflanzen sich befinden, ist nicht zu leugnen, ebensowenig wie unter den Heide- und Moorpflanzen neben extremen Xerophyten ausgesprochene Mesophyten und Hygrophyten vorkommen können (s. STOCKER 1923).

Wenn wir die Arbeiten gegen die eingeschränkte Xerophytentranspiration überblicken unter besonderer Berücksichtigung der pflanzenökologischen Gesichtspunkte, so können wir sagen, daß vor allem die Arbeiten von MAXIMOV und STOCKER neue Gesichtspunkte in das Xerophytenproblem hineingetragen haben. Die Dürreresistenz hebt aber keineswegs die SCHIMPERsche *Xerophyten*theorie auf, vielmehr ist nun die Aufgabe gestellt zu erforschen, in welchem Maße eine ökologische Pflanzengesellschaft xerophytisch ist. Die Faktoren der Dürrerestistenz und der Transpirationseinschränkung müssen von Fall zu Fall empirisch der Größenordnung nach festgelegt werden. Müssen manche bisher als xerophytisch angesehenen Pflanzen als Xeromorphe ausscheiden, wie zum Beispiel unter Umständen die Halophyten, so dürfen spezielle Befunde nicht ohne weiteres verallgemeinert werden. Vielmehr erscheint mir die von GOETHE anempfohlene Einstellung, die im Vorwort zitiert worden ist, für die wissenschaftliche Erkenntnis äußerst fruchtbar.

D. Kritik der Argumente für die Theorie von SCHIMPER.

Hat die kritische Sichtung der Arbeiten, welche die SCHIMPERsche Xerophytentheorie als unhaltbar darstellten, ergeben, daß die Gegenargumente keineswegs kräftig genug sind, so müssen die Argumente der Theorie selbst auch kritisch beleuchtet werden. Daß eine Kritik der SCHIMPERschen Theorie erst vollständig gegeben werden kann, wenn die physikalische Komponente vollständig geklärt ist, liegt eigentlich auf der Hand. Ökologische Untersuchungen werden auf keinen Fall fähig sein die Xerophytentheorie exakt zu beweisen oder strikte zu widerlegen, da ihr Fundament rein physikalisch ist und physikalische Experimente nicht vorteilhaft unter „freiem Himmel" ausgeführt werden. Ist die Analyse des Transpirationsprozesses bei den verschiedensten Pflanzensystemen im Laboratorium geglückt, wird man einen Schritt weiter gehen können und prüfen, in welchem Umfange die einzelnen, nunmehr quantitativ bestimmbaren Faktoren wirksam sind.

---

[1] Die Frage der Saugkräfte bei Kraterpflanzen in der Solfatare ist für die Ökologie dieser Arten von der größten Bedeutung, liegt außerhalb unserer Fragestellung.

Ohne Zweifel ist ein Schluß von den anatomisch-histologischen Architekturen und Strukturen auf die Größe der Transpiration nicht unbedingt zulässig, wohl aber wird die Beschaffenheit der Systeme ein *Schlüssel* sein für die Wasserökonomie, zumal die Analyse der Zellelemente physiologische Kriterien mit in Betracht zieht. SCHIMPER hat sich in vielen Fällen bei der Beurteilung der Transpirationsgrößen zu sehr auf das anatomisch-mikroskopische Bild und auf die äußerlich zu beurteilende Beschaffenheit der Blätter verlassen, aber daß die physiologischen Grundlagen seiner Pflanzengeographie mit den physikalischen Gesetzmäßigkeiten der Verdunstung in Einklang steht, dürfte zur Genüge in den vorhergehenden Kapiteln bewiesen sein.

Daß neben SCHIMPER noch viele andere Namen bedeutender Forscher genannt werden müßten, ist dem Einsichtigen klar, es ginge aber weit über den Rahmen der Arbeit hinaus, wenn alle Mitarbeiter erwähnt würden. Es kann somit auch nicht meine Aufgabe sein, die unzähligen, zum Teil sehr zerstreuten Arbeiten zu nennen, obwohl sie hier allesamt sich für eine Verteidigung der eingeschränkten Xerophytentheorie trefflich anführen ließen. Indem auf SCHIMPERS Arbeiten (vor allem SCHIMPER 1898) und auf die anatomische Physiologie von HABERLANDT (1918) verwiesen sei, außerdem auf die monographischen Darstellungen von BURGERSTEIN (1904, 1920 und 1925) und SEYBOLD (1929) sollen nur die Ergebnisse einiger Arbeiten dargetan werden, denen meines Erachtens von seiten der Gegner der SCHIMPERschen Theorie nicht die nötige Aufmerksamkeit geschenkt wurde. In der zuletzt genannten Monographie ist das Hauptgewicht auf die Mitteilung quantitativer Werte gelegt worden, so daß ich mir hier eine Wiederholung ersparen kann.

KAMERLING (1914), der sich die Frage vorlegte: „Welche Pflanzen sollen wir Xerophyten nennen?", die er folgendermaßen beantwortete: „Man darf nur diejenigen Pflanzen Xerophyten nennen, welche tatsächlich für ihre normalen Lebensvorrichtungen wenig Wasser brauchen und welche im Freien sehr widerstandsfähig sind gegen Wassermangel", suchte durch Experimente zu entscheiden, ob diese oder jene Pflanze ein Xerophyt ist oder nicht; KAMERLING erklärt sich keineswegs dafür, daß den Xerophyten eine größere Transpiration zukommt, vielmehr will er die „Pseudoxerophyten" gesondert zusammenfassen, worunter alle Pflanzen zu verstehen sind, welche, obwohl in trockenem Klima lebend, doch eine starke Transpiration aufweisen, was ihnen durch ein sehr leistungsfähiges Wurzelsystem ermöglicht ist. KAMERLING sagt mit Recht, daß der anatomisch-morphologische Befund der Transpirationsorgane nicht als alleiniges Kriterium für geringe Transpiration gelten kann. Eucalyptus und Spinifex squarrosus transpirieren nach den Prüfungen von KAMERLING stärker als man aus dem anatomischen Befund hätte schließen mögen, doch ist damit noch nicht gesagt, daß diese Transpirationssysteme nicht Diffusionswiderstände besitzen. Aus seinen eigenen Versuchen läßt sich nicht der Entscheid fällen, ob gerade Eucalyptus und Spinifex nicht doch weniger transpirieren als viele andere Pflanzen mit meso- und hygromorpher Struktur. Und ließen sich selbst keine solchen ausfindig machen, so könnte damit nur festgestellt werden, daß beide Arten keine Xerophyten sind, nicht aber, daß die Xerophyten keine verminderte Transpiration hätten. Pflanzen mit stark verminderter Transpiration gibt KAMERLING selbst an, er verneinte jedenfalls die Behauptung der uneingeschränkten Xerophytentheorie, was allein schon daraus hervorgeht, daß er stark transpirierende Pflanzen von den „Xerophyten" ausscheiden will.

Den Sukkulenten, „eine Abteilung des großen ökologischen Verbandes der Xerophyten" (BRENNER 1900), gestand man hinsichtlich ihrer Transpirationsgröße die Sonderstellung zu, eine eingeschränkte Transpiration zu haben (s. z. B. STOCKER 1923), doch in den letzten Jahren sind mehrere Arbeiten veröffentlicht worden, die auch dieses Reservatrecht aufgehoben haben. Zygophyllum Fabago hat nach ALEXANDROV (1927) nachgerade eine Maximaltranspiration, die auch in einer Zusammenstellung von STOCKER (1928) an der Spitze steht. Es soll hier nicht unerwähnt bleiben, daß STOCKER den Mesembryanthemum-Arten die absolut kleinste Transpiration zuordnet, innerhalb der Sukkulenten scheinen also hinsichtlich der Transpiration die größten Verschiedenheiten zu herrschen [1]. Doch scheint es mir nicht sehr angebracht, die ganze Frage unter dem Schutzproblem abzuhandeln, sondern vielmehr sich mit den Tatsachendeutungen nicht über das physikalische Gebiet hinaus zu begeben.

Ohne auf die Untersuchungen von DELF, der den Sukkulenten eine größere Transpirationsintensität zugeschrieben hat als den Mesophyten, einzugehen, was angesichts der durch STOCKER (1923) geübten Kritik nicht nötig ist, sei eine ältere in Vergessenheit geratene, aber sehr lesenswerte Arbeit von BRENNER (1900) erwähnt, die sich im Sinne der KLEBSschen Untersuchungsweise mit der Ontogenie einzelner Sukkulenten befaßt und unter extremen Außenbedingungen auf ihren „Xerophytencharakter" prüft. Freilich liegt der Schwerpunkt der Arbeit auf anatomisch-histologischem Gebiete, die physiologischen Untersuchungen sind nur auf wenige Versuche beschränkt. Nehmen wir die anatomischen Ergebnisse, so weit sie uns hier interessieren, vorweg, so sind die Transpirationswerte verständlicher.

BRENNER kultivierte Pflanzen von Sedum dendroideum und Sempervivum assimile (und einige andere Arten) trocken und feucht, wobei

---

[1] DELF (1912) unterscheidet scharf zwischen Wüsten-, Felsen-, Epiphyt- und Halophytsukkulenten.

sich die Blattoberflächen verhielten wie 1:2,27, bzw. wie 1:2,43. Die Zahl der Stomata zeigte in einigen Fällen in der Feuchtkultur eine Abnahme (z. B. Mesembryanthemum) in den meisten anderen Fällen aber eine Zunahme. Mit Recht weist Brenner darauf hin, daß nicht allein die *Zahl*, sondern auch die *Größe* der Stomata (und damit des Porus) zu berücksichtigen ist. Eine Berechnung auf gleiche Mengen Blattsubstanz ergibt zudem in allen Fällen, daß die Feuchtkulturen bei größerer Oberfläche die größere Zahl von Stomata haben den Trockenkulturen gegenüber. Das folgende Zitat von Brenner verdient nicht nur bei der Sukkulententranspiration größte Beachtung, sondern sollte immer bei den Erörterungen der Stomatazahl in bezug auf die Transpiration beachtet werden. ,,Man sieht aus diesen Betrachtungen, wie verkehrt es im Grunde ist, die Zahl der Stomata immer nur auf die Oberflächeneinheit zu beziehen, während es doch gerade diese Organe sind, die den Gasaustausch der tiefer liegenden Gewebe ermöglichen. Bei der Transpiration kommt es nur auf den relativen Wasserverlust an; es ist klar, daß aus einem Gefäß, dessen Wände mit Löchern versehen sind, in einer bestimmten Zeit ein um so größerer Bruchteil des Inhaltes verloren geht, je kleiner der letztere ist. Bei dünnblättrigen Pflanzen mag die gewöhnliche Verteilung noch statthaft sein, sobald wir es aber mit einem dickeren Blatt zu tun haben, werden die so erhaltenen Zahlen physiologisch ganz unverständlich. So erschien es immer auffallend, daß die Sukkulenten, die doch sonst allgemein Xerophytencharakter tragen, so zahlreiche Spaltöffnungen aufweisen. Bezogen auf die Oberflächeneinheit ist dies in der Tat der Fall, nicht aber, wenn die Zahlen auf die Gewichtseinheit umgerechnet werden.''

Eine besondere Beweiskraft, daß die Feuchtkulturpflanzen eine größere Anzahl von Stomata besitzen, haben vor allem die Versuche mit den Pflanzen, die sich ein halbes Jahr in feuchter Atmosphäre befanden. Bezogen auf das Gewicht war in allen 3 Fällen die Feuchtkultur die stomatareichere, außer Mesembryanthemum curviflorum, die Berechnung auf die Oberfläche bezogen. Bei Sedum dendroideum und Sempervivum assimile war die Anzahl bis viermal größer.

Jedoch ist mit anatomischen Befunden noch keineswegs die Transpirationsintensität identisch. Versuche mit dem Sachsschen Transpirationsmeßapparat (Potometermethode!) ergaben, daß die feucht gezogenen Pflanzen *weniger* transpirierten als die trocken kultivierten. Allein schon eine Kobaltpapierprobe konnte Brenner aber zeigen, daß man zu einer Gleichsetzung der Saugung mit der Transpiration nicht berechtigt ist, da sich das Kobalt auf den Feuchtblättern viel rascher rötete. Die Transpiration abgeschnittener Blätter der ,,hygromorphen'' Sedum dendroideum sei in Abb. 63 graphisch dargestellt. Die Transpiration ist auf 100 cm² Blattfläche bezogen, die von Brenner auf 10 g Frischgewicht bezogenen Werte ergeben eine ganz unwesentlich andere

Darstellung. Die gestrichelten Linien sind die Werte der normalen (trockenen Pflanze), die ausgezogenen die der feuchtkultivierten. I. Versuch im Zimmer, II. im feuchten Raum, III. im trockenen Raum. Die Transpirationswerte differieren in den ersten Stunden bedeutend, um sich nach 40 Stunden ± stark auszugleichen.

Ohne auf die Fragen der Leistungsfähigkeit der Wasserleitungssysteme bei den Feucht- und Trockenpflanzen einzugehen, scheint mir das Ergebnis mit dem Sachsschen Apparat für die Beurteilung anderer Transpirationsversuche mit Sukkulenten von der größten Bedeutung. Ganz offensichtlich kann man mit potometrischen Messungen keine brauchbaren Transpirationswerte ermitteln. Abgeschnittene „hygromorphe Sukkulenten" saugen und transpirieren unter Umständen weniger

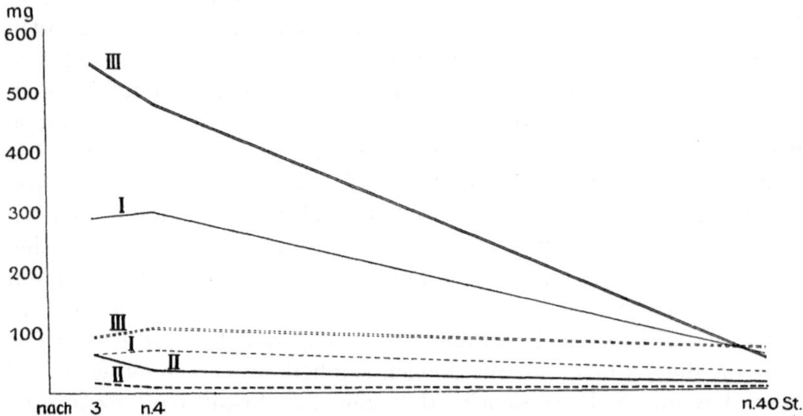

Abb. 63. Sedum dendroideum. Transpirationsversuche von Brenner (1900). Die gestrichelten Kurven sind die Transpirationsraten der normal kultivierten Pflanzen, die ausgezogenen Kurven die der feuchtkultivierten. Kurven I Versuchszimmer, II feuchter Raum, III trockener Raum; s. Text.

als die normalen Sukkulenten oder andere Mesophyten, so daß die Ergebnisse von Delf, denen wir uns jetzt zuwenden, nicht zu dem Schlusse zwingen müssen, daß die Sukkulenten absolut mehr transpirierten als z. B. Vicia cracca!

Stocker (1923) beanstandete übrigens schon die Schlüsse, die Delf zog, da infolge verschieden raschen Welkens keine vergleichbaren Ergebnisse erhalten werden können. In der 1915 erschienenen Arbeit drückt sich Delf über die stärkere Sukkulententranspiration vorsichtig genug aus, um nicht beschuldigt werden zu können, einige wenige Befunde spekulativ verallgemeinert zu haben.

Kommt Aubert (1892) zu dem Schluß, daß Sukkulenten mit dünner Kutikula (manche Crassulaceen und Mesembryanthaceen) oberflächenrelativ mehr transpirieren als Xerophyten, wie Hedera Helix und Picea excelsa (auf das Frischgewicht bezogen allerdings weniger, s. Brenner), so ist damit nur gesagt, daß die Sukkulenten mehr transpirieren können als die Xerophyten, nicht aber als die Mesophyten. Jenen sprach Aubert eine geringe Transpiration zu, oberflächenrelativ und frischgewichtsrelativ. Im übrigen weiß jeder Kakteenfreund, daß die Sukkulenten mit wenig Wasser auskommen.

Wir müssen im Anschluß gleich hier auf eine heute ganz allgemein verbreitete Auffassung hinweisen, daß die xeromorphen Blattsysteme eine größere Stomatazahl besitzen als die mesomorphen, sei es bei einer und derselben Art, oder bei verwandten, wobei allerdings über die Größe der Stomataapparate und die Porusweite meist nichts ausgesagt wird. Es ist völlig überflüssig, einzelne Literaturangaben zu wiederholen, zumal Seybold (1929) einige Angaben zusammengestellt hat und dabei neben bekannte Daten auch solche stellte, die in Vergessenheit geraten sind. Infolge Wassermangels werden die Epidermiszellen und Schließzellen kleiner ausgebildet, was somit auch eine Blattflächenverkleinerung bedingt. Dadurch können auf die Blattflächeneinheit mehr Spalten bei dem xeromorphen Blatt kommen als bei dem meso- bzw. hygromorphen. Diese Tatsache ist nun aber widerrechtlich ausgewertet worden, indem man einfach schloß: mehr Spalten — größere Transpiration! Dieser Schluß fügte sich auch ganz willkommen in die absolut stärkere Xerophytentranspiration ein! Ein Beweis war ja unter diesen Umständen gar nicht mehr nötig! Ist dieser Schluß berechtigt, so ist von nun an eine Geldsumme in der Zahl der Scheidemünzstücke ebenso ausdrückbar, ganz gleich, ob man Groschen oder Taler nimmt. Solchen Schlußfolgerungen braucht nicht weiter entgegengetreten zu werden.

An Hand einer Reihe von älteren Arbeiten, die meist ganz vergessen sind, läßt sich aber zeigen, daß es auch genug Fälle gibt, wo der Nachweis gelang, daß der Mesophyt mehr Spalten hat als der Xerophyt. In der oben erwähnten Zusammenstellung sind genügend Beispiele angeführt. Hier greifen wir nur eine Arbeit heraus, die für die Beurteilung dieser Streitfrage von großem Nutzen ist.

Tabelle 67.

Stomatazahl 2.   Normalpflanze *N*.   Krüppelpflanze *K*.

	Blattgröße in mm²	Zahl d. Stomata pro mm²	Gesamtzahl der Spalten	Blattgröße in mm²	Zahl d. Stomata pro mm²	Gesamtzahl der Spalten	*N/K*
Prunus spinosa . .	386	414	159804	161	347	60214	2,6
Ligustrum vulgare	455	206	83430	193	254	49022	1,7
Viburnum lantana	7129	202	1440058	1824	168	306432	4,7
Cornus sanguinea .	1643	199	435456	325	203	65975	6,7
Populus tremula .	1539	164	252396	401	189	75789	3,3
Rosa pimpinellif. .	191	134	25594	67	128	8576	3,1
Pirus communis .	530	115	82150	4489	96	43008	1,9

STIER (1904) hat in seiner Untersuchung über die Stomatazahl bei Würzburger Muschelkalkpflanzen nicht nur feststellen können, daß die Krüppelpflanzen, die unter anderem unter Wassermangel des Bodens und großer Lufttrockenheit aufwachsen, pro Blattfläche eine wesentlich geringere Stomatazahl haben wie die normalen Pflanzen. Die Tab. 67 erfordert keine weiteren Erläuterungen. Man kann ebenfalls nicht behaupten, daß pro Flächeneinheit die Stomatazahl eine größere sei, da bald die normalen, bald die Krüppelpflanzen mehr Spalten tragen. Es kommt vielmehr auf die Gesamtzahl pro Blattfläche an, denn darin drückt sich der „Xeromorphismus" viel besser aus. Zugegeben muß das mindestens von allen Untersuchern werden, welche den Xerophytismus vom Standpunkte des Gesamtwasserhaushaltes aus beurteilen wollen.

Tabelle 68.

	Stomatazahl 2	Stomata pro mm	Oberseite	Unterseite	Gesamtzahl der Spalten	Blattgröße in mm²	Stomata-führende Fläche
1	Brachypodium pinnatum (normal) . . .	339	339	0	237 384	1 099	$^2/_3$
15	**Festuca glauca** . . .	327	327	0	4 469	41	$^1/_3$
4	**Sesleria coerulea.** . .	289	289	0	185 923	772	$^5/_6$
8	Dactylis glomerata. .	238	143	95	49 166	207	1
12	**Brachypodium pinn.** (Zwerg)	247	247	0	9 089	184	$^1/_5$
14	**Festuca ovina**	230	230	0	5 428	118	$^1/_5$
16	**Stipa capillata**	191	191	0	3 629	190	$^1/_{10}$
6	Alopecurus pratensis .	190	119	71	105 070	553	1
11	**Stipa pennata**	143	143	0	15 015	630	$^1/_6$
9	Bromus mollis. . . .	134	95	39	27 738	2 079	1
2	Avena elatior	127	111	16	22c 489	1 807	1
5	Anthoxanthum odorat.	112	81	31	115 696	1 033	1
3	Lolium perenne . . .	111	95	16	195 826	17 469	$^3/_4$
10	Avena pratensis . . .	109	109	0	22 799	251	$^5/_6$
7	Bromus erectus . . .	94	71	23	40 608	432	$^2/_3$
13	**Koeleria cristata** . . .	39	39	0	6 610	339	$^1/_2$

Viel wichtiger erscheinen uns die Angaben von STIER über die Verteilung der Stomata bei Gramineen. In der Tabelle 68 sind die Werte so zusammengestellt, daß wir sie ohne weiteres für unser Problem nutzbar machen können. Die fettgedruckten Arten sind typisch xeromorph, Brachypodium u. a. nehmen eine Mittelstellung ein, so daß man diese Arten bald da bald dorthin stellt. Hier brauchen wir uns um diese Fälle nicht zu kümmern. Die Arten sind in der Tabelle 68 nach einer fallenden Reihe der Stomatazahl (Spalte 1) angeordnet und tatsächlich kommen fast ausnahmslos die xeromorphen Gräser an den Anfang der Reihe zu stehen. Auffallend ist aber, daß die xerophytischen Gräser wiederum sehr regelmäßig epistomatisch, während die mesophytischen größtenteils amphistomatisch sind. Berücksichtigen wir dabei noch die Blattgrößen (Spalte 5), so ergeben sich Gesamtstomatazahlen (Spalte 4), die zweifelsohne bei den Mesophyten höher liegen. Ordnen wir die Gräser nach diesem Gesichtspunkt, so reihen sie sich gemäß den Ziffern hintereinander, die den Arten vorgesetzt wurden. Jetzt kommen die Xeromorphen alle an das Ende der Reihe von 11—16. Nur Sesleria (4) macht eine Ausnahme. Man könnte mir jetzt den Vorwurf machen, daß es sich ja nur um die Frage pro ,,Flächeneinheit ''handelte, wobei die Tabelle eindeutig bewiese, daß die xeromorphen Gräser pro Flächeneinheit die größere Zahl besäßen! Der Einwand wäre auch berechtigt, wenn nicht gerade die Beobachtung der Blattoberfläche bei Xerophytengräsern gezeigt hätte, daß die Stomata epistomatisch angeordnet sind, während dies bei den Mesomorphen nicht der Fall ist. Stier nennt die stomatafreien Flächen sterile, die stomataführenden fertile (Spalte 6). Ergibt sich nach der Spalte 1 der Tabelle pro mm² stomataführende Fläche $M : X = 1 : 1,8$, so erhalten wir aber für den mm² pro Gesamtfläche (und darauf kommt es für uns in erster Linie an! $X : M = 1 : 2$. ,,Wenn also der Xerophyt auf seiner ganzen Blattfläche die Spalten pro mm² gleich verteilt führen würde, so besäße er etwa nur die halbe Anzahl Spalten wie der Mesophyt.'' Ganz abgesehen davon, errechnet Stier ein Verhältnis der Blattflächen $M : X = 9 : 1$ (stomataführende Seite und stomatafreie)

$M : X = 10 : 1$ (nur stomataführende Blattseite),
was doch auch nicht gerade für eine stärkere Xerophytentranspiration spricht. Außerdem zeichnen sich die xeromorphen Gräser noch durch die heute verpönten Roll- und Faltblätter aus, wobei die Stomata sehr verdeckt liegen, bei einigen gibt es *außerdem* Wachs- und Haarbildungen. Mir scheinen die xeromorphen Gräser nicht gerade für eine starke Xerophytentranspiration zu sprechen (s. S. 178).

Es gibt außerdem eine ganze Reihe von modernen Arbeiten, die auf Grund eines mikroskopischen Befundes einer relativ größeren Stomatazahl bei Pflanzen sonniger Standorte auf eine stärkere Transpiration schließen.

Ältere Untersucher kamen aber immer zu dem entgegengesetzten Resultat. Einige davon sind bei Seybold (1929) zusammengestellt. Es ist mir nicht gelungen, eine Widerlegung der älteren Befunde ausfindig zu machen. Meistens werden diese Arbeiten ganz übergangen, so daß, soweit ich sehen kann, beide Verhältnisse verwirklicht sein dürften. Die älteren Untersucher zogen innerhalb einer Gattung die verschiedenen Arten heran, leider sind die Untersuchungen dieser Art nicht weiter fortgesetzt worden.

Es scheint mir aber nicht überflüssig darauf hinzuweisen, daß die größere Zahl der Stomata bei Bewohnern trockener, sonniger Standorte eine ausgemachte Sache sei, nicht eindeutig entschieden ist, so daß daraus nicht apodiktisch geschlossen werden kann, die in xerischen Verhältnissen lebenden Pflanzen haben eine größere Transpiration, jetzt ganz abgesehen davon, daß die Zahl der Stomata noch nichts über die Größe der Transpiration aussagt, was bereits nachdrücklichst betont wurde.

Solange die Systeme nicht experimentell auf ihre Transpiration geprüft worden sind, haben wir kein Recht spekulativ die Transpiration einer Pflanze groß oder klein zu nennen, je nachdem der Einzelfall eine Stütze einer Theorie sein soll.

Es gibt nun leider kaum eine umfassende Untersuchung über die Transpiration verschiedener ökologischer Pflanzentypen, weitaus die meisten enthalten nur wenige Angaben, bei denen außerdem die äußeren Umstände viel zu wenig definiert wurden. Aus der ökologischen Literatur amerikanischer Forscher (Cannon 1913, 1921, 1924, MacDougal 1908 u. a.), wo sich zerstreute Angaben über die Transpiration befinden, ist nur zu entnehmen, daß die Xerophyten eine eingeschränkte Transpiration zeigen, wenngleich manche Pflanze, die als Xerophyt allein auf Grund der anatomischen Untersuchungen, angesehen wurde, nicht zu dieser Pflanzengruppe zu zählen ist. Pool (1923) kommt bei der Untersuchung von 39 Arten verschiedener Blattstruktur mit der Kobaltmethode zu dem Ergebnis, daß die xeromorphen weniger transpirieren als die mesomorphen. Eine völlige Parallelität zwischen anatomischhistologischer Differenzierung, die zahlenmäßig schwer faßbar ist, und Transpirationsintensität besteht nicht, doch ist eine weitaus schwächere Xerophytentranspiration unverkennbar.

Von einiger Wichtigkeit erscheint mir aber der Befund, daß die Transpiration der Sonnenblätter ganz wesentlich geringer ist als die der Schattenblätter. In der zusammengestellten Tabelle 69 sind die von Pool ermittelten Zahlen angegeben.

Tabelle 69. Index der Transpirationsintensität.

	Sonnenform	Schattenform
xeromorph		
Rhus trilobata	0,1623	0,4694
Quercus Cambelli	0,2706	0,4181
Geranium Richardsonii . . .	0,4825	1,0651
Cercocarpus parvifolius . . .	0,3523	0,5586
Thermopsis arenosa	0,6521	0,7791
mesomorph		

Der anatomische Befund stimmt mit vielen anderen Angaben überein, daß die Blätter am Sonnenstandort dicker und derber gebaut sind, kurzum, daß sie mehr xeromorphen Charakter tragen. Von einer stärkeren Transpiration kann aber keine Rede sein, im Gegenteil liegen alle Kobaltrötungs-Indices durchweg bei den Schattenblättern höher.

Die Versuche von FURLANI (1914) mit dimorphen Sprossen von Hedera Helix sollen noch Erwähnung finden, obwohl sie wie viele andere ökologische Untersuchungen nicht ganz zuverlässig sind. Die eiförmigen Blätter der orthotropen Sprosse haben xeromorphe Strukturen und gelten als Sonnenblätter, die gelappten Blätter der plagiotropen sind dagegen hygrophil. Transpirationsmessungen mit abgeschnittenen Blättern beider Strukturen ergaben, daß die gelappten (hygromorphen) eine etwa doppelt so starke Transpiration hatten als die xeromorphen unter denselben äußeren Bedingungen. Ganz besonders stark drückte sich im direkten Sonnenlichte der Unterschied aus, wobei der Wasserverlust des gelappten Blattes bis zum Fünffachen steigen konnte.

Die Untersuchung bietet, zumal hinsichtlich dieser sehr unzuverlässigen Versuche wenig Neues (quantitative Auswertung der Protokolle ist bei den mangelhaften Angaben leider nicht möglich), von ganz besonderer Wichtigkeit ist aber eine Versuchsreihe über die Wassersaugung (Potometer) von Sprossen. War durchwegs unter Ausschluß von direktem Sonnenlicht (auch im Exsikkator), die Saugung (cm^3/h) bei den Sprossen mit den hygromorphen Blättern größer als bei denen mit den xeromorphen, so kehrte sich das Verhältnis im direkten Sonnenlichte um, wo immer der xeromorphe Zweig die stärkere Saugung hatte. Die Saugung war bei diesen sehr hoch, während sie bei den plagiotropen Zweigen = 0 wurde. Die Transpiration hörte aber keineswegs auf, was zu einem Welken der plagiotropen Sprosse führte.

Aus den Versuchen von FURLANI (1914) kann mindestens eindeutig geschlossen werden, 1. daß es unmöglich ist Potometerwerte als Transpirationswerte zu nehmen und 2. daß die höhere Transpiration beim Epheu nicht dem xeromorphen Blatte zukommt.

Es läßt sich außerdem noch eine Arbeit von BAKKE (1914) anführen, die mittels der eingestuften Kobaltmethode, der mindestens ebensoviel Zuverlässigkeit zukommt [1], wie potometrischen Messungen und andere, orientierende ökologische Methoden, die Transpirationsangaben von 43 verschiedenen Arten enthält. Untersucht wurden Meso- und Xerophyten unter nahezu denselben Außenbedingungen, mit dem eindeutigen Ergebnis, daß die Mesophyten mehr transpirierten als die Xerophyten. Im Extremfall, Dahlia variabilis — Atriplex elegans hat Dahlia einen etwa 370 fach größeren Index der Transpirationsintensität, jedoch sind die weniger extremen Fälle viel häufiger, was sich auch aus vielen anderen Untersuchungen ergeben hat. Es lohnte sich, die Pflanzenskala von BAKKE mit einer quantitativen Methode nachzuprüfen, nicht nur um das Ergebnis der schwächeren Xerophytentranspiration zu verifizieren,

---

[1] Die Arbeit von LEICK (1927) beweist, daß mit der Kobaltmethode recht brauchbare Ergebnisse zu erzielen sind.

sondern um die Zuverlässigkeit der Kobaltmethode vergleichend festzulegen.

Die eigenen vorliegenden Ergebnisse, hauptsächlich die des 2. Kapitels, scheinen mir für den Beweis der Richtigkeit der Theorie von SCHIMPER ausreichend. Es wird nicht möglich sein, die vorliegenden Daten *gegen* die Theorie von SCHIMPER ins Feld zu führen. Die sachliche Kritik der Ergebnisse wird mir aber bei weiteren Versuchen nur dienlich sein können und hoffentlich werden weitere Untersuchungen dazu beitragen die Transpirationsfrage zu klären.

Hiermit sei die Kritik der Arbeiten pro und contra SCHIMPER beschlossen und noch einige Bemerkungen gemacht, die für weitere Untersuchungen nützlich sein mögen, aber erst jenseits der Laboratoriumsversuche volle Bedeutung haben.

E. Bemerkungen zum Wasserhaushalt der Xerophyten.

Es liegt nicht in der Absicht der vorliegenden Abhandlung das Xerophytenproblem zu lösen, sondern nur die physikalischen Bedingungen aufzuzeigen, unter denen die Transpiration stattfindet, unter Berücksichtigung der xeromorphen Systeme. Das Xerophytenproblem zu lösen sind wir heute noch nicht in der Lage und die vielen Versuche der letzten Jahre sind so voller Spekulationen, daß sie geringen wissenschaftlichen Wert haben. Die Ungeduld, das Problem zu einer Lösung zu führen, entschuldigt in keiner Weise voreilige Urteile ökologischer Untersucher.

Das Xerophytenproblem lediglich vom Standpunkte der Transpiration zu beurteilen, ist ganz unmöglich, da wir uns aber hier nur mit dieser Funktion befassen, so bescheiden wir uns mit der Analyse der Wasserabgabe, und lassen die Wasseraufnahme und die Wasserleitung außer acht. In der letzten Zeit ist verschiedentlich versucht worden den Wasserhaushalt in toto darzustellen, was sehr verdienstlich ist und um so mehr, je weniger spekulative und unzuverlässige Daten zugrunde gelegt wurden.

Nur auf einen Punkt sei hier hingewiesen, der unmittelbar mit unserer Aufgabe in Zusammenhang steht. Die Bodenverdunstung. Mögen Heideböden unter Umständen sehr feucht sein, so ist ihr Charakter doch ausgesprochen trocken, mindestens in einem gewissen Zeitabschnitt der Vegetationsperiode. Von verschiedenen Forschern ist aber darauf hingewiesen worden, daß Extremlagen der Außenbedingungen darüber entscheiden, ob eine Pflanzenart hier gedeihen kann oder nicht (ILJIN, HUBER u. a.).

STOCKER (1923) gibt unter anderem an, daß Heidesandböden in der trockenen Jahreszeit 4—6 vH Wasser enthalten können, und zwar von Mai—September (von einem regenreichen Juni abgesehen). Jetzt zeigt sich, welche Pflanzen unter so extremen Bedingungen zu leben ver mögen. Ob die Transpiration der Xeromorphen absolut eingeschränkt ist oder nicht, spielt keine Rolle. Mindestens bleiben Pflanzen mit mesomorphen Strukturen trotz „eingeschränkter Transpiration" nicht am Leben. Das Transpirationsminimum der Mesomorphen übersteigt die Leistung des Wurzelsystems und die verfügbare Menge nachströmenden Wassers.

Sehr instruktiv war die Heide bei Bilthoven während meines Aufenthaltes in Holland. Im Jahre 1927/28 sind auf dem Heideboden mehrere Golfplätze angelegt worden, wobei zur Beschaffung der Rasenfläche humöse Böden erforderlich waren. Im Juni 1928 konnte ich auf mehreren auf dem Heidesande aufgeschichteten Erdhügeln, die sich durch große Feuchtigkeit auszeichneten, eine dichte Mesophytenflora erkennen, während rings auf dem Sande außer einigen Hieraciumarten nur Calluna wuchs.

Die Ergebnisse einer Wassergehaltsbestimmung des Heidesandes in verschiedenen Tiefen sind die folgenden:

Tabelle 70.

Tiefenlage	Wassergehalt in Gewichtsprozenten
1—5 cm	0,04
25 cm	3,08
50 cm	4,27
100 cm	4,18

Mesomorphe Pflanzen, der Struktur nach beurteilt, wachsen in diesem wasserarmen Sande nicht, eine Keimung in der fast absolut trockenen obersten Sandschicht ist so gut wie unmöglich. Murbeck (1919) und Stocker (1928) haben auf die Keimungsbedingungen der Wüstenpflanzen bereits hingewiesen.

Von ganz besonderem Wert ist ein nunmehr im 7. Jahre bestehender Versuch von Hesselink und Uittien (1927) über die Besiedelung von Böden verschiedener Struktur, Konstitution und Wassergehaltes mit Calluna vulgaris. Die Untersucher sind folgendermaßen vorgegangen. In dem Sandboden unweit Stroe wurde auf unbeschatteter Stelle 40 cm tief der Sand ausgehoben und die Grube mit verschiedenen Böden ausgefüllt. Jede Parzelle ist von einem Streifen natürlichen Callunabestandes durchzogen, wie die Abb. 64 und 65 deutlich zeigen, so daß die Calluna sich nach rechts und links ausbreiten kann. Die einzelnen Versuchsparzellen wurden in der Quere so abgeteilt, daß der im Bilde nach vorne liegende Teil stets von allen anderen Pflanzen außer Calluna freigehalten bleibt, während die nach hinten liegende Hälfte „ungejätet" ist. Die Besiedelung der Parzellen mit Pflanzen wurde ganz der natürlichen Samenverteilung und Keimung überlassen, so daß im Laufe der Jahre sich die verschiedenste Flora entwickelte, die unter anderem über den Wasserhaushalt der Pflanzen einigen Aufschluß zu geben vermag.

Herr Prof. Dr. Hesselink und Herr Dr. Uittien hatten die Freundlichkeit, mir nicht nur Zugang zu ihren Versuchsfeldern zu gestatten, sondern für mich auch eine Wassergehaltsbestimmung der Böden ausführen zu lassen. Die Abb. 64 und 65 geben die beiden Extreme der Besiedelung im 6. Versuchsjahre wieder. Die Abbildungen sind mir von den genannten Herren freundlichst überlassen worden. Die Bodenwasserbestimmungen enthält die Tabelle 71. Wer sich mit

Tabelle 71.

Die Zahlen sind in Volumprozenten angegeben. Nach der Methode von BURGER sind jedesmal 1000 cm3 Boden analysiert worden.

Tiefe 1—10 cm	Sand Bild I	Moor Bild II
Scheinbares spezifisches Gewicht (absolutes Trockengewicht)	1,463	0,257
Wassergehalt am 13. August	6,4	33,0
Absolute Wasserkapazität (bestimmt durch Tränkung in Wasser während 18—24 Stunden und nach $1^1/_2$ Stunden austräufeln	35,9	78,6
Sättigungsdefizit	26,5	45,5

der Frage der Besiedelung eingehender beschäftigen will, muß die Originalarbeit selbst einsehen. Die beiden extremen Fälle des Wassergehaltes der Böden sind hier ausgewählt worden. Abb. 64 zeigt wie selbst Calluna auf dem Flugsande sich schwer ausbreitet. Im Sommer 1928 konnten nur wenige Keimpflanzen von Calluna festgestellt werden, während der wasserreiche Moorboden (Abb. 65), einen dichten Callunabestand aufweist. Für unsere Frage kommt nicht nur die Ausbreitung der Calluna in Betracht, ebenso lehrreich ist die Flora der ungejäteten Teile der Parzellen. Wächst außer Aira flexuosa L. noch Spergula Morisonii Boreau auf dem trockenen Flugsande, so zeigen die anderen Parzellen eine ungleich mannigfaltigere Flora, worunter auch mehr oder weniger typische Mesophyten anzutreffen sind. Kurzlebige Pflanzen vermögen schließlich in Zeiten großer Niederschlagsmengen auf „trockenem" Sande zu wachsen, jedoch entscheidet die Periode der Trockenheit darüber, ob eine Pflanzenart weiterwachsen kann oder ob sie vernichtet wird. Dies hängt von der Leistung des pflanzlichen Systems ab.

Ohne Zweifel ist für die Beurteilung des Xerophytenproblems eine genaue Kenntnis des verfügbaren Bodenwassers ebenso erforderlich, wie die lückenlose Einsicht in die Verkettung der Prozesse die sich an dem Wasserhaushalt beteiligen. Mag sich SCHIMPER geirrt haben, wenn er den Moorboden physiologisch trocken bezeichnete, weil sich viele xeromorphe Pflanzen auf ihm befinden, so wird hinsichtlich der Struktur der Xerophyten es nicht von der Hand zu weisen sein, daß der Wasserverdunstung große Diffusionswiderstände entgegenstehen. Auch wenn auf Moorboden wachsende Callunapflanzen es „nicht nötig haben" ihre

Transpiration einzuschränken, so ist sie eben durch die Systembeschaffenheit der Blätter herabgesetzt.

Abb. 64. I. Versuchsfeld von HESSELINK und UITTIEN (1927). Ausbreitung von Calluna vulgaris auf Flugsand; s. Text.

GRADMANN (1928) streift in seiner Untersuchung über die Wasserverhältnisse des Bodens als Grundlage des Pflanzenwachstums das Xerophytenproblem und glaubt, daß viel eher Beziehungen vorhanden sind zwischen dem Wasserzustand des Bodens und der Struktur der Transpirationssysteme, als zwischen diesen und dem Wasser-

Abb. 65. VI. Versuchsfeld von Hesselink und Uittien (1927). Ausbreitung von Calluna vulgaris auf Moorboden; s. Text.

gehalte der Atmosphäre. „Nur bei Wassermangel im Boden erweisen sich diese Einrichtungen (d. s. Mittel zur Einschränkung der Transpiration) als notwendig" und „solange kein Wassermangel im Boden herrscht, werden die Xerophyten im allgemeinen ihre Transpiration nicht mehr einzuschränken brauchen, als Pflanzen anderer Standorte." Lenkt GRADMANN das Augenmerk auf die Zustände der Böden in Bezug auf die Wachstumsmöglichkeiten der verschiedenen Pflanzentypen, so ist dies zweifelsohne sehr verdienstvoll, aber die eben zitierten Stellen können keineswegs als Argumentation für eine starke Xerophytentranspiration gelten, auch wenn der Boden wasserreich wäre. Die Transpirationssysteme der Xeromorphen bieten der Wasserdampfdiffusion Widerstände, einerlei ob im Boden viel oder wenig Wasser enthalten ist. Es handelt sich nur darum, ob die inneren transpirierenden Gewebe in völlig wassergesättigtem Zustande sind oder nicht, was allerdings sehr von dem Wassergehalt der Böden abhängen mag. Das haben zur Genüge die Untersuchungen von URSPRUNG und BLUM u. a. gesichert. Je nach der Höhe des in dem System herrschenden Dampfdruckes ist die Transpiration größer oder kleiner, die Diffusionswiderstände bleiben dieselben, von der Stomatavariation abgesehen.

Es ist doch sehr willkürlich zu behaupten, daß die große Oberflächenentwicklung der Hygrophyten nicht ein Mittel zur Steigerung der Transpiration sei — weil gleichzeitig Schutz gegen Transpiration vorhanden ist —, sondern anderen Zwecken, namentlich der Kohlensäureaufnahme dient. Das wissenschaftliche Urteil kann doch unmöglich so lauten. Ob es je möglich sein wird apodiktisch zu entscheiden, daß beispielshalber eine Seerose nur deshalb große Blätter hat, damit sie ihre Assimilation steigern kann, nicht aber ihre Transpiration, scheint mir übrigens für die Wissenschaft ganz und gar belanglos. Die nähere Begründung dieser Auffassung läßt sich aus meiner Kritik der teleologischen Begriffsbildungen ableiten, worauf hiermit verwiesen sei.

Aber abgesehen von dieser von GRADMANN vertretenen Auffassung scheinen mir seine Untersuchungen auf keinen Fall dafür zu sprechen, daß die Xerophyten eine hohe Transpiration haben, da die Böden, auf denen diese Pflanzen wachsen sich im allgemeinen nicht durch Wasserreichtum auszeichnen. Dabei wiederhole ich die schon öfters ausgesprochene Tatsache, daß es nicht ausgeschlossen ist, daß Xerophyten nicht in wasserreichem Boden wachsen könnten. Fordert GRADMANN aber in erster Linie, daß die xeromorphen Baueigentümlichkeiten zum Wassergehalt des Bodens in Beziehung gebracht werden müssen, so muß dabei beachtet werden, daß meist trockener Boden und trockene Luft zugleich das Milieu der Xerophyten bilden. Inwieweit die Feuchtigkeitszustände von Boden und Luft parallel gehen, müssen weitere Untersuchungen ergeben.

Zusammenfassung der Ergebnisse.

Erstes Kapitel.

1. Die scharfe Scheidung der pflanzlichen Transpiration in eine *physikalische* und eine *physiologische Komponente* ist für eine erfolgreiche Transpirationsanalyse erste Voraussetzung. Zur Erweiterung der Kenntnisse über die physikalische Komponente ist die vorliegende Untersuchung angestellt worden. Auf Grund thermodynamischer Vorstellungen ist die pflanzliche Transpiration im Massen- und im Energieaustausch zu betrachten.

2. Die physikalischen Grundlagen der Verdunstung sind in bewegter und in unbewegter Luft unter notwendiger Beachtung der Größenordnung der verdunstenden Systeme erörtert worden. *Die Verdunstung in bewegter Luft ist der allgemeinere Fall des Wasserdampfaustausches* und besser definierbar, als die Verdunstung in unbewegter Luft, weil fürs erste die *Größenordnung* und die *Gestalt* der verdunstenden Systeme als schwer definierbare Faktoren in die Verdunstungszustände einzusetzen sind. Fürs zweite ist die *Wirksamkeit der Konvektionen* in unbewegter Luft, die zur Scheindiffusion führen, schwer erfaßbar. Kurzum, da es außerordentlich schwierig ist, die Dichte und die Dichteverteilung der Dampfhaube, die in unbewegter Luft über bzw. um das System sich bildet, zu bestimmen, trägt die Verdunstung in unbewegter Luft ganz speziellen Charakter.

3. Versuche über die *Größe der Scheindiffusion* wurden angestellt und für den Wasserdampfaustausch in unbewegter Luft eine allgemeine Formel aufgestellt, die in die Mächtigkeit der Randfeldaktivität Einblick gibt.

4. Spezielle Fälle von Verdunstungssystemformen ergaben, daß nur empirisch über die Größe der Randfeldaktivität zu entscheiden ist, desgleichen über die Absättigung bewegter Luft von Luv nach Lee. Mit wachsender Windgeschwindigkeit strebt der Verdunstungsexponent 2 zu. Die Gliederung und die Größe der Verdunstungsfläche sind als determinierende Faktoren der physikalischen Komponente anzusehen.

5. Eine Dampfdruckerniedrigung im System (Verdunstung von Salzlösungen) bei konstantem Dampfdruck der Luft, wirkt sich bezüglich der Randfeldaktivität gleichsinnig aus, wie eine Dampfdruckerhöhung der Luft bei gleichbleibendem Dampfdruck des Systems. Die Verkleinerung der *Dampfdruckpotentiale* (System/Luft) bedingt eine Verminderung der

Randfeldaktivität, was in der Verdunstungsgleichung sich in einer Exponentenerhöhung ausdrückt. Umgekehrt resultiert eine Exponentenerniedrigung durch eine Vergrößerung des Dampfdruckpotentials bei absolut größerer Verdunstung.

6. Da die üblichen Verdunstungssysteme zur Bestimmung der „Verdunstungskraft" der Atmosphäre (Evaporimeter) speziellen Charakter tragen, sind sie für die Bestimmung der Verdunstungsbedingungen, wie sie für pflanzliche Transpirationssysteme gelten, unbrauchbar. Der Ausdruck „Verdunstungskraft" hat für eine exakte Analyse keine Bedeutung. Der Indexbildung (T/E) kann somit kein großer Wert zukommen.

7. Die Bestrebungen von LIVINGSTON, Evaporimeter zu bauen, die physikalisch mit den pflanzlichen Transpirationssystemen übereinstimmen, sind voll berechtigt, da die Wirksamkeit der Verdunstungsfaktoren von der Größenordnung und Struktur der Systeme mitbestimmt wird.

8. Theoretisch läßt sich zeigen, daß ein und derselbe Index T/E bei verschiedenen Evaporationsgrößen (Transpirationskräften!) möglich ist, ebenso wie ein verschiedener Index T/E bei gleicher Evaporation zu erhalten ist, ohne daß eine physiologische Regulation angenommen werden muß. Zu einem großen Teil sind die starken Schwankungen empirischer Daten darauf zurückzuführen.

9. Der Index T/E wird im Maximalfall $= 1$, wobei die pflanzliche Transpiration so stark wie die Verdunstung einer freien Wasserfläche sein muss. Ein Index > 1 kann nur gefunden werden, wenn das Evaporimeter sich unter anderen Umständen verminderter Verdunstung, als die Pflanze befindet. Wo in der Literatur der Index > 1 angegeben wird, war dies stets der Fall.

10. Die flächenrelative Verdunstung ist bei pflanzlichen Systemen höchstens so groß, wie die einer freien Wasserfläche (s. Lemna), in den allermeisten Fällen aber ist sie weitaus kleiner. Tritt die Randfeldaktivität bei der Verdunstung freier Wasserflächen mittlerer Blattgröße stark in Erscheinung (zunächst handelt es sich nur um bewegte Luft), so ist damit noch nicht gesagt, daß sie bei Blattflächen vorhanden ist. Eine Übereinstimmung in der Gestalt zwischen Blättern und Pappstücken bedeutet noch keine Übereinstimmung in den Verdunstungszuständen. Experimentelle Modellversuche ergaben, daß bei vermindertem Dampfdruckpotential Verdunstungssystem/Luft, die Randfeldaktivität relativ gering ist; ebenso wirkt sich ein Diffusionswiderstand aus, der bei den pflanzlichen Transpirationssystemen vorhanden ist, so daß eine Randfeldaktivität bei der Verdunstungsgröße pflanzlicher Systeme nicht oder nur in geringem Maße ins Gewicht fällt, die Transpiration also mehr oder weniger flächenrelativ erfolgt. Eine Ausnahme machen jedenfalls die Transpirationssysteme hygromorpher Pflanzen mit starker Kutikulärtranspiration.

11. Für die Verdunstung im Winde ergibt sich, daß eine Absättigung des Systems längs Luv-Lee bei freien Wasserflächen wohl zu beachten ist, für Systeme mit vermindertem Dampfdruck bzw. gehemmter Wasserdampfdiffusion aber nur eine sehr geringe ist. Hygromorphe Blattsysteme schließen sich zweifelsohne eng an die Verdunstungszustände freier Wasserflächen an.

12. Die Beziehungen, die zwischen der Größe der Verdunstungsflächen und der Windgeschwindigkeit bestehen, sind derart, daß die Verdunstung mit steigender Windgeschwindigkeit der Flächenproportionalität zustrebt, die um so eher erreicht ist, je kleiner der Durchmesser des Systems ist und je geringer das Dampfdruckpotential System/Luft angesetzt werden kann.

13. Damit ist aber keineswegs gesagt, daß ein Verdunstungssystem mit vermindertem Wasserdampfaustausch in derselben Weise wie eine freie Wasserfläche eine Verdunstungssteigerung erfährt, vielmehr kann das Verhältnis freie Wasserverdunstung/gehemmte Wasserverdunstung mit wachsender Windgeschwindigkeit wechselnde Werte annehmen.

14. Daß die Transpirationssysteme der Blätter nicht als einheitliche Flächen mittlerer Blattgröße anzusehen sind, muß nochmals nachdrücklichst hervorgehoben werden (SIERP-SEYBOLD 1927). *Zur Beurteilung der stomatären Transpiration ist die Kenntnis der Verdunstung multiperforater Septen erste Voraussetzung. Ist bei den Verdunstungssystemen mittlerer Blattgröße im Winde eine Verdunstungssteigerung vorhanden, so ist eine solche bei multiperforaten Septen äußerst gering und für die Porengröße der Stomata nicht vorhanden.* Zu erklären ist dieses Verhalten damit, daß „ruhige Luft" mit den herrschenden Konvektionen schon hinreichend stark genug ist, jede Bildung einer Dampfhaube über der Einzelpore aufzuheben, so daß durch bewegte Luft eine solche in der Bildung nicht erst verhindert wird. Beweisen ließ sich dieses Verhalten mit multiperforaten Modellsystemen und mit xeromorphen Blättern, die keine merkliche Kutikulartranspiration aufweisen.

15. Für das Problem, ob ein multiperforates System die Verdunstung einer flächengleichen freien Wasserfläche erreichen kann, ließen sich weitere Gesichtspunkte gewinnen. Ist im Winde die Verdunstung multiperforater Septen stets kleiner als die der komparablen, flächengleichen, freien Wasserfläche, die bei genügend starkem Winde mit dem Exponenten $n = 2$ erfolgt, so erwies sich in unbewegter Luft der Exponent $n = 1{,}3$. Das Porensystem, das zugrunde lag, erfüllt approximativ die Bedingungen, welche ein Blattsystem stellt; mit Vergrößerung der Porenzahl und Verminderung des gegenseitigen Abstandes ist durchaus nicht die Gewähr für eine Konstanz des Exponenten gegeben. Auf multiplikative Weise läßt sich die Frage nicht positiv beantworten. Die Verdunstung eines multiperforaten Septums wird erst der einer freien

Wasserfläche gleich sein, wenn die Poren unendlich klein sind, ebenso ihr gegenseitiger Abstand. Die pflanzlichen Transpirationssysteme bieten aber andere Verhältnisse. Auf Grund empirischer Befunde bei pflanzlichen Systemen kann wahrscheinlich gemacht werden, daß mit Verringerung der Spaltenapertur der Verdunstungsexponent steigt, was durch die relative Porenhöhenvergrößerung beim Schluß der Stomata verständlich erscheint.

16. Die theoretische und empirische Untersuchung am Psychrometer ergab, daß in unbewegter Luft die Psychrometerdifferenz nicht als Maß der „Verdunstungskraft" der Atmosphäre genommen werden kann, wohl aber *kann in bewegter Luft die Psychrometerdifferenz als Maß der Verdunstungsgeschwindigkeit gelten.* Die Bulbe des feuchten Psychrometerthermometers befindet sich bei unbewegter Luft nicht nur in einer *Dampfhaube* höherer Dampfspannung als der Luft eigen ist, sondern auch in einer *unterkühlten Luftschicht.* Bei bewegter Luft werden beide Sonderzustände aufgehoben und das Psychrometer ist als Meßinstrument der Verdampfung zu benutzen. Damit gilt in bewegter Luft, *daß die Verdunstung proportional erfolgt dem Dampfdruckdefizit der Luft, bezogen auf die Temperatur des feuchten Thermometers.* Die Verdunstung erfolgt aber keineswegs proportional dem Dampfdruckdefizit, was schlechthin darunter verstanden wird. *Zur Beurteilung der Verdunstungsbedingungen pflanzlicher Transpiration ist somit die Kenntnis der Blattemperatur erste Voraussetzung.*

Zweites Kapitel.

17. Um die Größe der Transpirationswiderstände pflanzlicher Systeme festlegen zu können, ist eine flächenrelative Messung der Transpirationsraten notwendig. Solange die Kutikulartranspiration nicht erheblich ist, kann die Berechnung als einwandfrei gelten. Die Abweichungen von der flächenproportionalen Verdunstung bei starker Kutikulartranspiration bedarf einer gründlichen Untersuchung.

18. Auf Grund eines umfangreichen Versuchsmaterials mit xeromorphen Blättern ergab sich, *daß bewegte Luft auf die Transpiration dieser Systeme keinen fördernden Einfluß ausübt, vielmehr der Transpirationsverlauf völlig unabhängig vom Bewegungszustand der Luft verläuft.* Die Transpiration der Stomata wird im Winde nicht gefördert, was sich aus Modellversuchen mit kleinen Porensystemen wahrscheinlich machen ließ.

19. Die Transpiration der Sukkulenten erfährt im Winde ebenfalls keine Steigerung.

20. Mesophytische Pflanzen haben infolge der Kutikulartranspiration eine Transpirationssteigerung in bewegter Luft. Stomataschluß bei Herabsetzung der Turgeszenz kann eine Transpirationsverminderung bedingen.

21. Hygromorphe Blattsysteme mit starker Kutikulartranspiration erleiden auf jeden Fall in bewegter Luft eine erhöhte Wasserabgabe.

22. Die Versuche sind unter extremen Bedingungen starker Transpiration ausgeführt worden; Versuche in stark dampfgesättigter Luft führten zu demselben Ergebnis.

23. Wie die Versuche ergaben, erfordert die Transpirationsanalyse eine kontinuierliche Untersuchung über große Zeiträume. Die bisherigen Untersuchungen begnügten sich meist mit kurzdauernden Prüfungen, die keine zuverlässigen Schlüsse erlauben.

24. Solange der Wind keine schädigende Einwirkung auf die Gewebe der Transpirationssysteme ausübt, ist die Verdunstungssteigerung der Kutikulartranspiration eine viel geringere, als die einer freien Wasserfläche. Der außergewöhnliche Fall, daß der Wind die Blätter deformiert, hat für die Pathologie Interesse, liegt aber außerhalb der allgemeinen Transpirationsanalyse.

25. Ein absoluter Vergleich der flächenrelativen Transpirationsraten hygro-, meso- und xeromorpher Systeme in bewegter und unbewegter Luft ergab, daß *die hygromorphen Systeme eine vielfach stärkere Transpiration haben als die xeromorphen.* Die mesomorphen nehmen eine Mittelstellung ein; eine absolut höhere Transpiration der Hygrophyten und Mesophyten gegenüber den Xerophyten besteht auf jeden Fall. Ein deturgeszentes Mesophytenblatt kann selbstverständlich weniger transpirieren als ein turgeszentes Xerophytenblatt. Dieser spezielle Fall reicht aber nicht als Gegenargument für die Theorie Schimpers der eingeschränkten Xerophytentranspiration aus.

26. Je weiter die extremen Transpirationsraten (Maximum und Minimum) innerhalb des täglichen Transpirationsablaufes auseinander liegen, desto xeromorpher ist das Transpirationssystem. Da die stomatäre Transpiration bei den xeromorphen Blattsystemen so gut wie ganz allein in Frage kommt, und diese eine Änderung durch die Stomataregulation erfährt, müssen die Transpirationsextreme weiter auseinander liegen, als bei Systemen mit starker Kutikulartranspiration, die weniger starken Schwankungen unterliegt. *Das Maximum-Minimum-Gesetz der Transpirationswerte als Ausdruck der Differenzierung der Transpirationssysteme ließ sich* an Hand der vorliegenden und anderer Untersuchung *wahrscheinlich machen.*

27. Die Prüfung, ob Wachs und Haarausbildungen als Widerstand der Wasserdampfdiffusion wirken, verlief positiv.

Drittes Kapitel.

28. Auf Grund der Elementaranalyse des Psychrometers ist zur Kenntnis einer exakten Verdunstungsbestimmung die *Temperatur des verdunstenden Systems notwendig.* Das transpirierende Blatt kann als

„spezielles Psychrometer" angesehen werden, wozu nicht nur der Massenaustausch, sondern auch der Energieaustausch zwischen Blatt/Luft zu
analysieren und quantitativ zu erfassen ist.

29. Mittels einer thermoelektrischen Galvanometer-Registrierappara-
tur sind die thermischen Verhältnisse transpirierender Blätter untersucht
worden, die zu weiteren bereits in Angriff genommenen Versuchen weiter-
leiten. Einige grundlegende Ergebnisse lassen sich wie folgt zusammenfassen:

30. Die stärkere Verdunstung bei Randfeldaktivität zieht zugleich
eine stärkere Abkühlung der Randzonen des Systems nach sich, was auch
bei transpirierenden Blättern nachzuweisen ist. Je nach dem Grade der
Transpiration und der Form und Größe der Blätter ist zwischen *iso-* und
heterokalorischen Blättern zu unterscheiden, was von Fall zu Fall zu ermitteln ist.

31. Psychrometerdifferenz und Massenaustausch einer Evaporationsfläche erfahren im Winde eine verschieden starke Steigerung (s. Versuche
Kapitel 1), was unmittelbar mit der Größen- und Strukturbeschaffenheit
der Verdunstungskörper zusammenhängt.

32. Die Temperatur, die bei bewegter Luft festzustellen ist, kann sich
bei einem Verdunstungs- bzw. Transpirationssystem als „Mischtemperatur" von Luft- und Blattemperatur ausdrücken, nur unter ganz besonderer Versuchsanordnung ist die durch die Verdunstungssteigerung
im Winde hervorgerufene stärkere Abkühlung ungetrübt zu messen.

33. Stark transpirierende Pflanzensysteme (Kutikulartranspiration
der Hygromorphen) ergaben ein mit freier Wasserflächenverdunstung
übereinstimmendes Diagramm der Temperaturzustände. Xerophyten
weisen im Winde gegenüber unbewegter Luft keine Temperaturveränderung auf, was hinsichtlich der in bewegter und unbewegter Luft gleich-
bleibenden Transpiration verständlich erscheint.

34. Die Prüfung der Temperaturverhältnisse bei wachs- und haartragenden Blättern ergab, daß an den wachs- und haarfreien Stellen
die Temperatur niedriger ist als an den wachs- bzw. haartragenden. Diese
Befunde können als Beweis einer stärkeren Transpiration haar- und
wachsfreier Blattsysteme angesehen werden.

35. Die Methode ist im Freiland und Gewächshaus auf ihre Verwend-
barkeit mit positivem Ergebnis geprüft worden. Vor allem ist mit der
angewandten Apparatur die Möglichkeit gegeben, die thermischen Verhältnisse eines transpirierenden Systems zu analysieren.

36. Die eingehendere Analyse des Energieaustausches erfordert die
gleichzeitige Messung des Wasserdampfaustausches. Mittels eines Thermoelementes, das auf eine Wage montiert wurde, konnte der Massen- und
Energieaustausch bei der Transpiration verfolgt werden. Der thermische
Austausch ist großen Schwankungen unterworfen, da er von verschie-

denen, schwer faßbaren Faktoren abhängig ist. Die Bestimmung der Wärmeaustauschzahlen (mit + - und — -Vorzeichen) Blattsystem/Luft ist die Aufgabe weiterer Untersuchungen.

37. Von einer *linearen Abhängigkeit des thermischen Austausches von der Windgeschwindigkeit* kann auf keinen Fall gesprochen werden, ebensowenig, wie das am ventilierten Psychrometer der Fall ist.

38. Die Prüfung der Abkühlung stark übertemperierter Systeme ergab keine Übereinstimmung mit dem NEWTON*schen Abkühlungsgesetz.*

39. Die rasch sich ändernden Temperaturzustände beim Wechsel von bewegter und unbewegter Luft können relativ große Schwankungen im Dampfdruck der Gewebe bedingen, so daß ohne stomatäre Regulation Schwankungen in der Transpiration innerhalb kleiner Zeiträume auftreten können.

Viertes Kapitel.

40. Die Verteidigung der Theorie der eingeschränkten Xerophytentranspiration mußte mit einer *Kritik teleologischer Urteile* beginnen, die zur Klärung des Xerophytenproblems dienlich sein sollten. Die pseudowissenschaftlichen Fragestellungen eines Warum u. a., wie Schutzbedürfnisse, sind für die Transpirationsanalyse völlig unbrauchbar.

41. Die kritische Sichtung der Argumente einer uneingeschränkten Xerophytentranspiration ergab, daß in keinem einzigen Fall zuverlässig ein Nachweis dieser Behauptung geliefert wurde, vielmehr in den meisten Fällen *die Versuchsdaten sich zugunsten der Theorie der eingeschränkten Xerophytentranspiration auswerten lassen. Der exakte Beweis für die absolut stärkere Xerophytentranspiration gegenüber den Hygrophyten steht noch aus!*

42. Experimentell ermittelte Daten einer Reihe von Arbeiten lassen sich für die eingeschränkte Xerophytentranspiration anführen, wenngleich nicht allen Arbeiten die nötige Zuverlässigkeit zukommt.

43. Die strittige Frage der *Stomatazahl* bei hygromorphen und xeromorphen Transpirationssystemen läßt keine direkten Schlüsse auf die Transpirationsgröße zu, wie immer sie auch beantwortet werden mag. Aus der Literatur lassen sich, entgegen der heute allgemein verbreiteten Ansicht, daß die Xerophyten pro Flächeneinheit eine größere Anzahl von Stomata tragen, sicherlich ebensoviele Gegenargumente anführen.

44. Einige Bemerkungen zum Wasserhaushalt der Xerophyten vermögen die Richtigkeit der eingeschränkten Xerophytentranspiration zu erhärten. Die Wasserarmut sandiger Böden mit xeromorpher Flora läßt auf die Wasserökonomie einige Rückschlüsse ziehen.

Literaturverzeichnis.

ALEXANDROV, W. G.: Über die Transpirationsintensität der Pflanzen. Ber.
d. dtsch. botan. Ges. Bd. 45, S. 67. 1927.

ALTENKIRCH, G.: Beiträge über die Verdunstungsschutzeinrichtungen in der
trockenen Geröllflora Sachsens. Engl. botan. Jahrb. Bd. 18, S. 354. 1894.

ANDERSON, V. L.: Studies of the vegetation of the English chalk. V. The
water economy of the chalk flora. Journ. of Ecology. Vol. 15, S. 72. 1927.

ASKENASY, E.: Über die Temperaturen, welche Pflanzen im Sonnenlicht annehmen. Botan. Zeitg. Bd. 33, S. 441. 1875.

AUBERT, M.: Recherches sur la turgescence et transpiration des plants
grasses. Ann. des sciences Nat. Botan. Sér. 7, Bd. 16, S. 1. 1892.

BACHMANN, F.: Studien über Dickenveränderung von Laubblättern. Jahrb.
f. wiss. Botanik. Bd. 61, S. 372. 1922.

BAKKE, A. L.: Studies on the transpiring power of plants as indicated by the
method of standardized hygrometric paper. Journ. of Ecology. Bd. 2,
S. 145. 1914.

BATALIN, A.: Wirkung des Chlornatriums auf die Entwicklung von *Salicornia herbacea* L. Bull. du Congrès internat. de botanique et de horticulture
à St.-Pétersbourg. 1886. S. 219.

BENNECKE-JOST: Pflanzenphysiologie. 1923/1924.

BERNBECK, O.: Der Wind als pflanzenpathologischer Faktor. B. Transpiration. Diss. Bonn 1907. — Wind und Pflanze. Flora Bd. 17, S. 293.
1924. — Die Wasserversorgung der Pflanzen im Winde. Naturwiss.
Zeitschr. f. Forst- u. Landwirtsch. Bd. 18, S. 121. 1920.

BLACKMAN, F. and MATTHAEI, G. L. C.: Experimental researches in vege-
tables assimilation and respiration. IV. A quantitative study of carbon-
dioxide assimilation and leaf temperature in natural illumination. Proc.
of the Roy. Soc. London. Ser. B. Bd. 76, S. 402. 1905.

BLACKMAN, V. H. and KNIGHT, R. C.: A method of controlling the rate of
air movement in transpiration experiments. Ann. of Botany Bd. 31,
S. 217. 1917.

BRENNER, W.: Untersuchungen an einigen Fettpflanzen. Flora Bd. 87,
S. 387. 1900.

BROWN, H. and ESCOMBE, F.: Researches on some of the Physiological Pro-
cesses of Green Leaves. Proc. of the Roy. Soc. of London Ser. B. Bd. 76,
S. 29. 1905.

BROWN, H. and WILSON, W. E.: On the Thermal Emissivity of a Green Leaf
in Still and Moving air. Ebenda B. Bd. 76, S. 122. 1905.

BURGERSTEIN, A.: Die Transpiration der Pflanzen. Jena: I. Teil 1904;
II. Teil 1920; III. Teil 1925.

CANNON, W. A.: Botanical features of the Algerian Sahara. Carnegie Institu-
tion of Washington. Publ. Nr. 178. 1913. — Plants habits and habitats
in the arid portions of South Australia. Ebenda Publ. Nr. 308. 1921. —
General and physiological features of the vegetation of the more arid
portions of Southern Africa with notes of the climatic environment.
Ebenda Publ. Nr. 354. 1924.

CLAPP, GRACE L.: A quantitative study of transpiration. Botan. Gaz. Bd. 45, S. 254. 1908.

DARWIN, FRANCIS: Observations on stomata. Phil. Transact. Roy. Soc. London, Ser. B. Bd. 190, S. 531. 1898. — On a self-recording method applied to the movements of stomata. Botan. Gaz. Bd. 37, S. 81. 1904.

DELF, E. M.: Transpiration in Succulent Plants. Ann. of Botany Bd. 26, S. 409. 1912. — Transpiration and behaviour of stomata in Halophytes. Ebenda Bd. 25, S. 485. 1911. — The meaning of xerophily. Journ. of Ecology Bd. 3, S. 110. 1915.

DIETRICH, M.: Die Transpiration der Schatten- und Sonnenpflanzen usw. Jahrb. f. wiss. Botanik Bd. 65, S. 98. 1925.

EHLERS, J. H.: The temperature of leaves of *Pinus* in winter. Amer. Journ. of Botany Bd. 2, S. 32. 1915.

FABER, FRIEDRICH CARL VON: Über Transpiration und osmotischen Druck bei den Mangroven. Ber. d. dtsch. botan. Ges. Bd. 31, S. 277. 1913. — Untersuchungen über die Physiologie der javanischen Solfatoren-Pflanzen. Flora Bd. 118/119, S. 89—110 (GOEBEL-Festschrift). 1925. — Die Kraterpflanzen Javas in physiologisch-ökologischer Beziehung. Arbeiten aus dem Treub-Laboratorium. 1927.

FITTING, H.: Die Wasserversorgung und die osmotischen Druckverhältnisse der Wüstenpflanzen. Zeitschr. f. Botanik Bd. 3, S. 209. 1911. — Aufgaben und Ziele einer vergleichenden Physiologie auf geographischer Grundlage. Jena 1922. — Die ökologische Morphologie der Pflanzen. Jena 1926.

FREY, L.: Influence of soil moisture an transpiring power of plants. Trav. de la soc. d. naturalistes de Leningrad Bd. 53, S. 173. 1923.

FURLANI: Zur Heterophyllie von *Hedera helix*. S. 160. Die Transpirationsgröße gelappter und eiförmiger Blätter. Österr. botan. Zeitschr. Bd 64, S. 153. 1914.

GALLENKAMP, W.: Über den Zusammenhang von Windgeschwindigkeit und Verdunstung. Meteorolog. Zeitschr. Bd. 34. 1917. — Versuche über den Zusammenhang von Verdunstungsmenge und Größe der verdunstenden Flächen. Ebenda Bd. 36. 1919.

GOEBEL, K. v.: Die Entfaltungsbewegungen der Pflanzen. Jena 1923. — Pflanzenbiolog. Schilderungen. I. und II. Teil. Marburg 1889 und 1891.

GRADMANN, H.: Die Windschutzeinrichtungen an den Spaltöffnungen der Pflanzen. Jahrb. f. wiss. Botanik Bd. 62, S. 449. 1923. — Untersuchungen über die Wasserverhältnisse des Bodens als Grundlage des Pflanzenwachstums. Ebenda Bd. 69, S. 1. 1928.

GROSSMANN: Beitrag zur Geschichte und Theorie des Psychrometers. Meteorolog. Zeitschr. Bd. 24. 1889. — Die Psychrometerformel. Ann. d. Hydrogr. u. maritimen Meteorologie. 44. Jahrg. 1916.

HABERLANDT, G.: Physiologische Pflanzenanatomie. 1918.

HANN-SÜRING: Lehrbuch der Meteorologie. 4. Aufl. Leipzig 1926.

HESSELINK, E. en UITTIEN, H.: Cultuurproeven met struikheide (*Calluna vulg.*) te Kootwijk. Mededeelingen van het Rijksboschbouwproefstation Wageningen. Deel III, Aflev. 1. 1927. S. 9.

HUBER, BRUNO: Transpiration in verschiedener Stammhöhe. I. *Sequoia gigantea*. Zeitschr. f. Botanik Bd. 15, S. 465. 1923. — Beiträge zur Kenntnis der Wasserbewegung in der Pflanze. (Vorläufige Mitteilung.) Ber. d. dtsch. botan. Ges. Bd. 42, S. 19. 1924. — Die Beurteilung des Wasserhaushaltes der Pflanze. Jahrb. f. wiss. Botanik Bd. 64, S. 1. 1924. —

Eine einfache Methode zur Messung der Verdunstungskraft am Standort. Ber. d. dtsch. botan. Ges. Bd. 42, S. 19. 1924. — Psychrometerdifferenz als Verdunstungsmaß. Eine Richtigstellung. Ebenda Bd. 44, S. 321. 1926. — Zur Methodik der Transpirationsbestimmung am Standort. Ebenda Bd. 45, H. 9, S. 611—618. 1927.

JEFFREYS, H.: Some problems of evaporation. Philos. Mag. Ser. 6, Bd. 35, S. 270. 1918.

ILJIN, W. S.: Die Probleme des vergleichenden Studiums der Pflanzentranspiration. Beih. z. Botan. Zentralbl. Bd. 32, S. 36. 1915. — Relation of transpiration to assimilation in steppe plants. Journ. of Ecology Bd. 4, S. 65. 1916.

IWANOFF, L.: Zur Methodik der Transpirationsbestimmung am Standort. Ber. d. dtsch. botan. Ges. Bd. 46, S. 306. 1928.

JÖNSSON, B.: Zur Kenntnis des anatomischen Baues der Wüstenpflanzen. Lunds Universitets Arsskrift Bd. 38, Afd. 2, S. 30. 1902.

KAMERLING, Z.: Is de indo-maleische strandflora xerophyt? Nat. Tijds. Ned. Indie Bd. 71, S. 166. 1912. — Welche Pflanzen sollen wir Xerophyten nennen? Flora Bd. 106, S. 433. 1914.

KELLER, B. A.: Halophyten- und Xerophytenstudien. Journ. of Ecology Bd. 13, S. 225. 1925. — Die Vegetation auf den Salzböden der russischen Halbwüsten und Wüsten. Zeitschr. f. Botanik Bd. 18, S. 113. 1926.

KLEBS, G.: Willkürliche Entwicklungsänderungen bei Pflanzen. Jena 1903.

LEBEDINCEV, E.: Physiologische und anatomische Besonderheiten der in trockener und in feuchter Luft gezogenen Pflanzen. Ber. d. dtsch. botan. Ges. Bd. 45, S. 83. 1927.

LEICK, E.: Untersuchungen über den Einfluß des Lichtes auf die Spaltöffnungsweite unterseitiger und oberseitiger Stomata desselben Blattes. Jahrb. f. wiss. Botanik Bd. 67, S. 771. 1927.

LESAGE, P.: Recherches expérimentales sur les modification des feuilles chez les plantes maritimes. Rev. gén. Botanique Bd. 2, S. 55 ff. 1890.

LIVINGSTON, B. E.: The relation of desert plants to soil moisture and to evaporation. Carnegie Inst. Washington, Publ. Nr. 50. 1906.

LLOYD, F. E.: The physiology of stomata. Ebenda Publ. Nr. 82. 1908.

LOFTFIELD, J. V. G.: The behavior of stomata (besonders III. Abschnitt: The effect of stomatal movement upon transpiration). Publ. Carnegie Inst. Publ. No. 314. 1921.

MacDOUGAL, D. T.: Botanical features of North american Deserts. Ebenda Publ. Nr. 99. 1908.

MATTHAEI, G. L. C.: Experimental researches on vegetable assimilation and respiration. III. On the effect of temperature on carbon-dioxide assimilation. Phil. Transact. Roy. Soc., Ser. B. Bd. 197, S. 47. 1905.

MAXIMOW, N. A.: Zur Frage über den täglichen Gang und Regulierung der Transpiration. Trav. du jard. bot. de Tiflis. Bd. 19, S. 23. 1917 (russisch). — Physiologisch-ökologische Untersuchungen über die Dürreresistenz der Xerophyten. Jahrb. f. wiss. Botanik Bd. 62, S. 128. 1923. — Dürreresistenz der Pflanzen vom physiologischen Standpunkt. Russ. Journ. f. exper. Landwirtsch. Bd. 22, S. 173. 1923 (russisch). — The physiological Basis of droughtresistence of Plants. Bull. of applied botany and New-Cultures. App. 26, S. 139. 1926.

MAXIMOW, N. A., BADRIEW, L. G. und SIMONOW, W. A.: Intensität der Transpiration bei Pflanzen verschiedener ökologischer Typen. Trav. du jard. bot. de Tiflis Bd. 19, S. 139. 1917 (russisch).

Maximow, N. A. and Krasnosselsky-Maximow: Wilting of plants in its connection with drought resistence. Journ. of Ecology Bd. 12, S. 95. 1924.

Miller, E. C. and Saunders, A. R.: Some observations on the temperature of the leaves of crop plants. Journ. of agricult. Research Bd. 26, S. 15. 1923.

Monfort, C.: Tatsachen und Probleme der Moorökologie. Sitzungsber. d. naturhist. Ver. d. preuß. Rheinlande u. Westfalens. 1919. — Die Wasserbilanz in Nährlösung, Salzlösung und Hochmoorwasser. Zeitschr. f. Botanik Bd. 14, S. 97. 1922.

Muenscher, W. L. C.: A study of the relation of transpiration to the size and number of stomata. Amer. Journ. of Botany Bd. 2, S. 487. 1915.

Murbeck, S.: Beiträge zur Biologie der Wüstenpflanzen. I, II. Lunds Univ. Arskrift Bd. 15 u. 17. 1919.

Nuernbergk, E.: Beiträge zur Physiologie des Tagesschlafes der Pflanzen. Bot. Abh., Heft 8. 1925.

Otis, Ch. H.: The transpiration of emersed water plants, its measurement and its relationships. Botan. Gaz. Bd. 58, S. 457. 1914.

Pallich, J. v.: Über die Verdunstung aus einem offenen kreisförmigen Bekken. Sitzungsber. d. Akad. d. Wiss. Wien, Mathem.-naturw. Kl. II a Bd. 106, S. 384. 1897.

Pool, R. J.: Xerophytism and comparative leaf anatomy in realation to transpiring power. Botan. Gaz. Bd. 76, S. 221. 1923.

Renner, O.: Beiträge zur Physik der Transpiration. Flora Bd. 100, S. 451. 1910 — Zur Physik der Transpiration I. Ber. d. dtsch. botan. Ges. Bd. 29, S. 125. 1911. — Theoretisches und Experimentelles zur Kohäsionstheorie der Wasserbewegung. Jahrb. f. wiss. Botanik Bd. 56, S. 617 (646). 1915.

Rudolph, K.: Epidermis und epidermale Transpiration. Botan. Arch. Bd. 9, S. 49. 1925.

Ruhland, W.: Untersuchungen über die Hautdrüsen der Plumbaginaceen Jahrb. f. wiss. Botanik Bd. 55, S. 409. 1915.

Sachs, J.: Beiträge zur Lehre von der Transpiration der Gewächse. Botan. Zeitg. Bd. 18, S. 121. 1860.

Schimper, A. F. W.: Pflanzengeographie auf physiolog. Grundlage. Jena 1898.

Schmidt, W.: Der Massenaustausch in freier Luft und verwandte Erscheinungen. Probl. d. kosm. Physik Bd. 7. Hamburg 1925.

Schubert, J.: Eine neue Methode zur Messung der Verdunstung mit Hilfe des Psychrometers. Naturwissenschaften Bd. 13, S. 515. 1925.

Seybold, A.: Qualitativ-kinematische Betrachtung über die Transpiration- und Diffusionsverhältnisse von Flächen mittlerer Blattgröße. Planta (Berl.) Bd. 4, S. 788. 1927. — Zur Klärung des Xerophytenproblems. Koninkl. Akad. van Wetenschappen. Proc. Bd. 31, Nr. 2. 1928. — Die pflanzliche Transpiration. I. Ergebnisse der Biologie, Bd. 5. 1929.

Seybold, A. und van der Wey, H. G.: Untersuchungen über iso- und heterokalorische Laubblätter. Rec. Trav. bot. néerl. Bd. 26. 1929.

Shreve, E. B.: The role of temperature in the determination of the transpiring power of leaves by hygrometric paper. Plant world Bd. 22, S. 172. 1919. — A thermoelectrical method for the determination of leaf temperature. Ebenda Bd. 22, S. 100. 1919.

Sierp, H. und Noack, K. L.: Studien zur Physik der Transpirat. Jahrb. f. wiss. Botanik Bd. 60, S. 459. 1921.

Sierp, H. und Seybold, A.: Untersuchungen zur Physik der Transpiration.

Planta (Berl.) Bd. 3, S. 115. 1927. — Kann die Transpiration aus einem multiperforaten Septum die einer gleich großen Wasserfläche erreichen? Ebenda Bd. 5, S. 616. 1928.

Smith, A. M.: On the internal temperature of leaves in tropical isolation, with special reference to the effect of their colour on the temperature. Ann. Roy. Gard. Peradeniya Bd. 4, S. 296. 1909.

Stefan, J.: Versuche über die Verdampfung. Sitzungsber. d. Akad. d. Wiss. Wien, Mathem.-naturwiss. Kl. I Bd. 68, S. 385. 1873. — Über die Verdampfung aus einem kreisförmigen oder elliptisch begrenzten Becken. Ebenda, Mathem.-naturwiss. Kl. II Bd. 83, S. 943. 1881.

Stier, A.: Zur Kenntnis der Verteilung der Spaltöffnungen bei Würzburger Muschelkalkpflanzen. Diss. Würzburg 1904.

Stocker, O.: Die Transpiration nordwestdeutscher Heide- und Moorpflanzen am Standort. Zeitschr. f. Botanik Bd. 15, S. 1. 1923. — Beiträge zum Halophytenproblem. I. Ebenda Bd. 16, S. 289. 1924. — Beiträge zum Halophytenproblem. II. Ebenda Bd. 17, S. 1. 1925. — Das Halophytenproblem. Ergebn. d. Biol. Bd. 3. Berlin 1928. — Der Wasserhaushalt ägyptischer Wüsten- und Salzpflanzen. Botan. Abhandlungen H. 13. 1928. — Über transversale Kompaßpflanzen. Flora Bd. 120, S. 371. 1926 und Bd. 122. 1927. — Physiologische und ökologische Untersuchungen an Laub- und Strauchflechten. Ebenda Bd. 121. 1927.

Thomas, N. and Ferguson, A.: On the reduction of transpiration observations. Ann. of Botany Bd. 31, S. 241. 1917.

Tichomirow, W.: Zur Frage über den Einfluß der Luftfeuchtigkeit auf die Pflanzen der Trockengebiete. Mitt. d. Saratower landw. Inst. 1927 (russisch).

Tumanow, J. J.: Ungenügende Wasserversorgung und das Welken der Pflanzen als Mittel zur Erhöhung ihrer Dürreresistenz. Planta (Berl.) Bd. 3, S. 391. 1927.

Ule, W.: Zur Beurteilung der Evaporationskraft eines Klimas. Meteorolog. Zeitschr. VIII. Jahrg., S. 91. 1891.

Unger, F.: Beiträge zur Anatomie und Physiologie der Pflanzen. Abschn. IX. Neue Untersuchungen über die Transpiration d. Gewächse. Sitzungsber. d. Akad. d. Wiss. Wien, Mathem.-naturwiss. Kl. Bd. 44, H. II, S. 281. 1861.

Ursprung, A.: Die physikalischen Eigenschaften der Laubblätter. Bibliotheca Botanica H. 60. 1903.

Walter, H.: Die Verdunstung von Wasser in bewegter Luft und ihre Abhängigkeit von der Größe der Oberfläche. Zeitschr. f. Botanik Bd. 18, S. 1. 1926. — Pflanzengeographie. Jena 1927. — Verdunstungsmessungen auf kleinstem Raum. Jahrb. f. wiss. Botanik Bd. 68, S. 233. 1928.

Weber, F.: Stomataöffnungszustand bestimmt mit Cellophan. Ber. d. dtsch. botan. Ges. Bd. 45, S. 534. 1927.

Wiegand, K. M.: Some studies regarding the biology of buds and twigs in winter. Botanical Gaz. Bd. 41, S. 373. 1906. — The relation of hairy and cutinized coverings to transpiration. Ebenda Bd. 49, S. 430. 1910.

Wiesner, J.: Versuche über den Ausgleich des Gasdruckes in den Geweben der Pflanzen. Sitzungsber. d. Akad. d. Wiss. Wien, Mathem.-naturwiss. Kl. Bd. 79, S. 368. 1879. — Grundversuche über den Einfluß der Luftbewegung auf die Transpiration der Pflanzen. Ebenda Bd. 96, S. 182. 1887.

Namen- und Sachverzeichnis.